"十二五"普通高等教育本科国家级规划教材

光电 & 仪器类专业教材

物理光学简明教程

（第 3 版）

梁铨廷　　刘翠红　　张冰志　　陈志峰　　编著

电子工业出版社.

Publishing House of Electronics Industry

北京·BEIJING

内 容 简 介

本书为"十二五"普通高等教育本科国家级规划教材。

全书以光的电磁理论为基础,介绍波动光学最基本的内容,全书共 4 章:光的电磁理论;光的干涉及其应用;光的衍射与现代光学;光的偏振和偏振器件。每一章都配有例题、思考题、习题,以及本章小结。

本书可作为高等学校光电类及仪器仪表工程类专业物理光学课程的教材。

图书在版编目(CIP)数据

物理光学简明教程/梁铨廷等编著 . —3 版 . —北京:电子工业出版社,2024.5
ISBN 978-7-121-47852-9

Ⅰ . ①物… Ⅱ . ①梁… Ⅲ . ①物理光学–高等学校–教材 Ⅳ . ①O436

中国国家版本馆 CIP 数据核字(2024)第 095161 号

责任编辑:韩同平
印　　刷:三河市鑫金马印装有限公司
装　　订:三河市鑫金马印装有限公司
出版发行:电子工业出版社
　　　　　北京市海淀区万寿路 173 信箱　邮编:100036
开　　本:787×1092　1/16　印张:13.25　字数:424 千字
版　　次:2010 年 10 月第 1 版
　　　　　2024 年 5 月第 3 版
印　　次:2024 年 5 月第 1 次印刷
定　　价:55.90 元

凡所购买电子工业出版社图书有缺损问题,请向购买书店调换。若书店售缺,请与本社发行部联系,联系及邮购电话:(010)88254888,88258888。

质量投诉请发邮件至 zlts@ phei. com. cn,盗版侵权举报请发邮件至 dbqq@ phei. com. cn。

本书咨询联系方式:88254525,hantp@ phei. com. cn。

第 3 版前言

本书为"十二五"普通高等教育本科国家级规划教材。

自 2010 年出版以来,本书已被众多院校选为教科书或学习参考书。经过近几年的教学积累,并广泛听取兄弟院校一线教师的反馈意见和建议,结合现代科技的发展,我们在第 2 版的基础上对本书进行了修订。

第 3 版仍然保留了前两版简明扼要的风格及内容框架,即光的电磁理论、光的干涉及其应用、光的衍射与现代光学以及光的偏振和偏振器件。同时,第 3 版做了如下一些内容上的增补:

1. 部分章节细化了公式推导过程,使相关内容更容易理解。

2. 考虑到现代光学实验多使用激光光源,故增加了 2.8 节介绍激光相干性及激光干涉测量。

3. 实际偏振光不仅局限于五种偏振态所对应的均匀分布偏振光,还包括偏振态随空间位置变化而变化的非均匀偏振光,例如径向偏振和角向偏振等典型的柱对称矢量光束,因此增加了 4.9 节介绍该方面的内容。同时,考虑实际光偏振态检测的原理,增加了 4.6 节介绍光学偏振的斯托克斯参量表示与测量方法。

4. 以视频方式对部分理论知识进行直观的实验演示,并展示实际实验现象。

5. 补充了利用国内首款全矢量三维电磁模拟仿真软件 EastWave 制作的电磁波相关视频动画。

以上第 4 和第 5 点内容以二维码的形式呈现在相应的地方,从而增强直观性,降低读者学习本教材的难度。

6. 通过拓展课程内容的广度和深度,进一步丰富课程思政元素。例如,补充了我国具有自主知识产权的世界最大单口径射电望远镜"中国天眼",以及我国自主创新的、世界上口径最大的大视场兼大口径及光谱获取率最高的 LAMOST 望远镜等课程思政素材。

在本书出版过程中,得到广州大学教材出版基金的资助,在此谨表谢意。作者还要感谢电子工业出版社,是韩同平编辑的热情鼓励促使本书如期完成。

由于作者水平有限,书中难免还有错漏或不妥之处,恳请广大师生和读者批评指正。作者联系方式:QQ1198383546。

作者
于美丽的广州大学校园

目　　录

V

绪　　论

1. 物理光学的研究对象和内容

物理光学研究光这种物质的物理属性,它的传播规律,以及它与其他物质之间的相互作用。物理光学可以分为波动光学和量子光学两大部分,前者研究光的波动性,而后者研究光的量子性,它们分别以光的波动理论和量子理论去阐明相关光学现象。

具体说来,波动光学研究的传统内容主要有:光的干涉、衍射和偏振现象,光在各向同性介质中的传播规律(包括光的反射和折射,光的吸收、色散和散射规律),光在各向异性晶体中的传播规律等。但是,自 1960 年以后,由于激光的问世,波动光学的各个领域都有了突飞猛进的发展,一批新的分支学科相继建立起来。例如,光学薄膜技术的发展形成了薄膜光学、集成光学等新学科。激光技术的发展,出现了非线性光学。人们把数学、通信理论和光的衍射结合起来,建立起了傅里叶光学。傅里叶光学的一些应用课题,如光学信息处理、光学传递函数和全息照相等,是当今科学技术中十分引人瞩目的课题。本书重点讨论波动光学的传统内容,但是对于它的近代发展也给予了充分的关注。例如,在第 2 章中讨论了薄膜光学理论;在第 3 章中讨论了全息照相和光学信息处理。我们特别注意把现代内容和传统内容结合、融汇好,把它们的内在关系联系起来。

2. 物理光学的应用

物理光学是一门应用性很强的学科。它在科学技术各部门中的应用十分广泛,尤其是在生产和国防上有着重要的应用。特别是激光问世后,大大扩展了它的应用领域。今天,它已经被应用到通信、医疗、受控热核反应、航天、信息处理等高新技术领域,为科学技术的发展、生产的发展和巩固国防做出了贡献。

以光学仪器工业和光电信息产业的发展来说,物理光学的应用非常广泛和重要。在精密测量方面,各种光学零件的表面粗糙度、平面度,以及长度、角度的测量,至今最精确的方法仍然是物理光学方法。另外,还用物理光学方法测量光学系统的各种像差,评价光学系统的成像质量等。以光的干涉原理为基础的各种干涉仪器,是光学仪器中数量颇多且最为精密的一个组成部分。根据衍射原理制成的光栅光谱仪,在分析物质的微观结构(原子、分子结构)和化学成分等方面起着至关重要的作用。近几十年来,由于现代光学的崛起,发展了一批新型的光学仪器,如相衬显微镜、光学传递函数仪、傅里叶变换光谱仪,以及各种全息和信息处理装置、电光和光电转换(光电池、CCD)装置、激光器等。它们在物质结构分析、光通信、光计算(光学计算机)、成像和显示技术、材料加工、医学和军事等方面的应用越来越重要。由此可见,学好物理光学对于光学工程专业、光电信息工程专业的学生在专业上的发展是何等重要。

除了上述这些具体的应用外,物理光学对于整个物理学和其他学科发展的推动作用值得写上一笔。在历史上,对光的波动性和量子性的研究,最终成为建立量子力学的一个重要基础。著名的迈克耳孙-莫雷(Michelson-Morley)实验,除了否定存在"以太"的假设外,还启发了洛伦兹(H. A. Lorentz, 1853—1928)做出运动物体尺寸的缩短的假设,成为爱因斯坦

（A. Einstein，1879—1955）提出相对论的重要依据之一。在近代，激光技术和医学、化学的结合，产生了激光医学和激光化学，推动了医学和化学学科的发展；激光和通信技术、材料科学的结合，产生了光纤激光通信，这种通信方式使通信技术发生了一场革命性的变革；物理光学与电子学的结合，形成了光电子学。此外，生物学、环境科学新近的发展也得益于与物理光学的结合。

3. 物理光学的发展简史

在物理学中，光学和力学一样，是最早发展起来的学科。光学的萌芽最早可以追溯到我国的春秋时期，墨子在其所著的《墨经》中记载了光的直线传播、小孔成像等光学规律；其后古希腊的欧几里得（Euclid）在其著作中也有光的直线传播和反射定律的记载。我国研制并发射的世界首颗空间量子科学实验卫星正是以"墨子号"命名的。

然而，对光的物理本性进行认真研究（即物理光学的真正发展时期）却是从 17 世纪开始的。当时，关于光的本性有两种学说：以牛顿（I. Newton，1642—1727）为代表的微粒说和以惠更斯（C. Huygens，1629—1695）为代表的波动说。前者认为光是具有有限速度的粒子流，后者认为光是在"以太"（一种假想的弹性媒质）中传播的波。微粒说在解释光的折射现象时得出：光在水中的传播速度大于在空气中的传播速度。虽然这一结论后来被证实是错误的，但由于当时牛顿在物理学界享有至高无上的权威，人们还是普遍地接受了光的微粒说。值得一提的是，惠更斯曾在一次演讲中公开反对牛顿的微粒说，并以此为开端提出了光的波动说，与牛顿展开了一场关于光的本性问题的持久争论，表现出了坚持追寻真理、勇于挑战权威的科学精神。

直到 19 世纪前半叶，一连串的实验事实以及根据波动说对这些实验的成功解释，才使人们完全地抛弃微粒说，确信光的波动说。这些实验主要包括：杨氏（Thomas Young，1773—1829）和菲涅耳（A. J. Fresnel，1788—1827）等人的干涉实验、衍射实验；马吕斯（E. L. Malus，1775—1812）的反射光偏振实验；傅科（L. Foucault，1819—1868）测量水中光速的实验（结果是水中光速小于空气中的光速）。如此一来，在 19 世纪，光的波动本质似乎已被定论。

但是，惠更斯、菲涅耳等人的波动说在光波的传播媒质——"以太"问题上却遇到了困难。为了说明光具有极大传播速度的实验事实，必须假想"以太"的一些奇特性质：密度极小和弹性模量极大。这显然是荒谬的，同时也表明物理光学的基础还停留在不能令人满意的状态。这种状态的改变一直延续到 19 世纪 60 年代，其时，麦克斯韦（J. C. Maxwell，1831—1879）在总结前人在电磁学方面的研究成果的基础上，建立了一套完整的电磁场理论。他预言了电磁波的存在，并指出光是一种波长很短的电磁波。由于按照光的电磁波理论去阐明光学现象非常成功，也由于后来迈克耳孙–莫雷的实验否认了"以太"的存在，所以人们就自然地放弃了惠更斯、菲涅耳的机械波理论，而接受光的电磁波理论。历史表明，建立在电磁波理论基础上的物理光学学说是物理光学发展进程中的一个重大飞跃。

尽管如此，物理光学的发展并没有停顿下来。在 19 世纪末和 20 世纪初，当科学实验深入到微观领域时，在一些新的实验事实面前，光的电磁波理论就暴露出了它的缺陷。它无法解释黑体辐射的实验结果，在光电效应的基本规律面前也是无能为力的。为了解释这些现象，普朗克（M. Planck，1858—1947）在 1900 年提出了能量子假说，爱因斯坦于 1905 年在普朗克假说的基础上提出了光的量子理论，认为光的能量不是连续分布的，光由一粒粒运动着的光子组成，每个光子具有确定的能量。爱因斯坦的理论给我们描述的完全是一幅光的粒子性的图像。于是,在实验事实面前,我们不得不同时接受光的波动理论和光的量子理论,承认光在许多方面表现出波动性,而在另一些方面则表现出粒子性。自20世纪中叶起,物理光学发展的目标之一,就是致力于把光的波粒二象性统一在一个理论框架内,这方面的成果有量子力学、量子电动力学等。

在光的量子理论向前发展的同时,波动光学在20世纪也有了长足发展,尤其是激光问世后,发展的势头很猛。这些在前面已经提及,不再赘述了。

纵观物理光学数百年的发展史,充分体现了实验假说—理论—实验这一普遍认知规律。从中我们更清楚地看到,自然科学的发展是无止境的,任何时候对某一学科的认识都只具有相对真理性。随着时间的推移,我们对该学科的认识将会更加深入,更加向前发展。对于物理光学是这样,对其他学科同样也是这样。我们现在学习物理光学的发展史,学习关于光的本性的认识过程的历史,对于培养我们的科学的思维方法,树立科学的发展观是很有好处的。今天的莘莘学子,如果立志在崎岖的科学道路上求索,是一定能够取得一个又一个科学硕果的。

第 1 章　光的电磁理论

在光学发展的历史进程中,曾经出现过两种波动理论。一种是由荷兰物理学家惠更斯1678 年提出,菲涅耳等人发展了的机械波理论,它把光看作机械振动在"以太"这种特殊介质中传播的波。另一种是麦克斯韦在 19 世纪 60 年代提出的电磁波理论,认为光是一种波长很短的电磁波。由于后人的实验否定了"以太"这种特殊介质的存在,也由于电磁波理论在阐明光学现象方面非常成功,所以人们就自然地抛弃了机械波理论,而代之以电磁波理论。光的电磁理论的确立,是光学发展进程中的一个重大飞跃,它极大地推动了整个物理学的发展。尽管现代光学产生了许多新的领域,并且许多光学现象需要用量子理论来解释,但是光的电磁理论仍然是阐明大多数光学现象,以及掌握现代光学的一个重要的基础。

本章将简要叙述光的电磁理论和它对一些光学现象所做的理论分析,包括光的电磁波性质,光在两介质界面上的反射、折射和在介质内部传播的性质,以及光的叠加性质等。本章也是全书的理论基础。

1.1　光的电磁波性质

1. 电磁场的波动性

在电磁学中已经学过,电磁场的普遍规律可以总结为麦克斯韦方程组。在没有自由电荷和传导电流的各向同性、均匀介质中,麦克斯韦方程组有如下形式:

$$\left. \begin{array}{l} \nabla \cdot \boldsymbol{E} = 0 \\ \nabla \cdot \boldsymbol{B} = 0 \\ \nabla \times \boldsymbol{E} = -\dfrac{\partial \boldsymbol{B}}{\partial t} \\ \nabla \times \boldsymbol{B} = \varepsilon\mu\,\dfrac{\partial \boldsymbol{E}}{\partial t} \end{array} \right\} \tag{1.1-1}$$

式中,$\boldsymbol{E}$ 和 $\boldsymbol{B}$ 分别为电场强度和磁感应强度,ε 和 μ 分别为介质的介电常数和磁导率。从麦克斯韦方程组可以导出 $\boldsymbol{E}$ 和 $\boldsymbol{B}$ 满足的波动微分方程:

$$\nabla^2 \boldsymbol{E} = \frac{1}{v^2}\frac{\partial^2 \boldsymbol{E}}{\partial t^2} \tag{1.1-2}$$

$$\nabla^2 \boldsymbol{B} = \frac{1}{v^2}\frac{\partial^2 \boldsymbol{B}}{\partial t^2} \tag{1.1-3}$$

式中

$$v = \frac{1}{\sqrt{\varepsilon\mu}} \tag{1.1-4}$$

方程(1.1-2)和(1.1-3)是线性微分方程,它们的通解是以速度 v 传播的各种形式波的叠加。这表明,电场和磁场的传播是以波动形式进行的,称为**电磁波**,其传播速度由式(1.1-4)给出。

根据式(1.1-4),真空中电磁波的传播速度为

$$c = \frac{1}{\sqrt{\varepsilon_0 \mu_0}} \tag{1.1-5}$$

式中,ε_0 和 μ_0 分别为真空中的介电常数和磁导率。已知 $\varepsilon_0 = 8.8542 \times 10^{-12}$ C^2/(N·m^2),$\mu_0 = 4\pi \times 10^{-7}$ N·s^2/C^2,由此算得 $c = 2.99794 \times 10^8$ m/s,这个数值与实验中测出的真空中光速的数值非常接近(现在采用的真空中光速的最精确值为 $c = 2.997924562 \times 10^8$ m/s± 1.1 m/s)。在历史上麦克斯韦正是以此作为重要依据之一,预言**光是一种电磁波**。

2. 电磁波谱

除了光,实验还证实 X 射线和 γ 射线也是电磁波。它们的波长比光波波长更短,但本质上与光波和无线电波无异。如果按照波长或频率把电磁波排列成谱,则有如图 1.1 所示的电磁波谱图。通常所说的光学区或光学频谱,包括紫外线、可见光和红外线,波长范围为 1 nm(1 nm $= 10^{-9}$ m)~1 mm。可见光是人眼可以感觉到的各种颜色的光波。它在真空中的波长范围为 390 nm~780 nm,频率范围为 7.69×10^{14} Hz~3.84×10^{14} Hz,其中,红光波长的范围为 620 nm~780 nm,橙光 590 nm~620 nm,黄光 560 nm~590 nm,绿光 500 nm~560 nm,青光 480 nm~500 nm,蓝光 450 nm~480 nm,紫光 390 nm~450 nm。在电磁波谱图上,这是一个很窄的谱带。人眼对不同波长的可见光具有不同灵敏度,对 555 nm 附近的绿光最为敏感。

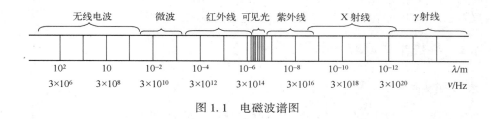

图 1.1 电磁波谱图

3. 折射率

电磁波在真空中的传播速度与在介质中的传播速度之比称为介质的**绝对折射率**(简称折射率),记为 n,即

$$n = c/v \tag{1.1-6}$$

由式(1.1-4)和式(1.1-5)得

$$n = \frac{c}{v} = \sqrt{\frac{\varepsilon \mu}{\varepsilon_0 \mu_0}} = \sqrt{\varepsilon_r \mu_r} \tag{1.1-7}$$

式中,ε_r 和 μ_r 分别是相对介电常数和相对磁导率。除了磁性物质外,大多数物质的 $\mu_r \approx 1$,因此折射率也可以表示为

$$n = \sqrt{\varepsilon_r} \tag{1.1-8}$$

上式称为**麦克斯韦关系**。表 1.1 列出了一些物质的 $\sqrt{\varepsilon_r}$ 的数值(对低频电场测出)和对于钠光(波长 $\lambda = 589.3$ nm)的折射率 n。可见,对于化学结构简单的气体,两者符合得很好。但对许多液体和固体,两者相差较大。这不是说麦克斯韦关系不正确,而是由于 $\sqrt{\varepsilon_r}$ 的值(折射率)实际上与频率有关(**色散现象**,参见 1.7 节),并且液体和固体的折射率一般随频率有较大的变化。所以对于液体和固体,以高频光波测出的折射率与在低频电场下测出的 $\sqrt{\varepsilon_r}$ 值相差较大。

气体[0℃,1 大气压(101.325 kPa)]			液体(20℃)			固体(室温)		
物质	$\sqrt{\varepsilon_r}$	n	物质	$\sqrt{\varepsilon_r}$	n	物质	$\sqrt{\varepsilon_r}$	n
空气	1.000294	1.000293	苯	1.51	1.501	金刚石	4.06	2.419
氦	1.000034	1.000036	水	8.96	1.333	琥珀	1.6	1.55
氢	1.000131	1.000132	乙醇	5.08	1.361	氧化硅	1.94	1.458
二氧化碳	1.00049	1.00045	四氯化碳	4.63	1.461	氯化钠	2.37	1.50

1.2   单色平面波和球面波

光波(电磁波)的波动方程(1.1-2)和(1.1-3)是两个偏微分方程,其解包括各种形式的光波。其中最简单和最基本的是具有单一频率的单色平面波和球面波,它们是许多实际光波的近似情况。例如,激光器发射出的激光,常用的所谓单色光源发出的光,都接近于单一频率的单色光。在一般情况下,即使实际光波不是单色波,它也可以利用傅里叶(Fourier)分析法分解为不同频率的单色光波带权重的叠加(见 1.9 节)。因此,对于单色光波的讨论具有实际意义,讨论的结果具有代表性。

单色光波和其他电磁波一样,包含一个变动电场和一个变动磁场,它们分别由 E 和 B 的一个函数表示。对单色光波来说,这个函数就是余弦函数或正弦函数。

1.2.1   单色平面波的表示

1. 余弦函数表示

沿直角坐标系的 z 轴方向,以速度 v 传播的单色平面波(图 1.2)可由如下 E 和 B 的余弦函数表示:

$$E = A\cos\left[\frac{2\pi}{\lambda}(z - vt) - \varphi_0\right] \quad (1.2\text{-}1)$$

$$B = A'\cos\left[\frac{2\pi}{\lambda}(z - vt) - \varphi_0\right] \quad (1.2\text{-}2)$$

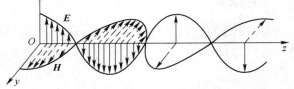

图 1.2   沿 z 方向传播的单色平面波

式中,A 和 A' 是常矢量,分别为单色光波的电场和磁场振动的振幅,λ 和 v 分别是光波的**波长**和**波速**。余弦函数的整个自变量 $\left[\frac{2\pi}{\lambda}(z - vt) - \varphi_0\right]$ 是光波的**位相**,φ_0 是**初位相**(对应于 $z = 0$ 和 $t = 0$ 的位相)。某一时刻位相相同的空间点的轨迹是光波的**等相面或波面**。显然,式(1.2-1)和式(1.2-2)表示的单色光波的等相面是平面,所以它们表示单色平面波。应该注意,余弦位相因子 $\cos\left[\frac{2\pi}{\lambda}(z - vt) - \varphi_0\right]$ 有十分重要的意义,它决定电场和磁场随空间和时间的变化关系。

例如,在时刻 $t = 0$,位相因子是 $\cos\left[\frac{2\pi}{\lambda}z - \varphi_0\right]$,在 $\frac{2\pi}{\lambda}z - \varphi_0 = 0$ 处,即 $z = \frac{\lambda}{2\pi}\varphi_0$ 的平面上场有最大值,平面波处于波峰位置。在时刻 t',位相因子变为 $\cos\left[\frac{2\pi}{\lambda}(z' - vt') - \varphi_0\right]$,波峰移到

$\left[\dfrac{2\pi}{\lambda}(z'-vt')-\varphi_0\right]=0$ 处，即移到 $z'=vt'+\dfrac{\lambda}{2\pi}\varphi_0$ 的平面上。由此也可以看出，式(1.2-1)和式(1.2-2)的确表示平面波在 z 方向以速度 v 传播。

引入波矢量 $\boldsymbol{k}$，其方向沿单色光波等相面的法线方向(在各向同性介质中，$\boldsymbol{k}$ 的方向与波能量的传播方向(光线方向)相同)，其大小(称**波数**)为

$$k=2\pi/\lambda \tag{1.2-3}$$

注意到光波的**频率**(单位时间内光波场周期变化的次数)

$$\nu=1/T=v/\lambda \tag{1.2-4}$$

其中，T 为**周期**(光波场一次周期变化需要的时间)。并把 $2\pi\nu$ 称为**角频率** ω，即

$$\omega=2\pi\nu \tag{1.2-5}$$

这样，式(1.2-1)又可以写为(设 $\varphi_0=0$)

$$\boldsymbol{E}=\boldsymbol{A}\cos(kz-\omega t) \tag{1.2-6}$$

和

$$\boldsymbol{E}=\boldsymbol{A}\cos\left[2\pi\left(\dfrac{z}{\lambda}-\dfrac{t}{T}\right)\right] \tag{1.2-7}$$

磁场 $\boldsymbol{B}$ 也有相似的形式(这里省略)。

单色平面波函数的最显著的特点是它的时间周期性和空间周期性，这表示单色光波是一种时间无限延续、空间无限延伸的波动；任何时间周期性和空间周期性被破坏，都意味着光波单色性被破坏。例如，图1.3所示的"单色波的一段"，即有限长波列这种波，不是严格意义上的单色波(见1.9节)。

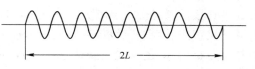

图1.3　有限长波列——一种非单色波

前面已经介绍了用 T,ν,ω 这些量来表示单色光波的时间周期性。显然为了表示单色光波的空间周期性，也可以利用 $\lambda,1/\lambda,k(=2\pi/\lambda)$ 这些量，并分别把它们称为**空间周期**、**空间频率**(单位长度上的空间周期数)和**空间角频率**。单色光波的时间周期性和空间周期性紧密相关，彼此通过传播速度 v 由式(1.2-4)联系。

应该指出，对于在不同介质中的具有相同(时间)频率的单色光波，其空间频率并不相同。事实上，由式(1.2-4)，空间周期(即波长)

$$\lambda_n=v/\nu$$

由于在不同介质中，单色光波有不同的传播速度，所以它的空间周期或空间频率将不相同。设单色光波在真空中的空间周期(波长)为 λ，则有

$$\lambda=c/\nu$$

因此，λ 和单色光波在介质中的 λ_n 的关系为

$$\lambda_n=\lambda/n \tag{1.2-8}$$

式中，n 是介质的折射率。

在上面的讨论中，假设平面波沿 xyz 坐标系的 z 轴方向传播，或者说，我们选取了一个特殊坐标系，使其 z 轴为平面波的传播方向。下面写出沿任意方向传播的平面波的波函数。

设平面波沿空间某一方向传播(图1.4)，建立一新坐标系 $x'y'z'$，并使新坐标系的 z' 轴取在平面波波矢 $\boldsymbol{k}$ 的方向

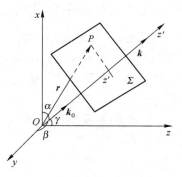

图1.4　一般坐标系下的平面波

上,于是在新坐标系下平面波可以写为

$$E = A\cos(kz' - \omega t)$$

为了在 xyz 坐标系中表示平面波,应注意到

$$z' = \boldsymbol{k}_0 \cdot \boldsymbol{r}$$

式中,$\boldsymbol{k}_0$ 是 $\boldsymbol{k}$ 的单位矢量,$\boldsymbol{r}$ 是平面波波面 Σ 上任一点 P 的位置矢量。于是

$$E = A\cos(\boldsymbol{k} \cdot \boldsymbol{r} - \omega t) \tag{1.2-9}$$

若设 $\boldsymbol{k}$ 的方向余弦(即 $\boldsymbol{k}_0$ 在 x、y、z 坐标轴上的投影)为 $\cos\alpha$、$\cos\beta$、$\cos\gamma$,任意点 P 的坐标为 x、y、z,那么式(1.2-9)也可以写成如下形式:

$$E = A\cos\left[k(x\cos\alpha + y\cos\beta + z\cos\gamma) - \omega t\right] \tag{1.2-10}$$

2. 复指数函数表示

在光学中,常常把单色平面波的波函数写成复指数函数形式。例如,将波函数式(1.2-9)写成

$$E = A\exp\left[\mathrm{i}(\boldsymbol{k} \cdot \boldsymbol{r} - \omega t)\right] \tag{1.2-11}$$

这样做的依据,一方面式(1.2-9)实际上是式(1.2-11)的实数部分,另一方面可以证明,对复数式进行线性运算(加、减、微分、积分)之后再取实数部分,与对余弦函数式进行同样运算所得的结果相同。由于复数运算比三角函数运算要简单,故上述替代将给我们的计算带来方便。但是应该指出,上述替代完全是形式上的,对于实际存在的光波场还应理解为式(1.2-11)的实数部分。

复数形式的波函数,其位相因子包括空间位相因子 $\exp(\mathrm{i}\boldsymbol{k} \cdot \boldsymbol{r})$ 和时间位相因子 $\exp(-\mathrm{i}\omega t)$ 两部分,可以把它们分开写为

$$E = A\exp(\mathrm{i}\boldsymbol{k} \cdot \boldsymbol{r})\exp(-\mathrm{i}\omega t)$$

并把振幅和空间位相因子部分

$$\widetilde{E} = A\exp(\mathrm{i}\boldsymbol{k} \cdot \boldsymbol{r}) \tag{1.2-12}$$

称为**复振幅**。这样,波函数就等于复振幅 $\widetilde{E}$ 和时间位相因子 $\exp(-\mathrm{i}\omega t)$ 的乘积。复振幅表示场振动的振幅和位相随空间的变化(对单色平面波,空间各点的振幅相等),时间位相因子表示场振动随时间的变化。显然,对于单色波传播到的空间各点,场振动的时间位相因子 $\exp(-\mathrm{i}\omega t)$ 都相同,因此当我们只关心场振动的空间分布时(例如在光的干涉、衍射、成像等一类问题中),时间位相因子则无关紧要,常可略去不写,而只用复振幅来表示一个单色光波。

1.2.2　单色平面波的性质

实验和理论(根据麦克斯韦方程组)证明,单色平面波具有如下性质:

(1)它是矢量横波。电矢量和磁矢量在垂直于 $\boldsymbol{k}$ 的方向上振动,即 $\boldsymbol{k} \cdot \boldsymbol{E} = \boldsymbol{k} \cdot \boldsymbol{B} = 0$。$\boldsymbol{E}$ 的取向称为单色平面波的偏振方向。当 $\boldsymbol{E}$ 的振动方向固定不变时,该光波称为线偏振光(详见第4章)。

(2)$\boldsymbol{E}$ 和 $\boldsymbol{B}$ 互相垂直,$\boldsymbol{E} \times \boldsymbol{B}$ 沿波矢 $\boldsymbol{k}$ 方向,即 $\boldsymbol{E}$,$\boldsymbol{B}$ 和 $\boldsymbol{k}$ 三者构成右手螺旋系,可以表示为

$$\boldsymbol{B} = \frac{1}{v}(\boldsymbol{k}_0 \times \boldsymbol{E}) \tag{1.2-13}$$

关于式(1.2-13)的推导请扫二维码。

（3）E 和 B 同相，波传播过程中 E 和 B 同步变化；E 和 B 的振幅比为 v，即

$$\frac{|E|}{|B|} = \frac{1}{\sqrt{\varepsilon\mu}} = v \tag{1.2-14}$$

图 1.2 所示的单色平面波正是根据以上的三点性质画出的。

从以上的讨论可以看出，光波和其他电磁波一样，包含一个变动电场和一个变动磁场。从光的传播看，电场和磁场处于同等的地位，互相激发，不可分离；从式（1.2-13）看，已知 E，则 B 也便确定了。但从光与物质相互作用看，光波中的电场和磁场的重要性并不相同，例如，光波对物质中带电粒子的作用，光波磁场的作用远比光波电场的作用弱；使照相底版感光和其他光接收器响应的是电场而不是磁场，对人眼视网膜起作用的也是电场。所以，在光学中通常把电矢量 E 称为**光矢量**，把 E 的振动称为光振动。在讨论光的场振动性质时，可以只考虑 E。单色平面波传播时光振动动态演示请扫二维码。

1.2.3 单色球面波

假设在真空中或各向同性的均匀介质中的 S 点放一个点光源（图 1.5），容易想象，从点光源发出的光波将以相同的速度向各个方向传播，经过一段时间后，电磁振动所达到的各点将构成一个以 S 为中心的球面。这表示点光源 S[①] 发出的光波的等相面（波面）是球面，这种光波称为**球面光波**。

下面我们从一个简单的考虑出发，得出球面光波的标量表达式。由图 1.5 所示的球面光波的空间对称性，容易明白，只要研究从点光源 S 出发的某一方向（如 $\overrightarrow{SR}$ 方向）上各点的电磁场变化规律，就可以了解整个空间电磁场的情况。对于电磁场做余弦变化的单色球面波，在 $\overrightarrow{SR}$ 方向上距离点光源 S 为 r 的 P 点的位相显然是 $(kr-\omega t)$（假定源点的初位相为零），若 P 点的振幅为 A_r，则 P 点的电场可以表示为

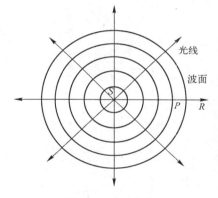

图 1.5　球面光波

$$E = A_r \cos(kr-\omega t) \tag{1.2-15}$$

或以复数式表示为

$$E = A_r \exp[\mathrm{i}(kr-\omega t)] \tag{1.2-16}$$

对于球面波来说，其振幅 A_r 是随距离 r 变化的，因为单位时间内通过任一球面（波面）的能量相同，而随着球面的扩大，单位时间内通过单位面积的能量将越来越小。设距 S 点为单位距离的 P_1 点和距 S 点为 r 的 P 点的光强分别用 I_1 和 I_P 表示，那么有

$$I_1 \times 4\pi = I_P \times 4\pi r^2$$

因此

$$\frac{I_P}{I_1} = \frac{1}{r^2}$$

由于光强与振幅的平方成正比，有

$$\frac{I_P}{I_1} = \frac{A_r^2}{A_1^2}$$

---

①　基于光学学科习惯，结合本书的内容特点，为叙述简洁，本书光学元器件名称，以及其在几何上的点、线、面等，统一用同一个字母的斜体表示。例如，S 表示点光源，也表示光路图中点光源在几何上的点；M 表示反射镜，也代表反射镜的反射面等。读者结合具体的图、文，可正确区分每处符号的具体含义。

式中,A_1 是 P_1 点的振幅。由以上两式可得 $A_r = A_1/r$,因此式(1.2-15)和式(1.2-16)应改写为

$$E = \frac{A_1}{r}\cos(kr - \omega t) \tag{1.2-17}$$

和

$$E = \frac{A_1}{r}\exp[\,\mathrm{i}(kr - \omega t)\,] \tag{1.2-18}$$

其复振幅为

$$\widetilde{E} = \frac{A_1}{r}\exp(\mathrm{i}kr) \tag{1.2-19}$$

式(1.2-17)和式(1.2-18)表示球面简谐波的波函数。容易看出,球面波的振幅不再是常量,它与离开波源的距离 r 成反比;球面波的等相面是 r 为常量的球面。球面波传播时光振动动态演示请扫二维码。

当我们在离开波源很远的距离考察球面波时,若考虑区域与距离 r 相比很小,可忽略球面波振幅随 r 的变化,并可视球面波的波面为平面,即在考察区域内球面波可视为平面波。图1.6表示了这一情形,当距离 r 增大时,球面波波面的一部分渐渐变为平面波面。在光学中,只要把点光源放在足够远的位置,并且考察区域又比较小时,就可近似地把光波看成平面波,或者把点光源放在透镜的前焦点上,利用透镜的折射将球面光波变为平面光波。

图 1.6　球面波面的一部分随距离增大而变为平面

例题 1.1　证明单色平面波的波函数 $E = A\cos(kz - \omega t)$ 是波动微分方程 $\dfrac{\partial^2 E}{\partial z^2} = \dfrac{1}{v^2}\dfrac{\partial^2 E}{\partial t^2}$ 的解。

证:求 E 对 z 的一阶和二阶偏导数

$$\frac{\partial E}{\partial z} = -Ak\sin(kz - \omega t)$$

$$\frac{\partial^2 E}{\partial z^2} = -Ak^2\cos(kz - \omega t)$$

再求 E 对 t 的一阶和二阶偏导数

$$\frac{\partial E}{\partial t} = A\omega\sin(kz - \omega t)$$

$$\frac{\partial^2 E}{\partial t^2} = -A\omega^2\cos(kz - \omega t)$$

因为

$$k = 2\pi/\lambda = \omega/v$$

所以

$$\frac{\partial^2 E}{\partial z^2} = -A\frac{\omega^2}{v^2}\cos(kz - \omega t) = \frac{1}{v^2}\frac{\partial^2 E}{\partial t^2}$$

1.3　光源和光的辐射

1.3.1　光源

光波是由光源辐射出来的。任何一种发光的物体都可以称为**光源**。在光学实验中,常用

的光源有热光源、气体放电光源、固体发光光源和激光器四类。白炽灯(包括普通灯泡、卤钨灯)为最常见的热光源,它是根据电流通过钨丝,使钨丝加热到约2 100℃的白炽状态而发光的原理制成的。热光源发光光谱为连续光谱。太阳也是一种发出连续光谱的热光源。可见光区太阳的光谱如图1.7(a)所示。

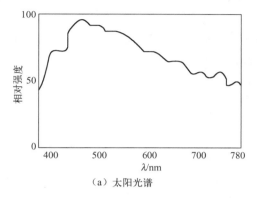
(a) 太阳光谱

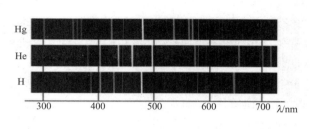
(b) 几种元素的光谱

图 1.7 连续光谱与线状光谱

常见的气体放电光源有钠灯和汞灯,它们是利用钠蒸气和汞蒸气在放电管内进行弧光放电而发光的。它们的光谱为线状光谱。钠灯在可见光区有两条橙黄色谱线,波长分别为589 nm和589.6 nm。汞灯在可见光区有10多条谱线,线状光谱如图1.7(b)所示。

发光二极管(LED)是最典型的固体发光光源。它是由P型和N型半导体组合而成的二极管,当在PN结上施加正向电压时发光。

激光器是1960年问世的一类区别于热光源和气体放电光源的全新光源,它具有方向性、单色性和空间相干性好的特点。

1.3.2 光辐射的经典模型

光是一种电磁波,那么,光源发光就是物体辐射电磁波的过程。我们知道,一个物体微观上可以认为是由大量分子、原子所组成的,物体发光就是组成物体的分子、原子发光过程。大多数物体发光属于原子发光类型,因此这里只研究原子发光的情况。光的电磁场理论把原子发光看作原子内部的电偶极子的辐射。原子由带正电的原子核和带负电的绕核运动的电子组成,在外界能量(热能、电能或光能)的激发下,由于原子核和电子的剧烈运动和相互作用,原子的正电中心和负电中心常不重合,且正负电中心的距离在不断地变化,从而形成一个振荡电偶极子(图1.8)。设原子核所带的电荷为q,正负电中心的距离为l(方向由负电中心指向正电中心),则该原子系统的**电偶极矩**为

图 1.8 电偶极子模型

$$p = ql \qquad (1.3\text{-}1)$$

电偶极子振荡的最简单模式是电偶极矩随时间做简谐(余弦或正弦)变化,这时有

$$p = p_0 \exp(-i\omega t) \qquad (1.3\text{-}2)$$

式中,p_0是电偶极矩的振幅,ω是角频率。

既然受激发的原子是一个振荡的电偶极子,它必定在周围空间产生交变的电磁场,即辐射出光波。电偶极子辐射的电磁波,可以应用麦克斯韦方程组进行计算,这种计算将在电动力学的课程中讨论。这里仅给出计算结果,并做简单分析。

（1）简谐振荡的电偶极子在距离它很远的任意点 P（图 1.9）辐射的电磁场的数值为

$$E = \frac{\omega^2 p_0 \sin\psi}{4\pi\varepsilon v^2 r} \exp[\,\mathrm{i}(kr - \omega t)\,] \qquad (1.3\text{-}3)$$

$$B = \frac{\omega^2 p_0 \sin\psi}{4\pi\varepsilon v^3 r} \exp[\,\mathrm{i}(kr - \omega t)\,] \qquad (1.3\text{-}4)$$

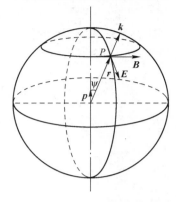

式中，r 是电偶极子到 P 点的距离，ψ 是 r 与电偶极子轴线之间的夹角，$v(=1/\sqrt{\varepsilon\mu})$ 是电磁波的传播速度，ω 是角频率，与电偶极子的振荡角频率相同。以上两式表明，电偶极子辐射的电磁波是一个以电偶极子为中心的发散球面波。但是，与上节讨论的理想球面波不同，电偶极子辐射的球面波的振幅随 ψ 角变化。

图 1.9　电偶极子辐射的球面电磁波

（2）E 在 p 和 r 所在的平面内振动，B 在与之垂直的平面内振动，E 和 B 又都同时垂直于波的传播方向，E,B,k 三者组成右手螺旋系统，如图 1.9 所示。这一结果再一次证明电磁波（光波）是**横波**。并且，由于 E 和 B 始终保持在各自的一个平面内振动，所以振荡的电偶极子辐射的光波又是（**线**）偏振的。

（3）E 和 B 的振动始终同位相，它们的大小也可由下列关系给出：

$$\sqrt{\varepsilon}\,E = \sqrt{\mu}\,H \qquad (1.3\text{-}5)$$

式中，H 是磁场强度 H 的大小。在各向同性线性物质中，$B = \mu H$。

1.3.3　辐射能

振荡的电偶极子不断地向外辐射，由于辐射的电磁场具有确定的能量，所以在辐射过程中伴随着电磁能量的传播。在电磁学里已经知道，为了描述电磁能量的传播，引进**辐射强度矢量**或称坡印廷（J. H. Poynting，1852—1914）**矢量 S**。矢量的大小等于单位时间内通过垂直于传播方向的单位面积的电磁能量，矢量的方向取能量的流动方向。它可以表示为

$$S = E \times H \qquad (1.3\text{-}6)$$

对于光波来说，电场和磁场的变化极其迅速，变化频率在 10^{14} Hz 的数量级，所以 S 的值也是迅速变化的，人眼和现时任何其他接收器都不能接收 S 的瞬时值，而只能接收 S 的平均值。电偶极子辐射的电磁场的辐射强度瞬时值为[①]

$$S = EH = \frac{\omega^4 p_0^2 \sin^2\psi}{16\pi^2 \varepsilon v^3 r^2} \cos^2(kr - \omega t) \qquad (1.3\text{-}7)$$

这是一个周期变化的函数，它在周期 T 内的平均值为

$$\langle S \rangle = \frac{1}{T}\int_0^T S\mathrm{d}t = \frac{\omega^4 p_0^2 \sin^2\psi}{16\pi^2 \varepsilon v^3 r^2 T}\int_0^T \cos^2(kr - \omega t)\,\mathrm{d}t = \frac{\omega^4 p_0^2}{32\pi^2 \varepsilon v^3 r^2}\sin^2\psi \qquad (1.3\text{-}8)$$

上式表明，电偶极子辐射强度的平均值与电偶极子振荡的振幅平方成正比，与辐射的电磁波的频率的四次方成正比（与波长的四次方成反比），同时还与 ψ 角有关。

按照上一节的讨论，电偶极子辐射的球面波在考察区域离电偶极子很远时，也可以视为平面波。对于平面波，S 的平均值，即 $\langle S \rangle$ 有很简单的形式：

---

① 这里应注意不能对复数形式的波函数进行相乘运算，故取波函数的余弦形式。

$$\langle S \rangle = \frac{1}{T}\int_0^T S\,dt = v\varepsilon A^2 \frac{1}{T}\int_0^T \cos^2(kz-\omega t)\,dt = \frac{1}{2}v\varepsilon A^2 = \frac{1}{2}\sqrt{\frac{\varepsilon}{\mu}}A^2 \qquad (1.3\text{-}9)$$

式中,A 是平面波的振幅。在光学中,通常把辐射强度的平均值 $\langle S \rangle$ 称为**光强**,以 I 表示。上式表明,光波的光强与它的场振动的振幅平方成正比。在光学的许多问题中,需要研究的是同一介质光场中某个平面上的相对光强分布,这时 I 与 A^2 之间的比例系数并不重要,常可略去而把上式写为

$$I = A^2 \qquad (1.3\text{-}10)$$

1.3.4 实际光波

本节的讨论假定电偶极子的电偶极矩在做简谐变化,辐射出如式(1.3-3)所表示的无限延续的球面光波,显然这只是一种理想情况,实际情形远非如此。实际上由于原子的剧烈运动,彼此间不断地碰撞,原子系统的辐射过程常常被中断,因此原子发光是间歇的。即使在最好的条件下(如稀薄气体发光),原子每次发光的持续时间也极短,约为 10^{-9} s。这样,原子辐射的光是由一段段有限长的称为**波列**的光波组成的。每一段波列的振幅在持续时间内保持不变或缓慢减小,前后各段波列之间没有固定的位相关系,其场矢量的振动方向也可能不同,这种对实际光波的描述可用图 1.10 粗略地表示出来。

图 1.10 原子发光由一段段波列组成

其次,普通光源(如热光源、气体放电光源)辐射的光波没有偏振性。这是因为普通光源由大量原子和分子组成,这些原子和分子形成的电偶极子的振动方向杂乱无章,并不沿着某一特定方向。另外,如上所述,在观察时间内每个原子发生了多次辐射,各次辐射的振动方向和初位相也是无规则的。因此普通光源发出的光波的振动在垂直于传播方向的平面内,各个方向都是可能的,在各个可能的振动方向上没有一个振动方向较之其他方向更占优势。这样的光波称为**自然光**。所以说,普通光源发出的光不是偏振光而是自然光。

1.4 光在介质分界面上的反射和折射

电磁波从一种介质传播到另一种介质,在分界面上其电磁场量是不连续的。但它们的边值之间仍存在一定的关系,通常把这种关系称为电磁场的边值关系,其中有两个重要的关系为

$$\boldsymbol{n}\times(\boldsymbol{E}_1-\boldsymbol{E}_2) = 0 \qquad (1.4\text{-}1)$$

和

$$\boldsymbol{n}\times(\boldsymbol{H}_1-\boldsymbol{H}_2) = 0 \qquad (1.4\text{-}2)$$

式中,$\boldsymbol{n}$ 为界面法线单位矢量。以上两式表明,光波通过介质 1 和介质 2 的界面时,界面两边的电场强度和磁场强度的切向(沿界面)分量相等。下面根据这两个边值关系来研究平面光波在两介质分界面上的反射和折射问题。

1.4.1 反射定律和折射定律

反射定律和折射定律是我们熟知的。当一个单色平面波射到两种不同介质的分界面上时,一般情形下将分成两个波:一个反射波和一个折射波。从上述两个边值关系可以说明两

个波的存在,并导出反射和折射定律。

设介质 1 和介质 2 的分界面为无穷大平面,单色平面
波从介质 1 射到分界面上(图 1.11)。入射平面波在界面
上产生的反射波和折射波也应该为平面波。设入射波、反
射波和折射波的波矢分别为 k_1、k_1' 和 k_2,角频率分别为
ω_1,ω_1' 和 ω_2,那么三个波可表示为

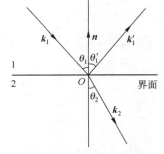

图 1.11　平面波在界面上反射和折射

$$\left.\begin{array}{l}E_1 = A_1 \exp[i(k_1 \cdot r - \omega_1 t)] \\ E_1' = A_1' \exp[i(k_1' \cdot r - \omega_1' t)] \\ E_2 = A_2 \exp[i(k_2 \cdot r - \omega_2 t)]\end{array}\right\} \qquad (1.4\text{-}3)$$

式中,位置矢量 r 的原点可选取分界面上某点 O;此外,由于三个波的初位相可以不同,故振幅
A_1,A_1' 和 A_2 一般都是复数。由边值关系,即式(1.4-1),并注意到介质 1 中的电场强度是入射
波和反射波的电场强度之和,得到

$$n \times (E_1 + E_1') = n \times E_2$$

将式(1.4-3)中 E_1,E_1' 和 E_2 的波函数代入上式,有

$$n \times A_1 \exp[i(k_1 \cdot r - \omega_1 t)] + n \times A_1' \exp[i(k_1' \cdot r - \omega_1' t)] = n \times A_2 \exp[i(k_2 \cdot r - \omega_2 t)] \qquad (1.4\text{-}4)$$

上式对任何时刻 t 都成立,各指数必须相等,这就要求式中各项 t 的系数相等,即

$$\omega_1 = \omega_1' = \omega_2 \qquad (1.4\text{-}5)$$

表明入射波、反射波和折射波的频率必须相等。又由于式(1.4-4)对整个界面上的位置矢量 r
都成立,所以在界面上有

$$k_1 \cdot r = k_1' \cdot r = k_2 \cdot r \qquad (1.4\text{-}6)$$

或写成

$$(k_1' - k_1) \cdot r = 0 \qquad (1.4\text{-}7)$$

和

$$(k_1 - k_2) \cdot r = 0 \qquad (1.4\text{-}8)$$

由于它们对分界面上任意的位置矢量 r 都成立,故 $(k_1' - k_1)$ 和 $(k_1 - k_2)$ 与界面垂直,即与界面
法线平行。这就是说,k_1,k_1' 和 k_2 共面,同在入射面内。这是反射定律和折射定律的第一个
内容。

下面再确定反射波和折射波波矢的方向。如图 1.11 所示,设入射角、反射角和折射角分
别为 θ_1、θ_1' 和 θ_2,在介质 1 和介质 2 中波的传播速度分别为 v_1 和 v_2,则有

$$k_1 = k_1' = \omega / v_1$$

和

$$k_2 = \omega / v_2$$

因而由式(1.4-7),得到

$$k_1 r \cos\left(\frac{\pi}{2} - \theta_1\right) = k_1 r \cos\left(\frac{\pi}{2} - \theta_1'\right)$$

或

$$\theta_1 = \theta_1' \qquad (1.4\text{-}9)$$

即反射角等于入射角。这是反射定律的第二个内容。

再由式(1.4-8),得 $\qquad k_1 r \cos\left(\frac{\pi}{2} - \theta_1\right) = k_2 r \cos\left(\frac{\pi}{2} - \theta_2\right)$

也可写成

$$\frac{\sin\theta_1}{v_1} = \frac{\sin\theta_2}{v_2}$$

或

$$n_1 \sin\theta_1 = n_2 \sin\theta_2 \qquad (1.4\text{-}10)$$

式中,n_1 和 n_2 分别是介质 1 和介质 2 的折射率。这是折射定律的第二个内容。

1.4.2　菲涅耳公式

下面进一步导出表示反射光、折射光与入射光振幅和位相关系的菲涅耳公式。

对于电矢量 E_1 垂直于入射面和平行于入射面的入射平面波,其反射波和折射波的振幅和位相关系并不相同,所以有必要对这两种情形分别予以讨论。自然,入射波的电矢量 E_1 可以在垂直于传播方向的平面内取任意方向,但是总可以把 E_1 分解为垂直于入射面的分量 E_{1s} 和平行于入射面的分量 E_{1p},这就是说,可以把入射波分解为电矢量垂直于入射面和平行于入射面的 s 波和 p 波,然后分别予以讨论。此外,由于我们的讨论涉及反射波和折射波的位相,所以还有必要规定 s 波和 p 波电矢量的"正"向和"负"向。我们规定 E_s 的正向沿 y 轴方向,即与图面垂直并指向读者; E_p 的正向如图 1.12 中所示。不用说,这只是一种约定,实际上 E_s 和 E_p 的正向可选为上述方向,也可选为与之相反的方向而不会影响结果的普遍性。

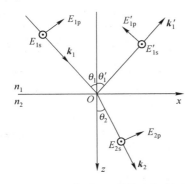 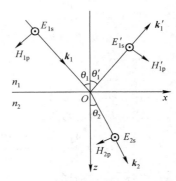

图 1.12　入射波、反射波和折射波
电矢量的两个互相垂直分量

图 1.13　s 波的 E 和 H 的正向

1. s 波的反射系数和透射系数

当入射平面波是电矢量垂直于入射面的 s 波时,电矢量的正向和相联系的磁矢量的方向如图 1.13 所示。假定在界面处入射波、反射波和折射波同时取正向或负向,或者说三个波同相,则根据边值关系,即式(1.4-1)和式(1.4-2),应有

$$E_{1s}+E'_{1s}=E_{2s} \tag{1.4-11}$$

和

$$H_{1p}\cos\theta_1-H'_{1p}\cos\theta_1=H_{2p}\cos\theta_2 \tag{1.4-12}$$

由式(1.2-14)、式(1.1-8)、式(1.3-5)和 $\mu\approx\mu_0$,得到

$$H_p=\sqrt{\frac{\varepsilon}{\mu}}E_s=n\sqrt{\frac{\varepsilon_0}{\mu_0}}E_s$$

因此,式(1.4-12)可写为 $\quad n_1E_{1s}\cos\theta_1-n_1E'_{1s}\cos\theta_1=n_2E_{2s}\cos\theta_2$

将式(1.4-3)代入式(1.4-11)和上式,注意各指数项相等并利用折射定律,可得

$$A_{1s}+A'_{1s}=A_{2s}$$

和

$$\cos\theta_1\sin\theta_2(A_{1s}-A'_{1s})=A_{2s}\sin\theta_1\cos\theta_2$$

由以上两式可求出反射波和入射波的振幅比

$$r_s=\frac{A'_{1s}}{A_{1s}}=-\frac{\sin(\theta_1-\theta_2)}{\sin(\theta_1+\theta_2)} \tag{1.4-13}$$

以及折射波和入射波的振幅比

$$t_{s}=\frac{A_{2s}}{A_{1s}}=\frac{2\sin\theta_2\cos\theta_1}{\sin(\theta_1+\theta_2)} \tag{1.4-14}$$

r_{s} 和 t_{s} 分别称为 **s 波的反射系数**和**透射系数**,而以上两式就是关于 **s 波的菲涅耳公式**。

2. p 波的反射系数和透射系数

p 波的电矢量的正向和相联系的磁矢量的正向如图 1.14 所示。设在界面处入射波、反射波和折射波同时取正向或负向,因而由边值关系式(1.4-1)和式(1.4-2),可得

$$E_{1p}\cos\theta_1-E'_{1p}\cos\theta_1=E_{2p}\cos\theta_2 \tag{1.4-15}$$

和

$$H_{1s}+H'_{1s}=H_{2s} \tag{1.4-16}$$

利用式(1.2-14)和式(1.3-5),可把式(1.4-16)用电场表示为

$$n_1(E_{1p}+E'_{1p})=n_2E_{2p}$$

再用折射定律把上式写为

$$\sin\theta_2(E_{1p}+E'_{1p})=E_{2p}\sin\theta_1$$

将式(1.4-3)代入式(1.4-15)和上式分别得到

$$\cos\theta_1(A_{1p}-A'_{1p})=A_{2p}\cos\theta_2$$

和

$$\sin\theta_2(A_{1p}+A'_{1p})=A_{2p}\sin\theta_1$$

由以上两式可求得反射波与入射波的振幅比

$$r_{p}=\frac{A'_{1p}}{A_{1p}}=\frac{\tan(\theta_1-\theta_2)}{\tan(\theta_1+\theta_2)} \tag{1.4-17}$$

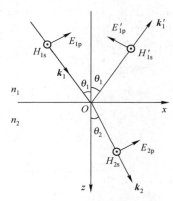

图 1.14 p 波的 **E** 和 **H** 的正向

和折射波与入射波的振幅比

$$t_{p}=\frac{A_{2p}}{A_{1p}}=\frac{2\sin\theta_2\cos\theta_1}{\sin(\theta_1+\theta_2)\cos(\theta_1-\theta_2)} \tag{1.4-18}$$

r_{p} 和 t_{p} 分别称为 **p 波的反射系数**和**透射系数**,式(1.4-17)和式(1.4-18)则是对于 **p 波的菲涅耳公式**。

总括起来,菲涅耳公式包括式(1.4-13)、式(1.4-14)、式(1.4-17)和式(1.4-18)。在正入射($\theta=0$)或入射角很小时(这时 $\tan\theta\approx\sin\theta\approx\theta$,$\dfrac{\sin\theta_1}{\sin\theta_2}\approx\dfrac{\theta_1}{\theta_2}\approx n$,其中 $n=n_2/n_1$ 为相对折射率),容易证明菲涅耳公式有如下简单形式:

$$r_{s}=\frac{A'_{1s}}{A_{1s}}=-\frac{n-1}{n+1} \tag{1.4-19}$$

$$t_{s}=\frac{A_{2s}}{A_{1s}}=\frac{2}{n+1} \tag{1.4-20}$$

$$r_{p}=\frac{A'_{1p}}{A_{1p}}=\frac{n-1}{n+1} \tag{1.4-21}$$

$$t_{p}=\frac{A_{2p}}{A_{1p}}=\frac{2}{n+1} \tag{1.4-22}$$

1.4.3 菲涅耳公式的讨论

下面分别对 $n_1<n_2$(光波从光疏介质射到光密介质)和 $n_1>n_2$(光波从光密介质射到光疏介

质)两种情况进行讨论。

1. $n_1 < n_2$

设 $n_1 = 1$，$n_2 = 1.5$（如最常见的光从空气射向玻璃），这时根据菲涅耳公式画出的 r_s、r_p、t_s 和 t_p 随入射角 θ_1 的变化曲线如图 1.15 所示。由图可见，t_s 和 t_p 相差不大，并都随入射角 θ_1 的增大而减小。当 $\theta_1 = 0°$ 时，t_s 和 t_p 均等于 0.8；当 $\theta_1 = 90°$ 时，t_s 和 t_p 等于零，没有折射波。对于反射波，当 $\theta_1 = 0°$ 时，$|r_s|$ 和 r_p 等于 0.2；而当 θ_1 增大时，r_p 先随 θ_1 的增大而减小，至入射角 θ_1 满足 $\theta_1 + \theta_2 = 90°$ 时（这时 θ_1 记为 θ_B），$r_p = 0$。经过 θ_B 后，$|r_p|$ 随 θ_1 增大而增大，当 $\theta_1 = 90°$ 时，$|r_p| = 1$。$|r_s|$ 则随 θ_1 的增大而单调地从 0.2 增大到 1。

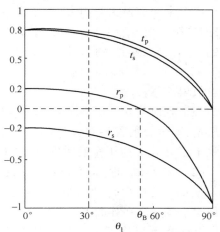

图 1.15　r_s，r_p，t_s 和 t_p 随 θ_1 变化曲线
（$n_1 = 1$，$n_2 = 1.5$，$\theta_B = 56°40'$）

菲涅耳公式不仅给出了反射波和折射波的振幅随入射角的变化关系，也给出了反射波和折射波与入射波的位相关系。由图 1.15 可以看出，不管 θ_1 为何值，r_s 总是负的，即 A'_{1s} 与 A_{1s} 总是异号。因此，在界面上 $\boldsymbol{E}'_{1s}$ 和 $\boldsymbol{E}_{1s}$ 应取相反方向，当 $\boldsymbol{E}_{1s}$ 在入射波中取正方向时，$\boldsymbol{E}'_{1s}$ 在反射波中取负方向，反之亦然。这表示对于 s 波，在界面上反射波振动相对于入射波振动总有 π 的位相跃变。对于 r_p，情况稍复杂一些。当 $\theta_1 + \theta_2 < 90°$，即 $\theta_1 < \theta_B$ 时，r_p 为正；而当 $\theta_1 + \theta_2 > 90°$，即 $\theta_1 > \theta_B$ 时，r_p 为负。前一情形表示在界面上 p 波的 $\boldsymbol{E}'_{1p}$ 和 $\overline{\boldsymbol{E}}_{1p}$ 在反射波和入射波中同取正方向或负方向，后一情形表示 $\boldsymbol{E}'_{1p}$ 和 $\boldsymbol{E}_{1p}$ 分别取正（负）方向和负（正）方向。当 $\theta_1 + \theta_2 = 90°$ 时，$r_p = 0$，表示这时 p 波没有反射，全部透入介质 2。

图 1.16 绘出了在三种不同入射角下在分界面反射时电矢量的取向情况。这里设入射平面波的电矢量为 $\boldsymbol{E}_1$，反射波电矢量 $\boldsymbol{E}'_1$ 的准确取向应根据菲涅耳公式计算出 A'_{1s} 和 A'_{1p} 来决定（参阅例题 1.3），图中 $\boldsymbol{E}'_1$ 是示意画出的。由图 1.16 不难看出，在入射角很小和入射角接近 90°（掠入射）两种情形下，$\boldsymbol{E}'_{1s}$ 和 $\boldsymbol{E}_{1s}$，$\boldsymbol{E}'_{1p}$ 和 $\boldsymbol{E}_{1p}$ 的方向都正好相反（尽管在入射角很小时，形式

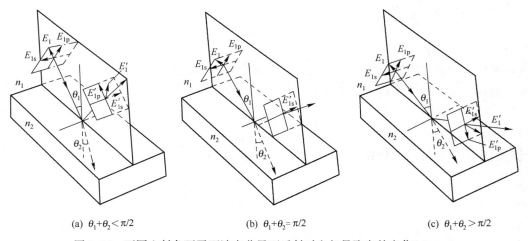

(a) $\theta_1 + \theta_2 < \pi/2$　　　　(b) $\theta_1 + \theta_2 = \pi/2$　　　　(c) $\theta_1 + \theta_2 > \pi/2$

图 1.16　不同入射角下平面波在分界面反射时电矢量取向的变化（$n_1 < n_2$）

上有 $r_p > 0$），这表示在上述两种情形下，s 波和 p 波在界面上反射时其电矢量的方向都发生突然的反向，或者说振动的位相突然改变 π。由此可以得出结论：**当平面波在接近正入射或掠入射下从光疏介质与光密介质的分界面反射时，反射光振动相对于入射光振动发生了 π 的位相跃变**。这一结论在讨论光的干涉现象时极为重要。通常，我们把反射时发生的 π 位相跃变称为"半波损失"，意即反射时损失了半个波长。

对于平面波在一般斜入射的情形，由图 1.16 可以看出，反射光和入射光 p 波的电矢量成一定的角度，这时讨论它们的位相差没有什么意义。

2. $n_1 > n_2$

再看平面波从光密介质入射到光疏介质（$n_1 > n_2$）的情况。设 $n_1 = 1.5$，$n_2 = 1$，根据菲涅耳公式画出的 r_s，r_p，t_s 和 t_p 随入射角 θ_1 的变化关系如图 1.17 所示。与 $n_1 < n_2$ 的情况（图 1.15）比较，有两点值得注意：

（1）入射角 $\theta_1 \geqslant \theta_C$ 时（θ_C 为 $\theta_2 = 90°$ 时对应的入射角，即全反射临界角），r_s 和 r_p 变为复数，但模值为 1，这表示发生了全反射现象（见下节）；

（2）在 $\theta_1 < \theta_C$ 时，关于 r_s 和 r_p 的正负号的结论将与 $n_1 < n_2$ 的情况得到的结论相反，因而在 $n_1 > n_2$ 的情况下反射光在界面上不会发生位相跃变。

上面主要讨论了反射波。对于折射波，在 $n_1 < n_2$ 和 $n_1 > n_2$ 两种情况下，透射系数 t_s 和 t_p 都大于零，透射时 s 波和 p 波的电矢量取向都不会突然反向，因而不会有 π 的位相跃变。

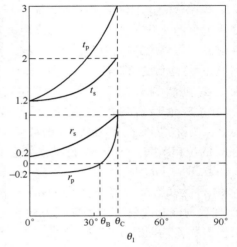

图 1.17　r_s，r_p，t_s 和 t_p 随 θ_1 变化关系（$n_1 = 1.5$，$n_2 = 1$）

1.4.4　反射率和透射率

由菲涅耳公式还可以得到入射波、反射波和折射波的能量关系。我们知道，平面波的光强由下式给出[见式(1.3-9)]：

$$I = \frac{1}{2}\sqrt{\frac{\varepsilon}{\mu}}A^2$$

它表示单位时间内通过垂直于传播方向的单位面积的能量。如果把入射波的光强记为 I_1，则每秒入射到分界面单位面积上的能量为（参考图 1.18）

$$W_1 = I_1\cos\theta_1 = \frac{1}{2}\sqrt{\frac{\varepsilon_1}{\mu_1}}A_1^2\cos\theta_1$$

而反射波和折射波每秒从分界面单位面积带走的能量为

$$W_1' = I_1'\cos\theta_1 = \frac{1}{2}\sqrt{\frac{\varepsilon_1}{\mu_1}}A_1'^2\cos\theta_1$$

$$W_2 = I_2\cos\theta_2 = \frac{1}{2}\sqrt{\frac{\varepsilon_2}{\mu_2}}A_2^2\cos\theta_2$$

式中，I_1' 和 I_2 分别为反射波和折射波的强度。因此在分界面上反射波、折射波与入射波的能量流之比为

$$R = \frac{W_1'}{W_1} = \frac{I_1'}{I_1} = \frac{A_1'^2}{A_1^2} \qquad (1.4\text{-}23)$$

$$T = \frac{W_2}{W_1} = \frac{I_2\cos\theta_2}{I_1\cos\theta_1} = \frac{n_2\cos\theta_2}{n_1\cos\theta_1}\frac{A_2^2}{A_1^2} \qquad (1.4\text{-}24)$$

式（1.4-24）中利用了 $\mu_1 = \mu_2$ 的关系，R 和 T 分别称为**反射率**和**透射率**。根据能量守恒定律，应有

$$R + T = 1 \qquad (1.4\text{-}25)$$

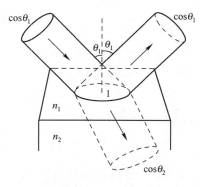

图 1.18　反射和折射时光束截面积的变化
（设界面上光束面积为 1）

将菲涅耳公式代入式（1.4-23）和式（1.4-24），可得到 s 波的反射率和透射率的表达式

$$R_s = \left(\frac{A_{1s}'}{A_{1s}}\right)^2 = \frac{\sin^2(\theta_1-\theta_2)}{\sin^2(\theta_1+\theta_2)} \qquad (1.4\text{-}26)$$

$$T_s = \frac{n_2\cos\theta_2}{n_1\cos\theta_1}\left(\frac{A_{2s}}{A_{1s}}\right)^2 = \frac{n_2\cos\theta_2}{n_1\cos\theta_1}\frac{4\sin^2\theta_2\cos^2\theta_1}{\sin^2(\theta_1+\theta_2)} \qquad (1.4\text{-}27)$$

p 波的反射率和透射率的表达式为

$$R_p = \left(\frac{A_{1p}'}{A_{1p}}\right)^2 = \frac{\tan^2(\theta_1-\theta_2)}{\tan^2(\theta_1+\theta_2)} \qquad (1.4\text{-}28)$$

$$T_p = \frac{n_2\cos\theta_2}{n_1\cos\theta_1}\left(\frac{A_{2p}}{A_{1p}}\right)^2 = \frac{n_2\cos\theta_2}{n_1\cos\theta_1}\frac{4\sin^2\theta_2\cos^2\theta_1}{\sin^2(\theta_1+\theta_2)\cos^2(\theta_1-\theta_2)} \qquad (1.4\text{-}29)$$

同样应有

$$\left.\begin{array}{l} R_s + T_s = 1 \\ R_p + T_p = 1 \end{array}\right\} \qquad (1.4\text{-}30)$$

通常遇到入射光为自然光的情况，这时可以把自然光分成 s 波和 p 波，它们的能量相等，都等于自然光能量的一半，即

$$W_{1s} = W_{1p} = \frac{1}{2}W_1$$

因此自然光的反射率为

$$R_n = \frac{W_1'}{W_1} = \frac{W_{1s}' + W_{1p}'}{W_1} = \frac{W_{1s}'}{2W_{1s}} + \frac{W_{1p}'}{2W_{1p}} = \frac{1}{2}(R_s + R_p)$$

将式（1.4-26）和式（1.4-28）代入上式，得到自然光反射率随入射角变化的关系

$$R_n = \frac{1}{2}\left[\frac{\sin^2(\theta_1-\theta_2)}{\sin^2(\theta_1+\theta_2)} + \frac{\tan^2(\theta_1-\theta_2)}{\tan^2(\theta_1+\theta_2)}\right] \qquad (1.4\text{-}31)$$

图 1.19 给出了光在空气和玻璃界面（$n_1 = 1$，$n_2 = 1.52$）反射时 R_s，R_p，R_n 随入射角 θ_1 变化的曲线。可见，自然光在 $\theta_1 < 45°$ 时其反射率几乎不变，约等于正入射时的反射率；而正入射时自然光的反射率为

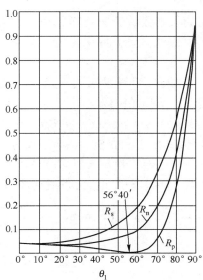

图 1.19　R_s，R_p 和 R_n 随入射角 θ_1 变化的曲线（$n_1 = 1$，$n_2 = 1.52$，$\theta_B = 56°40'$）

$$R_n = \frac{1}{2}\left[\left(\frac{n-1}{n+1}\right)^2 + \left(\frac{n-1}{n+1}\right)^2\right] = \left(\frac{n-1}{n+1}\right)^2 \qquad (1.4\text{-}32)$$

在 $n_1=1, n_2=1.52$ 的情形下，$R_n=0.043$，即约有 4% 的光能量在界面上反射。对于一些结构复杂的光学系统，即使是近于正入射下入射的，但由于反射面过多，光能量的反射损失也是相当严重的。例如，一个包含 6 块透镜的系统，反射面共有 12 面；假定透镜的折射率同为 1.52，光在各面的入射角都很小，则透过该系统的光能量为

$$W_2 = (1-0.043)^{12}W_1 = 0.59W_1$$

即由于反射损失了 41% 的能量。现代的变焦距物镜有 10 多个透镜，光能的反射损失将非常严重。为了减少光能的反射损失，近代光学技术普遍采用在光学元件表面镀增透膜的方法。有关它的原理，将在第 2 章讨论。

例题 1.2 一光束入射到空气和火石玻璃（$n_1=1, n_2=1.7$）界面，问在什么角度下入射恰可使电矢量平行于入射面分量（p 波）的反射系数 $r_p=0$？

解 根据菲涅耳公式

$$r_p = \frac{\tan(\theta_1-\theta_2)}{\tan(\theta_1+\theta_2)}$$

当 $r_p=0$ 时，$\theta_1+\theta_2=\pi/2$。记这时的 θ_1 为 θ_B，因此

$$\theta_B + \theta_2 = \pi/2$$

或者

$$\theta_2 = \frac{\pi}{2} - \theta_B$$

由折射定律

$$n_1\sin\theta_B = n_2\sin\theta_2 = n_2\sin\left(\frac{\pi}{2}-\theta_B\right) = n_2\cos\theta_B$$

故

$$\tan\theta_B = n_2/n_1 = 1.7$$

求得

$$\theta_B = 59°32'$$

这时的入射角称为**布儒斯特角**。光束在这一角度下入射到界面，反射光的电矢量没有平行于入射面的分量。如果入射光是自然光，反射光则变为偏振光，其电矢量的振动垂直于入射面。

平面波以布儒斯特角从光疏介质到光密介质分界面反射透射时光振动动态演示请扫二维码。

例题 1.3 电矢量振动方向与入射面成 45° 的偏振光入射到两种介质的分界面，介质 1 和介质 2 的折射率分别为 $n_1=1, n_2=1.5$。问入射角 $\theta_1=60°$ 时反射光中电矢量与入射面所成角度是多少？

解 当 $\theta_1=60°$ 时，由折射定律有

$$\theta_2 = \arcsin\left(\frac{n_1\sin\theta_1}{n_2}\right) = \arcsin\left(\frac{\sin60°}{1.5}\right) = \arcsin0.577 = 35°14'$$

$$r_s = -\frac{\sin(60°-35°14')}{\sin(60°+35°14')} = -\frac{0.419}{0.996} = -0.421$$

$$r_p = \frac{\tan(60°-35°14')}{\tan(60°+35°14')} = \frac{0.461}{10.92} = -0.042$$

因此，反射光电矢量的振动方向与入射面所成的角度为（参见图 1.16(c)）

$$\alpha = \arctan\left(\frac{0.421}{0.042}\right) = 84°18'$$

1.5　全反射和隐失波

光波从光密介质射向光疏介质($n_1 > n_2$)时,根据折射定律,$\dfrac{\sin\theta_1}{\sin\theta_2} = \dfrac{n_2}{n_1} < 1$。若 $\sin\theta_1 > \dfrac{n_2}{n_1}$,会有 $\sin\theta_2 > 1$,这是没有意义的,我们不可能求出任何实数的折射角。事实上,这时没有折射光,入射光全部反射回介质 1,这个现象称为**全反射**。满足 $\sin\theta_C = \dfrac{n_2}{n_1}$ 的入射角就是全反射**临界角**,相应的折射角 $\theta_2 = 90°$。下面再从波动光学的观点讨论全反射时光波在界面上的一些有意义的性质。

1.5.1　反射系数和位相变化

在全反射时,虽然实数的折射角 θ_2 不再存在,但形式上可以利用折射定律以 θ_1 来表示 θ_2:

$$\sin\theta_2 = \frac{n_1}{n_2}\sin\theta_1 = \frac{\sin\theta_1}{n} \qquad (1.5\text{-}1)$$

$$\cos\theta_2 = \pm\mathrm{i}\sqrt{\frac{\sin^2\theta_1}{n^2} - 1} \qquad (1.5\text{-}2)$$

式中,$n = n_2/n_1$。下面的讨论将会说明,$\cos\theta_2$ 表达式中根号前只能取正号,即

$$\cos\theta_2 = \mathrm{i}\sqrt{\frac{\sin^2\theta_1}{n^2} - 1} \qquad (1.5\text{-}3)$$

将式(1.5-1)和式(1.5-3)代入式(1.4-13)和式(1.4-17),分别得到 s 波的反射系数

$$r_s = \frac{\cos\theta_1 - \mathrm{i}\sqrt{\sin^2\theta_1 - n^2}}{\cos\theta_1 + \mathrm{i}\sqrt{\sin^2\theta_1 - n^2}} \qquad (1.5\text{-}4)$$

和 p 波的反射系数 　　　$$r_p = \frac{n^2\cos\theta_1 - \mathrm{i}\sqrt{\sin^2\theta_1 - n^2}}{n^2\cos\theta_1 + \mathrm{i}\sqrt{\sin^2\theta_1 - n^2}} \qquad (1.5\text{-}5)$$

上面两式表明,在全反射情况下,r_s 和 r_p 是复数,可以表示为

$$r_s = |r_s|\exp(\mathrm{i}\delta_s) \qquad (1.5\text{-}6)$$

$$r_p = |r_p|\exp(\mathrm{i}\delta_p) \qquad (1.5\text{-}7)$$

r_s 和 r_p 的模($|r_s|$ 和 $|r_p|$)表示反射波和入射波的实振幅之比,而幅角(δ_s 和 δ_p)表示全反射时的位相变化。由于在式(1.5-4)和式(1.5-5)中分子与分母是一对共轭复数,其模值相等,所以 $|r_s| = |r_p| = 1$。相应地反射率也等于 1。这表明全反射时光能全部反射回介质 1,不存在折射波。至于全反射时的位相变化,由式(1.5-4)和式(1.5-6),可以求得

$$\tan\frac{\delta_s}{2} = -\frac{\sqrt{\sin^2\theta_1 - n^2}}{\cos\theta_1} \qquad (1.5\text{-}8)$$

由式(1.5-5)和式(1.5-7)求得

$$\tan\frac{\delta_p}{2}=-\frac{\sqrt{\sin^2\theta_1-n^2}}{n^2\cos\theta_1} \tag{1.5-9}$$

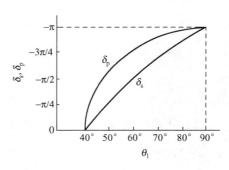

δ_s 和 δ_p 随 θ_1 变化的曲线如图 1.20 所示。可见,在全反射条件下,s 波和 p 波在界面上有不同的位相跃变。因此,反射光中 s 波和 p 波有一位相差 δ,它由下式决定:

$$\tan\frac{\delta}{2}=\tan\frac{\delta_s-\delta_p}{2}=\frac{\cos\theta_1\sqrt{\sin^2\theta_1-n^2}}{\sin^2\theta_1} \tag{1.5-10}$$

图 1.20　全反射时 δ_s 和 δ_p 随 θ_1 变化的曲线（$n=1/1.5$）

显而易见,当入射角 θ_1 等于全反射临界角时,反射光中 s 波和 p 波的位相差 δ 为零。如果这时入射光为偏振光,则反射光也为偏振光。若入射角大于临界角,且入射偏振光的振动与入射面的夹角非 0° 或 90°,这时由于反射光中 s 波和 p 波有一定的位相差（$\delta\neq0$ 或 π）,反射光将变成椭圆偏振光。关于形成椭圆偏振光的原理,将在 4.4 节阐明。平面波发生全反射时光振动动态演示请扫二维码。

1.5.2　隐失波

实验表明,在全反射时光波不是绝对地在界面上被全部反射回介质 1,而是透入介质 2 很薄的一层表面（约 1 个波长）,并沿界面传播一小段距离（波长量级）,最后返回介质 1。透入介质 2 表面的这个波,称为**隐失波**。从电磁场在界面上必须满足边值关系的观点来看,隐失波的存在是必然的。因为电场和磁场不可能中止在两种介质的分界面上,在介质 2 中一定会存在透射波。只是在全反射条件下,这个透射波有着特殊的性质。由式(1.4-3)可知,透射波的波函数为

$$\boldsymbol{E}_2=\boldsymbol{A}_2\exp[\mathrm{i}(\boldsymbol{k}_2\cdot\boldsymbol{r}-\omega t)]$$

若选取入射面为 xz 平面（图 1.21）,上式可写为

$$\boldsymbol{E}_2=\boldsymbol{A}_2\exp[\mathrm{i}(k_{2x}x+k_{2z}z-\omega t)]$$

由式(1.5-1)和式(1.5-2)可得到

$$k_{2x}=k_2\sin\theta_2=k_2\frac{\sin\theta_1}{n}$$

$$k_{2z}=k_2\cos\theta_2=\pm\mathrm{i}k_2\sqrt{\frac{\sin^2\theta_1}{n^2}-1}$$

k_{2z} 是虚数,它的物理意义可以从下面的讨论中看出。

将 k_{2z} 写为 $k_{2z}=\pm\mathrm{i}\kappa$,其中 $\kappa=k_2\sqrt{\dfrac{\sin^2\theta_1}{n^2}-1}$ 是正实数。因此透射波的波函数为

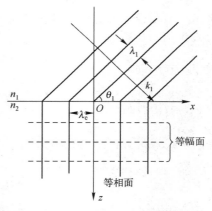

图 1.21　全反射时介质 2 中的隐失波

$$\boldsymbol{E}_2=\boldsymbol{A}_2\exp(\mp\kappa z)\exp[\mathrm{i}(k_{2x}x-\omega t)] \tag{1.5.11}$$

上式表明,透射波是一个沿 x 方向传播、振幅在 z 方向按指数规律变化的波,其振幅因子为 $\boldsymbol{A}_2\exp(\mp\kappa z)$。显然 κ 前只能取负号;若取正号,振幅因子表示离开界面向介质 2 深入时,振幅随深度增大而增大,这在物理上是不可能的[在式(1.5-2)中根号前取正号原因即在于此]。κ

前取负号后,式(1.5-8)就表示一个沿 x 方向传播、振幅在 z 方向按指数衰减的波,这就是隐失波。隐失波的振幅随深度 z 减小得非常快,通常定义振幅减小到界面($z=0$ 处)振幅的 $1/e$ 的深度为**穿透深度**。由式(1.5-8)可知,穿透深度为

$$z_0 = \frac{1}{\kappa} = \frac{n}{k_2\sqrt{\sin^2\theta_1 - n^2}} \tag{1.5-12}$$

z_0 约为 1 个波长。另外,容易看出,隐失波的等幅面是 z 为恒量的平面,等相面是 x 为恒量的平面,两者互相垂直(参见图 1.21)。再由式(1.5-11),隐失波的波长为

$$\lambda_e = 2\pi/k_{2x} = \lambda_1/\sin\theta_1 \tag{1.5-13}$$

式中,λ_1 是介质 1 中光波波长。

应该指出,虽然全反射时在介质 2 中存在隐失波,但它并不向介质 2 内部传输能量。计算表明,隐失波沿 z 方向的平均能流为零。这说明由介质 1 流入介质 2 和由介质 2 返回介质 1 的能量相等。进一步研究还表明,由介质 1 流入介质 2 的能量入口处和返回的能量出口处相隔约半个波长。因此当以有限宽度的光束入射时,可以发现反射光在界面上有一侧向位移,如图 1.22 所示。这一位移称为**古斯–汉森(Goos-Hanchen)位移**,它是造成全反射时反射波位相跃变的原因。

图 1.22　古斯–汉森位移

1.5.3　全反射应用举例

1. 光纤光学

20 世纪 50 年代后兴起的光纤光学,就是利用全反射现象来传导光能和光信息的。图 1.23 所示是一根直圆柱形光纤,它由两层均匀介质组成,内层称为芯线,外层称为包层。芯线的折射率 n_1 高于包层的折射率 n_2。如果光线在芯线和包层界面的入射角 θ_1 大于临界角,光线将不断地在光纤内发生全反射,由光纤的一端传播到另一端,光纤因而起着导光的作用。光纤也可以弯曲使用,只要曲率半径不是太小以致全反射条件受到破坏,光线就可以沿着弯曲光纤传播很长的距离。数以万计的光纤组成的光纤束不仅能传导光能,也能用来传递光学图像(每根纤维传递图像的一个像素)。图 1.24 所示是一种可弯曲的光纤镜,外光纤把入射光传导到所要观察的物体,而内光纤把物体的像传导给观察者。

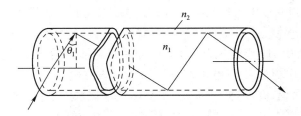

图 1.23　光在光纤内的全反射

1966 年,华裔科学家高锟发表了一篇题为《光频率介质纤维表面波导》的论文,开创性地提出了光纤在通信上应用的基本原理,指出用高纯度的石英玻璃制造光纤,降低光纤的损耗以

实现长距离高效传输信息,从而推动了全球光纤通信的发展,高锟因此获得了2009年诺贝尔物理学奖。

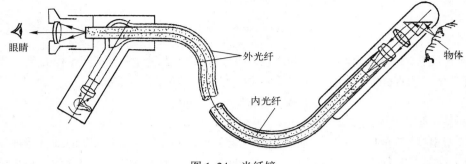

图1.24 光纤镜

2. 激光可变输出耦合器

图1.25所示,两块斜面靠得很近的45°-90°-45°等腰直角棱镜,激光束通过棱镜射到斜面时,由于激光束在斜面上的入射角大于临界角,两斜面之间的空气隙内将有一个隐失波场,在波场的耦合作用下光波可以从一块棱镜透射到另一块棱镜,透射量的多少与棱镜两斜面间空气隙的间隔有关,利用这一原理便可以制成激光可变输出耦合器。

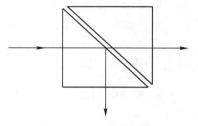

图1.25 激光可变输出耦合器

*1.6 光波在金属表面的透射和反射

上面讨论了光波在两种介质分界面上的反射和折射,我们假定所讨论的介质是不导电的透明介质,其电导率 $\sigma=0$。本节讨论光波在介质-金属界面上的反射和折射。与不导电的(绝缘)介质相比,金属最显著的特点是,一般地,它为良导体。所谓良导体,就是金属的电导率 σ 很大,并且满足 $\dfrac{\sigma}{\varepsilon\omega}\gg1$,这里 ε 是介电常数,ω 是作用在金属上的外界电磁场的角频率(条件 $\dfrac{\sigma}{\varepsilon\omega}\gg1$ 表明,金属是否为良导体,不仅与它的 σ 大小有关,还与外场的频率 ω 有关)。一般金属导体 σ/ε 的数量级为 $10^{17}\mathrm{s}^{-1}$,所以只要电磁场的频率 $\omega\ll10^{17}\mathrm{Hz}$,就可将金属导体看作良导体。

金属有很好的导电性能这一特点,与金属中存在数目很大的自由电子有关。可以证明,在不是特别高频率($\omega\ll10^{17}\mathrm{Hz}$)的电磁场作用下,金属内部的自由电子只分布于金属表面上,金属内部电荷体密度 $\rho=0$,并且自由电子在表面层形成表层电流($j=\sigma E$)。这一电流的存在将使入射波产生强烈的反射,并使透入金属内的波迅速地耗散为电流的焦耳热。所以,通常光波只能透入金属表面很薄的一层内,金属是不透明的。下面我们先来研究透入金属内的波,看它具有怎样的性质。

1.6.1 金属中的透射波

由于在金属内部,$\rho=0$,$j=\sigma E$,从麦克斯韦方程组可得金属中电磁场的波动方程

$$\nabla^2 \boldsymbol{E} - \mu\sigma \frac{\partial \boldsymbol{E}}{\partial t} - \mu\varepsilon \frac{\partial^2 \boldsymbol{E}}{\partial t^2} = 0 \tag{1.6-1}$$

对于

$$\boldsymbol{E} = \boldsymbol{A}\exp[\mathrm{i}(\boldsymbol{k}\cdot\boldsymbol{r}-\omega t)]$$

这一形式的平面波解,由式(1.6-1)得到

$$-k^2 + \mathrm{i}\omega\mu\sigma + \omega^2\varepsilon\mu = 0 \tag{1.6-2}$$

表明在金属中传播的平面波的波矢量 $\boldsymbol{k}$ 为复数。把它写成

$$\boldsymbol{k} = \boldsymbol{\beta} + \mathrm{i}\boldsymbol{\alpha} \tag{1.6-3}$$

这样,金属中的平面波为 $\qquad \boldsymbol{E} = \boldsymbol{A}\exp(-\boldsymbol{\alpha}\cdot\boldsymbol{r})\exp[\mathrm{i}(\boldsymbol{\beta}\cdot\boldsymbol{r}-\omega t)] \tag{1.6-4}$

它是一个衰减的波,随着波透入金属内距离的增大,波的振幅按指数衰减。这是由于光波场在金属表面引起表层电流,从而光能量不断耗散为电流的焦耳热所致。透射波振幅的衰减由波矢量 $\boldsymbol{k}$ 的虚部 $\boldsymbol{\alpha}$ 描述,而波传播的位相关系由波矢量 $\boldsymbol{k}$ 的实部 $\boldsymbol{\beta}$ 描述。

由式(1.6-2)和式(1.6-3),可以得到 $\boldsymbol{\alpha}$ 和 $\boldsymbol{\beta}$ 应满足的关系:

$$-(\beta^2 + 2\mathrm{i}\boldsymbol{\alpha}\cdot\boldsymbol{\beta} - \alpha^2) + \mathrm{i}\omega\mu\sigma + \omega^2\varepsilon\mu = 0$$

分别写出实部和虚部的等式,得到

$$\beta^2 - \alpha^2 = \omega^2\varepsilon\mu \tag{1.6-5}$$

和

$$\boldsymbol{\alpha}\cdot\boldsymbol{\beta} = \frac{1}{2}\omega\mu\sigma \tag{1.6-6}$$

为简单起见,考察平面波沿垂直于金属表面的方向传播的情形,这一情形与光波垂直入射时的透射相对应。设金属表面为 xy 平面,z 轴指向金属内部。这时,$\boldsymbol{\alpha}$ 和 $\boldsymbol{\beta}$ 都沿 z 轴方向①,式(1.6-4)变为

$$\boldsymbol{E} = \boldsymbol{A}\exp(-\alpha z)\exp[\mathrm{i}(\beta z - \omega t)] \tag{1.6-7}$$

由式(1.6-5)和式(1.6-6)可解出 α 和 β,结果是

$$\beta = \omega\sqrt{\mu\varepsilon}\left[\frac{1}{2}\left(\sqrt{1+\frac{\sigma^2}{\varepsilon^2\omega^2}}+1\right)\right]^{1/2}, \quad \alpha = \omega\sqrt{\mu\varepsilon}\left[\frac{1}{2}\left(\sqrt{1+\frac{\sigma^2}{\varepsilon^2\omega^2}}-1\right)\right]^{1/2}$$

对于金属良导体 $\left(\dfrac{\sigma}{\varepsilon\omega}\gg 1\right)$,可以得到

$$\alpha \approx \beta \approx \left(\frac{\omega\mu\sigma}{2}\right)^{1/2} \tag{1.6-8}$$

波的振幅衰减到表面处振幅 $1/e$ 的传播距离称为**穿透深度**。由式(1.6-7)和式(1.6-8),穿透深度为

$$z_0 = \frac{1}{\alpha} \approx \left(\frac{2}{\omega\mu\sigma}\right)^{1/2} \tag{1.6-9}$$

对于铜来说,$\mu = \mu_0 = 4\pi\times10^{-7}\,\mathrm{N\cdot s^2/C^2}$,$\sigma \approx 5.9\times10^7/(\Omega\cdot\mathrm{m})$,如果光波的频率 $\nu = 5\times10^{14}\,\mathrm{Hz}$(黄光),算得 $z_0 = 3\times10^{-6}\,\mathrm{mm} = 3\,\mathrm{nm}$,可见,入射波只能透入金属表面很薄的一层内。所以,在通常情况下金属是不透明的,只有把它制成很薄的薄膜时(如镀银的半透膜)才可以变成半透明的。

---

① 利用边值关系可以证明,在平面波斜入射情况下,$\boldsymbol{\alpha}$ 沿 z 轴方向,而 $\boldsymbol{\beta}$ 并不沿 z 轴方向。不过,$\boldsymbol{\beta}$ 的方向非常接近于 $\boldsymbol{\alpha}$ 的方向。

1.6.2 金属表面的反射

前面已经说明,波在金属内传播时其波矢量 $\boldsymbol{k}$ 为复数。可以证明,只要用一个复介电常数来代替实介电常数,相应地用一个复折射率来代替实折射率,形式上就可以把前面所述的绝缘介质表面的折射和反射公式搬到金属表面的折射和反射中来。引入

$$\widetilde{\varepsilon} = \varepsilon + \mathrm{i}\frac{\sigma}{\omega} \qquad (1.6\text{-}10)$$

假设金属中传播的波是频率为 ω 的单色波,即 $\boldsymbol{E} = \boldsymbol{A}\exp[\mathrm{i}(\boldsymbol{k}\cdot\boldsymbol{r}-\omega t)]$,则平面波在金属界面的反射和折射在形式上与绝缘介质的情形一致。因此,对于光波垂直入射空气-金属界面情形,反射率应为

$$R = |r|^2 = \left|\frac{\widetilde{n}-1}{\widetilde{n}+1}\right|^2 \qquad (1.6\text{-}11)$$

其中,$\widetilde{n} = \sqrt{\widetilde{\varepsilon}/\varepsilon_0}$,是金属的复折射率,令

$$\widetilde{n} = n(1+\mathrm{i}\kappa) \qquad (1.6\text{-}12)$$

式中,n 和 κ 是正实数,κ 称为**衰减指数**[①]。式(1.6-11)因而可以表示为

$$R = \frac{n^2(1+\kappa^2)+1-2n}{n^2(1+\kappa^2)+1+2n} \qquad (1.6\text{-}13)$$

一些金属对于钠黄光($\lambda = 589.3\ \mathrm{nm}$)的光学常数如表 1.2 所示[②]。

表 1.2 金属的光学常数

金　属	n	$n\kappa$	R
银	0.20	3.44	0.94
铝	1.44	5.23	0.83
金(电解的)	0.47	2.83	0.82
铜	0.62	2.57	0.73
铁(蒸发的)	1.51	1.63	0.33

对于光波斜入射的情形,反射率同样可以利用介质的反射系数式(1.4-13)和式(1.4-17)计算,即

$$r_{\mathrm{s}} = -\frac{\sin(\theta_1-\theta_2)}{\sin(\theta_1+\theta_2)}, \qquad r_{\mathrm{p}} = \frac{\tan(\theta_1-\theta_2)}{\tan(\theta_1+\theta_2)}$$

只是在金属情况下

$$\sin\theta_2 = \frac{1}{\widetilde{n}}\sin\theta_1$$

由于 $\widetilde{n}$ 是复数,因此 θ_2 也是复数,θ_2 不再具有通常所理解的折射角的意义。把上式代入式(1.4-13)和式(1.4-17),得到 s 波和 p 波的反射率为

$$R_{\mathrm{s}} = |r_{\mathrm{s}}|^2 = \frac{(n-\cos\theta_1)^2+n^2\kappa^2}{(n+\cos\theta_1)^2+n^2\kappa^2} \qquad (1.6\text{-}14)$$

和

$$R_{\mathrm{p}} = |r_{\mathrm{p}}|^2 = \frac{\left(n-\dfrac{1}{\cos\theta_1}\right)^2+n^2\kappa^2}{\left(n+\dfrac{1}{\cos\theta_1}\right)^2+n^2\kappa^2} \qquad (1.6\text{-}15)$$

图 1.26 所示是银和铜两种金属的反射率随入射角 θ_1 变化的曲线(入射光波长为450 nm),它与电介质的反射率曲线(图 1.19)相比较,有两点类似:① 在 $\theta_1 = 90°$ 时都趋于 1;② R_{p} 有一个极小值(对应于入射角 $\theta_1 = \overline{\theta}_1$,$\overline{\theta}_1$ 称**主入射角**),但是金属的 R_{p} 的极小值不等于零。

---

① 金属的折射率 $\widetilde{n}$ 为复数,其虚部同样是表征金属内传播的波的衰减。

② 由表 1.2 可见,一些金属的实折射率 $n<1$,因而实相速 c/n 超过了真空中的光速,这似乎与相对论矛盾。但是,一个单色波并不能传递信号,信号是以群速度传播的(参阅 1.9 节),在正常色散物质中群速度永远小于光速 c。

另外，根据式（1.4-13）和式（1.4-17），因为 θ_2 是复数，所以 r_s 和 r_p 也都是复数，这表示反射光相对于入射光，s 波和 p 波都发生了位相跃变。随着入射角的不同，位相跃变的绝对值介于 0 与 π 之间，并且通常 s 波和 p 波的位相跃变不同，因此若入射光为线偏振光，在金属表面反射后通常将变为椭圆偏振光。

还有一点值得注意：对于同一种金属来说，入射光波长不同，反射率也不同。图 1.27 所示为在垂直入射时几种金属的反射率随波长的变化曲线。金属反射的这一性质，是由于金属的复介电常数和复折射率与频率有关所致的，从式（1.6-10）看就是电导率 σ 和实介电常数依赖于频率引起的。已经指出，电导率 σ 来源于自由电子的贡献，而实介电常数则是束缚电子的贡献。对于频率较低的光波，它主要对金属中的自由电子发生作用，因而自由电子的贡献比束缚电子的贡献要大得多，这样将导致金属对低频光波有较高的反射率。对于频率比较高的光波（紫光和紫外光），它也可以对金属中的束缚电子发生作用，这种作用将使金属的反射能力降低，透射能力增大，呈现出非金属的光学性质。例如，银对于红光和红外光的反射率在 0.9 以上，并伴有强烈吸收；而在紫外光区，反射率很低，在 $\lambda = 316$ nm 附近，反射率降到 0.04，相当于玻璃（电介质）的反射，这时透射能力明显增大。铝的反射本领随波长的变化比较平稳，对于紫外光仍有相当高的反射率，这一特性和它的很好的抗腐蚀性，使它常作为反射镜的涂料。

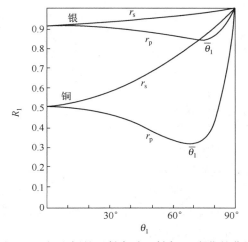

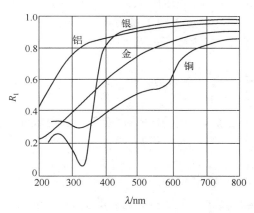

图 1.26　银和铜的反射率随入射角 θ_1 变化的曲线　　图 1.27　垂直入射时几种金属的反射率随波长
（$\lambda = 450$ nm）　　　　　　　　　　　的变化曲线

1.7　光的吸收、色散和散射

光在物质中传播的过程中，将会发生光与物质的相互作用，其结果是，一方面光的部分能量被物质吸收，转化为物质内部其他形式的能量；另一方面，会发生物质对光的散射，使入射光部分地偏离原来的方向。此外，不同频率的入射光，它们在物质中将会有不同的折射率，这就是色散现象。下面对这三种相互作用分别给予讨论。

1.7.1　光的吸收

光在任何一种物质内传播都会或多或少地被吸收。前面几节提到的所谓透明介质，只是吸收很少而可以被忽略，因而可把它看作透明的。从光波（电磁场）与物质相互作用的观点来看,所谓透明介质也存在吸收,这一点是容易理解的。事实上,光在介质内传播时,介质中的束缚电子将在光波电场的作用下做受迫振动,因而介质中的原子成为一个振荡电偶极子,光波要消耗能量来激发偶极子的振动。偶极子振动的一部分能量将以次电磁波的形式与入射波叠加成反射波和折射波,另一部分能量由于原子(分子)间的相互作用而转换为其他形式的能量。光的这一部分能量损耗就是通常所指的介质对光的吸收。

1. 吸收定律

当光束射入介质时,由于介质对光的吸收,光束的强度将随着射入介质的深度增加而不断减弱。若光束通过厚度为 dx 的薄层后,光强从 I_x 减弱到 I_x-dI(参见图 1.28),那么实验表明,当入射光强不是太强时,dI/I_x 与介质层厚度 dx 成正比,即

$$dI/I_x = -\alpha dx$$

式中,α 是与光强无关的比例系数,称为该介质的**吸收系数**。将上式在 0 到 l 区间对 x 积分,得到

$$\ln I - \ln I_0 = -\alpha l$$

或

$$I = I_0 e^{-\alpha l} \qquad (1.7\text{-}1)$$

式中,I_0 和 I 分别为 $x=0$ 和 $x=l$ 处的光强。上式表示的吸收规律称为**布格尔**(Bouguer)**定律**或**朗伯**(Lambert)**定律**。

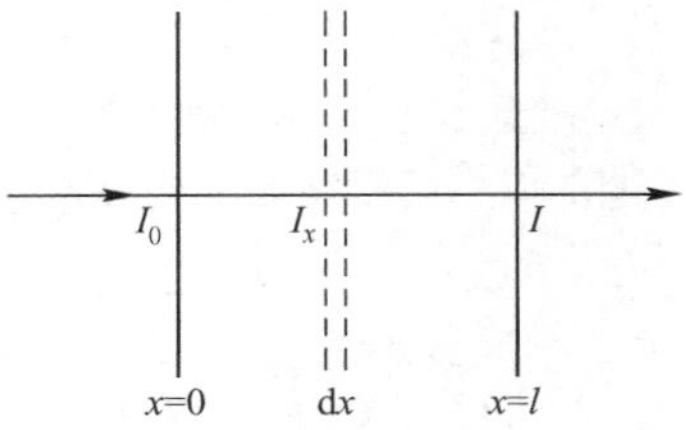

图 1.28 光的吸收

当光通过溶解于透明溶剂中的物质而被吸收时,实验证明,吸收系数 α 与溶液的浓度 C 成正比(溶液浓度不太大时):

$$\alpha = \beta C \qquad (1.7\text{-}2)$$

式中,β 是比例常数。因此由式(1.7-1),溶液的吸收可以表示为

$$I = I_0 e^{-\beta C l} \qquad (1.7\text{-}3)$$

这一规律称为**比尔**(Beer)**定律**。在吸收光谱分析中,就是利用比尔定律来测定溶液的浓度的。

由式(1.7-1)可知,吸收系数在数值上等于光强因吸收而减弱到 $1/e$ 时透过的物质厚度的倒数,单位为 m^{-1}。各种物质的吸收系数差别很大,对可见光来说,金属的 $\alpha = 10^6 \text{ cm}^{-1}$,玻璃的 $\alpha \approx 10^{-2} \text{ cm}^{-1}$,而 1 个大气压下空气的 $\alpha \approx 10^{-5} \text{ cm}^{-1}$。可见极薄的金属片就能吸收掉通过它的光能,因此金属片是不透明的,而光在空气中传播时的吸收系数则很小。

2. 吸收的波长选择性

多数物质在可见光区的吸收具有波长选择性,即对于不同波长的光,物质的吸收系数不同,甚至相差很大。选择吸收的结果,会使白光(各种色光组成的混合光)变成彩色光。被白光照亮的物体呈现的颜色,取决于物体对白光的选择性吸收,绝大部分物体呈现一定颜色,都是其表面或体内对可见光进行选择吸收所造成的。例如,红玻璃对红光和橙光吸收很小,而对绿色、蓝光和紫光几乎全部吸收,所以当白光射到红玻璃上时,只有红光能够透过,玻璃呈红色。如果红玻璃用绿光照射,则由于全部光能被吸收,看到的玻璃是黑色的。

如果从整个光学波段来考虑,所有物质的吸收都具有波长选择性。例如,普通光学材料在可见光区是相当透明的,对各种波长的可见光都吸收很小。但是在紫外和红外光区,它们则表现出不同的选择吸收,因此它们的透明区可能很不相同(参见表 1.3)。在制造光学元件时,必须选用对所研究的波长范围是透明的光学材料,如紫外光谱仪中的棱镜、透镜需选用石英制作,红外光谱仪中的棱镜、透镜则应选用萤石等晶体制作。

物质吸收的选择性可用它的吸收系数和波长的关系曲线表示。一般说来,固体和液体在某个较大的波长范围内吸收都很强,而且有极大值,这个吸收范围称为**吸收带**,其示意图如图 1.29 所示。

表 1.3　几种光学材料的透光波长范围

光 学 材 料	紫外波长~红外波长(nm)
冕牌玻璃	350~2000
火石玻璃	380~2500
石英(SiO_2)	180~4000
萤石(CaF_2)	125~9500
岩盐($NaCl$)	175~14500
氯化钾(KCl)	180~23000

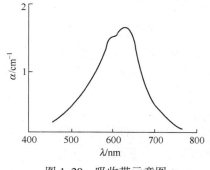

图 1.29　吸收带示意图

在带外的波长区域,物质的吸收很小,是透明区。一种物质往往有许多吸收带,并且彼此的形态可能相差很大。对于稀薄气体,吸收带很窄,通常只有 10^{-3} nm 量级,所以吸收带变成了**吸收线**。图 1.30 所示是氢气在可见光区的吸收线分布(吸收光谱)。为什么稀薄气体的吸收带很窄,而固体和液体的吸收带很宽呢?这是因为在稀薄气体中,原子间的距离很大,它们之间相互影响很小,可以认为原子内电子的振动不受周围原子的影响。而每一种物质的原子的振动都有一些固有的振动频率,当入射光波的频率和这些固有频率一致时,就会引起共振,这时入射波的能量强烈地被吸收。因此在稀薄气体的吸收光谱中形成一些频率与原子固有振动频率对应的吸收线。但是在固体和液体中,原子系统是处在周围分子的场作用下的,这将使原子的固有振动频率展宽,因而吸收范围就大大地加宽了。

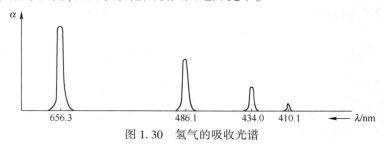

图 1.30　氢气的吸收光谱

1.7.2　光的色散

1. 正常色散和反常色散

色散是一种光在介质中传播时其折射率(速度)随频率(或波长)变化的现象。它可以分为两种情况进行研究。

第一种情况是发生在物质透明区内的色散(在此区域内物质对光的吸收很小),这种情况的色散特点是,随着光波长的增大,折射率减小,因而色散曲线($n-\lambda$ 关系曲线)是单调下降的,如图 1.31 所示。这种色散称为**正常色散**,是在实际

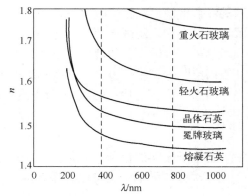

图 1.31　几种常用光学材料的色散曲线(正常色散)

中常见的色散现象。

对于正常色散的描述可以利用柯西(A. L. Cauchy, 1789—1857)色散公式,它是柯西在
1836 年通过实验总结出来的经验公式,具体形式为

$$n = a + \frac{b}{\lambda^2} + \frac{c}{\lambda^4} \tag{1.7-4}$$

式中,a,b,c 是与物质有关的常数。只要测量出三个已知波长的 n 值,由上式便可求得 a,b,c
三个常数。如果考察的波长范围不大,柯西公式可以只取前两项,即

$$n = a + \frac{b}{\lambda^2} \tag{1.7-5}$$

色散的第二种情况是发生在物质吸收区内的色散。在物质吸收区内,折射率随波长的增
大而增大,这一情况与正常色散正好相反,称它为**反常色散**。氢在可见光区的反常色散曲线如
图 1.32 的虚线所示。由图可见,反常色散与物质的吸收区相对应,正常色散(图中实线)与物
质的透明区相对应。整个色散曲线是由一段段正常色散曲线和反常色散曲线组成的。

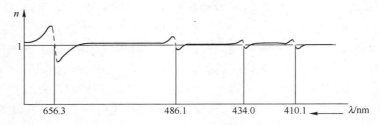

图 1.32　氢在可见光区的色散曲线

反常色散发生在物质的吸收区内,由于光被物质强烈地吸收,透出的光很微弱,所以要测
量折射率的数据并不容易。现在有一些染料在可见光区的吸收带内,吸收不是太强,已经可以
观测到在吸收带内的反常色散现象。

2. 经典色散理论

光在介质内发生的色散现象曾经使麦克斯韦的光的电磁理论遇到过暂时的困难,因为按
照麦克斯韦的理论,折射率是只与介质介电常数 ε 联系的一个常数,与光波频率无关。后来洛
伦兹的经典电子论解释了参数 ε,找到了电磁场的频率与 ε 的关系(因而与 n 的关系),从而免
除了麦克斯韦理论的困难,阐明了色散现象。

考察稀薄气体介质的情况。设光波 $E = \tilde{E}\exp(-\mathrm{i}\omega t)$ 入射到气体介质内($\tilde{E}$ 为复振幅),引
起介质内束缚电子做受迫振动。由于原子中电子的速度 $v \ll c$,而光波磁场作用力与电场作用
力之比约为 $v/c \ll 1$,因此可忽略入射光波磁场对电子的作用力。这样,电子受迫振动的方程为

$$\frac{\mathrm{d}^2 l}{\mathrm{d}t^2} + \gamma \frac{\mathrm{d}l}{\mathrm{d}t} + \omega_0^2 l = \frac{q}{m}\tilde{E}\exp(-\mathrm{i}\omega t) \tag{1.7-6}$$

式中,l 是电子振动的位移,m 和 q 分别是电子的质量和电荷。上式等号左边第二项是阻尼
力[①],第三项是束缚电子维持固有振动的恢复力,其中 ω_0 是电子固有振动的角频率。如果阻

---

① 阻尼力来源于电子的辐射和原子间的碰撞:电子的辐射使本身的能量逐渐减小,原子间的碰撞使部分能量转换为
其他形式,如热能。两种作用使电子的运动好像受到阻力一样。

尼系数 $\gamma = 0$，且没有外场，上式化为电子以 ω_0 做简谐振动的微分方程。上式等号右边是光波电场对电子的作用力。

设式（1.7-5）的解为

$$l = l_0 \exp(-i\omega t)$$

代入式（1.7-6）得到

$$(-\omega^2 + \omega_0^2 - i\gamma\omega)l_0 = \frac{q}{m}\widetilde{E}$$

因此

$$l_0 = \frac{q\,\widetilde{E}}{m(\omega_0^2 - \omega^2 - i\gamma\omega)} = \frac{q\,\widetilde{E}}{m\sqrt{(\omega_0^2 - \omega^2)^2 + \omega^2\gamma^2}}\exp(i\delta) \tag{1.7-7}$$

并且

$$\tan\delta = \frac{\gamma\omega}{\omega_0^2 - \omega^2} \tag{1.7-8}$$

以上两式描述的电子受迫振动和力学中质点的受迫振动的形式是一致的。当 $\omega = \omega_0$ 时，振幅最大，即为**共振现象**。这时简谐振子吸收光波的能量最多。当 $\omega \neq \omega_0$ 时，受迫振动的振幅 l_0 与光波频率及阻尼力有关，并且电子振动和光波振动有一定的位相差 δ。

电子的振动使原子成为一个振荡电偶极子，其电偶极矩为 ql。设介质单位体积内有 N 个原子，这样介质的极化强度为

$$P = Nql = \frac{Nq^2}{m} \cdot \frac{E}{\omega_0^2 - \omega^2 - i\gamma\omega} \tag{1.7-9}$$

由于（引用电磁学的结果）

$$D = \varepsilon E = \varepsilon_0 E + P \tag{1.7-10}$$

因此有（注意到 ε 为复数，把它记为 $\widetilde{\varepsilon}$）

$$\widetilde{\varepsilon} = \varepsilon_0 + \frac{Nq^2}{m(\omega_0^2 - \omega^2 - i\gamma\omega)} \tag{1.7-11}$$

根据式（1.1-8），$\widetilde{n}^2 = \widetilde{\varepsilon}/\varepsilon_0$，因此由上式即可得到稀薄气体折射率 $\widetilde{n}$ 随光频率变化（色散）的关系式（色散公式）

$$\widetilde{n}^2 = 1 + \frac{Nq^2}{\varepsilon_0 m(\omega_0^2 - \omega^2 - i\gamma\omega)} \tag{1.7-12}$$

3. 色散公式讨论

（1）色散公式（1.7-12）表明，折射率 $\widetilde{n}$ 是一个复数。复数折射率具有怎样的物理意义呢？把 $\widetilde{n}$ 写为

$$\widetilde{n} = n(1 + i\kappa) \tag{1.7-13}$$

这样，在介质内沿 z 轴方向传播的平面波的电场就可以写为

$$E = A\exp\left[i\left(\frac{\omega\widetilde{n}}{c}z - \omega t\right)\right] = A\exp\left(-\frac{n\kappa\omega}{c}z\right)\exp\left[i\left(\frac{n\omega}{c}z - \omega t\right)\right] \tag{1.7-14}$$

平面波的强度为

$$I = E \cdot E^* = |A|^2 \exp\left(-\frac{2n\kappa\omega}{c}z\right) = I_0\exp(-\alpha z)$$

式中，$I_0 = |A|^2$，$\alpha = 2n\kappa\omega/c$。上式与式（1.7-1）完全相同，表示平面波的强度随距离 z 衰减，平面波的衰减（被吸收）在形式上可以由复数折射率 $\widetilde{n}$ 的虚部表示，故 κ 也称**衰减指数**。

很明显，如果在电子受迫振动方程中不考虑阻尼力，即不考虑偶极子的辐射损耗和能量转换（吸收），那么 $\gamma = 0$，折射率就是正实数，没有虚部，$\widetilde{n} = n$。

（2）再看色散公式（1.7-12）表示的实折射率和衰减指数与光频率 ω 有怎样的关系。由式（1.7-13）

$$\widetilde{n}^2 = n^2(1-\kappa^2)+\mathrm{i}2n^2\kappa$$

令式（1.7-12）和上式右边的实部和虚部相等，得到

$$n^2(1-\kappa^2)=1+\frac{Nq^2(\omega_0^2-\omega^2)}{\varepsilon_0 m[(\omega_0^2-\omega^2)^2+(\gamma\omega)^2]} \tag{1.7-15}$$

$$2n^2\kappa=\frac{Nq^2\gamma\omega}{\varepsilon_0 m[(\omega_0^2-\omega^2)^2+(\gamma\omega)^2]} \tag{1.7-16}$$

从以上两式可以求得 n 和 κ 与 ω 的关系。图 1.33 的实线和虚线分别表示在共振频率 ω_0 附近 n 和 $2n^2\kappa$ 随 ω 的变化关系。可以看出，在 ω_0 处吸收最强。当 $\omega<\omega_0$ 时，折射率大于 1，ω 趋近于 ω_0 时，折射率增大，这就是正常色散的情况。在 ω_0 附近，出现反常色散（图 1.33 中 ab 段），折射率随频率的增大而减小。在频率略大于 ω_0 时，折射率小于 1；但随 ω 的增大，折射率很快又大于 1。这些与实验观测的结果完全相同。

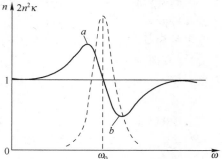

图 1.33 共振频率附近的色散曲线（实线）和吸收曲线（虚线）

（3）上面的讨论我们假定电子的振动只有一个固有频率 ω_0。但是实际上电子可以有若干个不同的固有频率 $\omega_1,\omega_2,\cdots$ 假设以这些固有频率振动的概率分别为 $f_1,f_2,\cdots$ 那么式（1.7-12）应改写为

$$\widetilde{n}^2=1+\frac{Nq^2}{\varepsilon_0 m}\sum_j\frac{f_j}{(\omega_j^2-\omega^2-\mathrm{i}\gamma_j\omega)} \tag{1.7-17}$$

这时 $\widetilde{n}$ 的实部 n 随 ω 的变化曲线类似于图 1.32。在每一个 $\omega=\omega_j$ 附近，对应有一个反常色散区。在这些区域外，是正常色散区。

4. 固体、液体和压缩气体的色散公式

在这种情况下，由于分子之间的距离很近，分子在光场作用下极化所产生的影响不再可以忽略。洛伦兹证明，这时作用在电子上的电场 E' 不是简单地等于入射光场 E，它还与介质的极化强度 P 有关，即

$$E'=E+\frac{P}{3\varepsilon_0} \tag{1.7-18}$$

在前面的计算中如果把 E 换成 E'，做类似的推导，即可得到适用于固体、液体及压缩气体的色散公式（略去阻尼系数 γ，公式只适用于正常色散区）

$$n^2=1+\frac{Nq^2/(\varepsilon_0 m)}{\omega_0^2-\omega^2-Nq^2/(3m\varepsilon_0)}$$

上式又可以化为

$$\frac{n^2-1}{n^2+2}=\frac{Nq^2}{3\varepsilon_0 m(\omega_0^2-\omega^2)} \tag{1.7-19}$$

此式称为**洛伦兹–洛伦茨（Lorentz-Lorenz）公式**，是研究色散现象的重要公式。

1.7.3 光的散射

1. 瑞利散射和米氏散射

光束在透明的均匀介质中传播时，有确定的传播方向，除了正对着光束传播方向观察，其

他方向是很难看到光的。但是,如果介质不均匀,介质内有折射率不同的悬浮微粒存在(如浑水、牛奶、有灰尘的空气等),这时即使不正对着光束的方向,从侧面也能够清楚地看到光,这种现象称为**光的散射**。它是介质中的悬浮微粒把光波向四面八方散射的结果(见图1.34)。

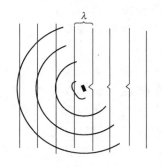

图1.34　悬浮微粒散射

悬浮微粒的散射也称**瑞利**(J. W. S. Rayleigh)**散射**。这种散射通常很强,例如牛奶,它可以把入射光全部散射掉,而它本身变成不透明。显然,散射光的强度与溶液的浓度和浑浊度(含微粒多少)有关,在胶体化学和分析化学中常根据对散射光强的测量来确定溶液的浓度和浑浊度。

在介质中除了混有微粒引起光的散射,在非常纯净的气体和液体中,也可以观察到散射现象,尽管一般散射光的强度比较弱。这种纯净物质中的散射现象称为**分子散射**,它也属于瑞利散射。分子散射也是介质的均匀性遭到破坏的结果。这是由于分子的热运动,使分子数目发生局部变化,即介质密度的局部"涨落"所引起的。另外,物质处在临界点时,分子很容易聚集或疏散,密度涨落最大,因而会发生强烈的分子散射。这种情形称为**临界乳光**。

从光与物质相互作用的理论出发,可以给散射现象以非常满意的解释。根据这个理论,当光波射到介质中时,将激发起介质中的电子做受迫振动,从而发出次级电磁波(次波)。如果介质是非常均匀的,这些次波相互叠加的结果会使光波沿着反射和折射定律规定的方向传播,在其他方向上次波干涉完全抵消,因而不发生散射。但是,如果介质不均匀,介质内有悬浮微粒或有密度涨落,这时入射波激发起的次波的振幅不完全相同,彼此位相也有差别,因此次波相互叠加的结果除了一部分光波仍沿着反射和折射定律规定的方向传播,在其他方向上不能完全抵消,造成散射光。

2. 瑞利散射规律

(1)散射光的强度与入射光波长的四次方成反比,即

$$I \propto 1/\lambda^4 \tag{1.7-20}$$

这一规律称为**瑞利散射定律**。它表明,当以白光入射散射介质时,波长较短的紫光和蓝光的散射比波长较长的红光和黄光要强烈。利用这一结果可以说明许多日常生活中遇到的散射现象,如天空的蔚蓝色,旭日和夕阳的红色等。天空的蔚蓝色是太阳光中的紫光和蓝光受到大气层的强烈散射造成的。如果没有大气层的散射,白天的天空也将是漆黑的,只有直接仰望太阳时才能看到光。这是飞离大气层外的航天员通常所看到的景象。当旭日东升和夕阳西下时,太阳在天空中处于很低的位置,它的光要穿过很厚的大气层,这样由于蓝光和紫光比红光的散射强烈,看到的太阳是红色的。

(2)当入射光是自然光时,散射光强与观察方向的关系为

$$I_\theta = I_{\pi/2}(1+\cos^2\theta) \tag{1.7-21}$$

式中,I_θ 是与入射光方向成 θ 角的方向上的散射光强,$I_{\pi/2}$ 是 $\theta = \pi/2$ 方向上的散射光强。

(3)当以自然光入射时,散射光有一定程度的偏振,偏振程度与 θ 角有关。在与入射光垂直的方向上,散射光是完全偏振的;在与入射光平行的方向上,散射光仍为自然光(见图1.35);在其他方向上,散射光为部分偏振光,偏振程度与方向角 θ 有关。

前面已经指出,散射光是次波叠加的结果。这一机理表明散射光的性质与在1.3节中讨论的电偶极子辐射的性质有直接的关系。因此,利用1.3节的结果完全可以说明上述散射光的几个规律。例如,式(1.3-7)表示电偶极子辐射的次波强度与电偶极子振动频率的四次方成正比,而电偶极子振动频率与入射光频率相同,所以次波强度与入射光频率的四次方成正比,或者说与入射波长的四次方成反比。这就是瑞利散射定律。其余两个规律,也可以利用电偶极子辐射的性质来说明。

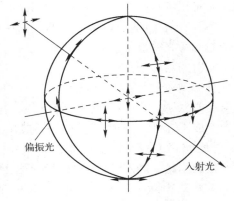

图1.35　散射光的偏振

应该指出,瑞利散射规律只适用于散射体(微粒或分子密度不均匀性)比光波波长小的情况。当散射体大小与波长可以比拟时,散射对波长的依赖不明显,属于**米氏散射**。例如,由大气中的水滴组成的天空中的云雾,对各种波长的光散射强度相差不大,因此散射光中各种波长成分都存在,使得云雾看上去呈白色。

空气污染中重要的参考指标PM2.5,是指空气动力学当量直径小于等于2.5 μm的颗粒物,通常通过光散射方法对其在空气中含量浓度进行定量检测,含量浓度越高,就代表空气污染越严重。

3. 拉曼散射

上面讨论的是散射光频率与入射光频率相同的散射现象。但是,人们在研究一些非常纯净的液体和晶体的散射时,发现散射光谱中除了有频率与入射光频率 ω_i 相同的谱线,还有频率为 $\omega_i \pm \omega_1, \omega_i \pm \omega_2, \cdots$ 的强度较弱的谱线(伴线),其中 $\omega_1, \omega_2, \cdots$ 对应于散射物质的分子固有振动频率,与入射光的频率无关。这种散射现象称为**拉曼**(C. V. Raman, 1888—1970)**散射**。经典理论对拉曼散射的解释,认为散射物质的极化率[①]与分子的固有振动频率有关,当分子以固有振动频率 $\omega_1, \omega_2, \cdots$ 振动时,物质的极化率也以这些频率做周期性变化,因此散射物质的极化强度的变化频率就包含 $\omega_i, \omega_i \pm \omega_1, \omega_i \pm \omega_2, \cdots$ 从而在散射光光谱中出现这些频率的谱线。如用较强的激光作为光源,会得到更细更明亮的伴线。拉曼散射方法是研究分子结构的一种很重要的方法。

光学材料和光纤材料都存在吸收和散射的问题。吸收和散射是光传播过程中的主要光能损耗,是长距离光纤通信中必须考虑的一个重要问题。若用强激光还要考虑拉曼散射。

1.8　单色光波的叠加和干涉

两个(或多个)光波在空间某一区域相遇时,将产生光波的叠加问题。一般来说,频率、位相和振动方向都不相同的光波的叠加,情形是很复杂的。下面两节只限于讨论频率相同或频率相差很小、振动方向相同的单色光波的叠加。

---

① 极化率的概念参见6.6节。

1.8.1　叠加原理

波的叠加服从叠加原理。叠加原理可以表述为：**两个（或多个）波在相遇点产生的合振动是各个波单独产生的振动的矢量和**。叠加原理实际上是表示波传播的独立性，也就是说，每一个波独立地产生作用，这种作用不因其他波的存在而受到影响。日常生活中有许多现象都可以说明光波或其他波动传播的独立性。比如两个光波在相遇之后又分开，而每一个光波仍保持原有的特性(频率、振动方向等)，按照原来的方向继续传播，好像在各自的路程上并未遇到其他光波一样。另一方面，叠加原理也是介质对光波电磁场作用的线性响应(介质的极化随场强线性变化)的反映，但这只是当光波的场强较小时才是正确的。当光波的场强很大时，例如使用场强达 10^{12} V/m 的激光，介质的极化不仅与场强的一次方成正比，还与场强的二次方、三次方等有关，即介质对光波的响应是非线性的，上述的线性叠加原理不再适用。

光的叠加原理用数学式子表示就是

$$E = E_1 + E_2 + \cdots = \sum_n E_n \tag{1.8-1}$$

式中，E_1，E_2，…是各个光波单独存在时在相遇点产生的电场；E 是合电场。如果叠加光波的场矢量方向相同，这时光波场可用标量表示，叠加光波的合场等于各个标量场的代数和。

1.8.2　两个同频光波的叠加和干涉

设两个频率相同、场振动方向相同(同在 Y 方向)的单色光波分别来自光源 S_1 和 S_2 (图 1.36)，P 点是两光波叠加区域内的任一考察点，S_1 和 S_2 到 P 点的距离分别为 r_1 和 r_2。于是，两光波在 P 点产生的场振动分别可以写为

$$E_1 = a_1 \exp[\mathrm{i}(kr_1 - \omega t)] \tag{1.8-2}$$
$$E_2 = a_2 \exp[\mathrm{i}(kr_2 - \omega t)] \tag{1.8-3}$$

式中，a_1 和 a_2 分别为两光波在 P 点的振幅，ω 为角频率。另外，已假定了两光波在 S_1 和 S_2 的初位相为零。按照叠加原理，P 点的合电场为

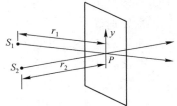

图 1.36　两个光波在 P 点叠加

$$E = E_1 + E_2 = a_1 \exp[\mathrm{i}(\varphi_1 - \omega t)] + a_2 \exp[\mathrm{i}(\varphi_2 - \omega t)]$$

式中，$\varphi_1 = kr_1$，$\varphi_2 = kr_2$。P 点的光强 I 等于场振幅的平方，或复数 E 与其共轭的乘积，即

$$
\begin{aligned}
I = E \cdot E^* &= \{a_1 \exp[\mathrm{i}(\varphi_1 - \omega t)] + a_2 \exp[\mathrm{i}(\varphi_2 - \omega t)]\} \times \\
&\quad \{a_1 \exp[\mathrm{i}(\varphi_1 - \omega t)] + a_2 \exp[\mathrm{i}(\varphi_2 - \omega t)]\}^* \\
&= a_1^2 + a_2^2 + a_1 a_2 \{\exp[\mathrm{i}(\varphi_2 - \varphi_1)] + \exp[-\mathrm{i}(\varphi_2 - \varphi_1)]\} \\
&= I_1 + I_2 + 2\sqrt{I_1 I_2}\cos\delta
\end{aligned}
\tag{1.8-4}
$$

式中，$I_1 = a_1^2$ 和 $I_2 = a_2^2$ 分别是两光波单独在 P 点的光强，$\delta = \varphi_2 - \varphi_1$ 是两光波在 P 点的位相差。上式表明，P 点的光强一般不等于两光波单独在 P 点的光强之和。当 δ 为 2π 的整数倍，即

$$\delta = \pm 2m\pi \qquad (m = 0,1,2,\cdots) \tag{1.8-5}$$

时，$I = (\sqrt{I_1} + \sqrt{I_2})^2 > I_1 + I_2$，并且 P 点光强有最大值。当 δ 为 2π 的半整数倍，即

$$\delta = \pm\left(m + \frac{1}{2}\right)2\pi \qquad (m = 0,1,2,\cdots) \tag{1.8-6}$$

时，$I=(\sqrt{I_1}-\sqrt{I_2})^2<I_1+I_2$，并且 P 点光强有最小值。两光波在 P 点的位相差为

$$\delta=\varphi_2-\varphi_1=k(r_2-r_1)=\frac{2\pi}{\lambda}n(r_2-r_1) \tag{1.8-7}$$

式中，λ 为光波在真空中的波长，n 为介质的折射率；$n(r_2-r_1)$ 是**光程差**，以后用符号 $\mathscr{D}$ 表示。光程差是从光源 S_1 和 S_2 到 P 点的光程之差。所谓光程，就是光波在某一介质中所通过的几何路程和该介质的折射率的乘积。采用光程概念的好处是，可以把光在不同介质中的传播路程都折算为在真空中的传播路程，便于相互进行比较。

式(1.8-7)表明 δ 与 P 点的位置有关，所以在两光波叠加区域内不同的点将可能有不同的光强。只要两光波的位相差保持不变，在叠加区域内各点的光强就是恒定的。这种在叠加区域内出现的**光强稳定的强弱分布现象称为光的干涉**。

综上所述，可以把两光波叠加发生干涉的条件归纳为：

① 频率相同；

② 振动方向相同，或存在相互平行的振动分量；

③ 位相差恒定。

这三个条件称为**相干条件**，是两光波发生干涉的必要条件。可以指出，对于两个单色光波，条件③是不言而喻的，可以不必强调。但是，普通光源发出的光波不是理想的单色光波，如何使它们满足相干条件发生干涉，将在下一章里讨论。

1.8.3　光驻波

两个频率相同、振动方向相同而在相反方向传播的单色光波的叠加，形成**光驻波**。例如，让一列光波垂直入射到两种介质的界面产生反射，可以获得上述两列光波。如图 1.37 所示，设反射面是 $z=0$ 平面，z 的正方向指向入射波所在的介质。为简单起见，又设两种介质分界面的反射率很高，以致可以认为反射波和入射波的振幅相等。这样，可以把入射波和反射波写为

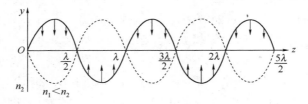

图 1.37　光驻波

$$E_1=a\exp[\,\mathrm{i}(-kz-\omega t)\,] \tag{1.8-8}$$

$$E_2=a\exp[\,\mathrm{i}(kz-\omega t+\delta)\,] \tag{1.8-9}$$

式中，δ 是由界面反射引入的位相跃变。当介质 2 的折射率大于介质 1 的折射率时，$\delta=\pi$。反射波和入射波叠加成的波是

$$E=E_1+E_2=2a\cos\left(kz+\frac{\delta}{2}\right)\exp\left[\mathrm{i}\left(\frac{\delta}{2}-\omega t\right)\right] \tag{1.8-10}$$

可见，合成波的振幅为

$$A=2a\cos\left(kz+\frac{\delta}{2}\right) \tag{1.8-11}$$

位相为 $\left(\dfrac{\delta}{2}-\omega t\right)$，与 z 无关。这一点与前文讨论的向着某个方向传播的波（也称**行波**）不同，实际上它是表示合成波不在 z 方向上传播，故称为**驻波**。

式(1.8-11)表明，驻波的振幅随 z 而变，即对于不同 z 值的点将有不同的振幅。一系列振幅为零的点，称为**波节**。在相邻两个波节的中点是振幅最大点，称为**波腹**。波节和波腹的位置分别由下列两式决定：

$$kz+\frac{\delta}{2}=m\,\frac{\pi}{2} \qquad (m=1,3,5,\cdots) \qquad\qquad (1.8\text{-}12)$$

$$kz+\frac{\delta}{2}=m'\frac{\pi}{2} \qquad (m'=0,2,4,\cdots) \qquad\qquad (1.8\text{-}13)$$

容易看出，相邻两个波节或两个波腹之间的距离为 $\lambda/2$。对于光波在光疏-光密介质分界面上反射的情况，$\delta=\pi$，因此在 $z=0$ 点形成一个波节。图 1.37 中示出了这一情况下驻波各点的振幅分布。

应该指出，如果两介质分界面上的反射率不是 1，则入射波与反射波的振幅不等，这时合成波除驻波外还包含一个行波，因此波节处的振幅不再等于零，并且将有能量的传播。

光驻波现象在光学中是相当普遍的，在现代光学中也有重要的应用。例如，在我们讨论过的全反射现象中，只要分析一下入射波和反射波在叠加区域内（图 1.38 中画斜线区域）的合成波的性质，就会知道合成波在界面法线方向上具有驻波的特点，在与法线垂直的 z 方向上具有行波的特点。光驻波现

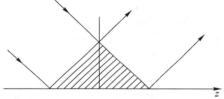

图 1.38　全反射时入射波和反射波的叠加

象在光学领域中得到了广泛的应用，例如，在激光器的谐振腔中，光波要经历多次来回反射，对于那些在腔内能够发生谐振的频率来说，沿同一方向传播的诸光波的位相完全相同。因此，可以把谐振腔内多次反射形成的光波归结为两个沿相反方向传播的光波，这两个光波的叠加就形成了驻波。在激光理论中，把这种稳定的驻波图样称为**纵模**。

例题 1.4　证明当两光波的场振动方向互相垂直时，两光波不会产生干涉。

证　设两光波的场振动方向分别取 x 轴和 y 轴方向（图 1.39），于是两光波叠加的合振动矢量

$$\boldsymbol{E}=\boldsymbol{E}_1+\boldsymbol{E}_2$$

合振动和两分振动的瞬时值之间的关系为

$$E^2=E_1^2+E_2^2$$

取时间平均值后得 $\qquad I=I_1+I_2$

合强度恒等于两光波强度之和，不会出现光强的空间强弱分布。

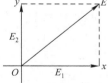

图 1.39　振动互相垂直的两光波的叠加

例题 1.5　已知真空中光驻波的电场为 $E_x(z,t)=2a\sin kz\cos\omega t$，试导出磁场 $B(z,t)$ 的表达式，并绘出该驻波的示意图。

解　由于 $E_y=E_z=0$，故由麦克斯韦方程(1.1-1)第三式得到

$$\frac{\partial E_x}{\partial z}=-\frac{\partial B_y}{\partial t}$$

因此　$B_y(z,t) = -\int \frac{\partial E_x}{\partial z}\mathrm{d}t = -2ak\cos kz \int \cos \omega t\mathrm{d}t$

$$= -\frac{2ak}{\omega}\cos kz \sin \omega t = -\frac{2a}{c}\cos kz \sin \omega t$$

磁场的方向沿 y 轴。驻波如图 1.40 所示。驻波的电场和磁场的最大区别是,对于 $z=0$ 点,电场是波节,而磁场是波腹。

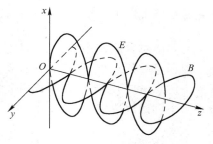

图 1.40　例题 1.5 光驻波示意图

1.9　不同频率光波的叠加

本节讨论在同一方向上传播的振动方向相同、振幅相等而频率相差很小的两个单色光波的叠加。这样两个波叠加的结果将产生光学上有意义的"拍"现象。

1.9.1　光拍

设两个振幅相等,角频率分别为 ω_1 和 ω_2 的单色光波沿 z 方向传播,它们的波函数分别为

$$E_1 = a\exp[\mathrm{i}(k_1 z - \omega_1 t)] \tag{1.9-1}$$

$$E_2 = a\exp[\mathrm{i}(k_2 z - \omega_2 t)] \tag{1.9-2}$$

叠加后可以得到　　　$E = E_1 + E_2 = 2a\cos(k_m z - \omega_m t)\exp[\mathrm{i}(\bar{k}z - \bar{\omega}t)]$ 　　(1.9-3)

式中　　　$k_m = \frac{1}{2}(k_1 - k_2)$, 　$\omega_m = \frac{1}{2}(\omega_1 - \omega_2)$, 　$\bar{k} = \frac{1}{2}(k_1 + k_2)$, 　$\bar{\omega} = \frac{1}{2}(\omega_1 + \omega_2)$

式(1.9-3)表明合成波是一个频率为 $\bar{\omega}$ 而振幅受到调制的行波。图 1.41 示出了两个不同频率的单色光波的叠加,其中图(a)是两叠加光波,图(b)是合成波,图(c)表示合成波的振幅调制

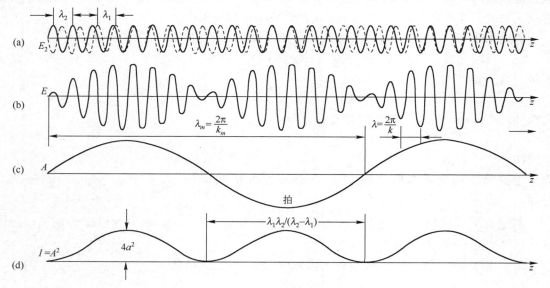

图 1.41　两个不同频率的单色光波的叠加

包络(调制波)。因为光频率很高,若 $\omega_1 \approx \omega_2$,则 $\omega_m \ll \overline{\omega}$。这样,虽然我们不能直接探测光频振动,但却有可能探测调制波的振动。实际上,能探测的是光强。由式(1.9-3),合成波的光强为

$$I = E \cdot E^* = 2a^2 [1 + \cos 2(k_m z - \omega_m t)] \tag{1.9-4}$$

这表示合成波的光强随时间和坐标 z 变化(图 1.41)。如果我们在某一点($z=$ 常数)探测合成波的光强,将探测到光强随时间做余弦变化[①]。这种合成波光强时大时小的现象称为**拍**。拍频等于 $2\omega_m(=\omega_1-\omega_2)$,即两叠加光波的频率差。

光拍在现代光学测试技术中有重要应用,它是检测微小频率差的一种特别灵敏和比较简单的方法。例如,在多普勒(C. J. Doppler,1803—1853)测速仪中,两束同频光束中的一束被运动物体反射,则由于多普勒效应而产生频移 $\Delta\omega$,通过两束光形成拍来测定 $\Delta\omega$,便可以推断运动物体的速度。

1.9.2 光的相速度和群速度

到目前为止,我们都只讨论了单色光波,并且在提到它的传播速度时,都是指它的等相面的传播速度,即相速度。本节涉及的两个不同频率的单色波合成的是一个较复杂的波,它的传播速度如何表示,下面我们来讨论这个问题。

式(1.9-3)表示的合成波包含两种传播速度:等相面的传播速度和等幅面的传播速度。前者就是这个合成波的**相速度**,它可由位相不变条件($\overline{k}z - \overline{\omega}t =$ 常数)求出:

$$v = \overline{\omega}/\overline{k} \tag{1.9-5}$$

后者是振幅恒值点的移动速度,即图 1.41(c)所示的振幅调制包络的移动速度,这个速度称为**群速度**。当两叠加光波在无色散的真空中传播时,它们的速度相同,因而合成波是一个波形稳定的拍,其相速度和群速度也相等。但是,如果光波在色散介质中传播,由于两光波的频率不同,两光波将以不同的速度传播,这时合成波的群速度将不等于相速度[②](见图 1.42)。合成波的群速度可以由振幅不变条件($k_m z - \omega_m t =$ 常数)求出:

$$v_g = \frac{\omega_m}{k_m} = \frac{\omega_1 - \omega_2}{k_1 - k_2} = \frac{\Delta\omega}{\Delta k}$$

当 $\Delta\omega$ 很小时,可以写成

$$v_g = \frac{d\omega}{dk} \tag{1.9-6}$$

并由此得到群速度 v_g 和相速度 v 的关系:

$$v_g = \frac{d\omega}{dk} = \frac{d(kv)}{dk} = v + k\frac{dv}{dk} \tag{1.9-7}$$

代入 $k = 2\pi/\lambda$,得

$$v_g = v - \lambda\frac{dv}{d\lambda} \tag{1.9-8}$$

上式表示,$dv/d\lambda$ 越大,即波的相速度随波长的变化越大,群速度和相速度两者相差也越大。

---

① 合成波光强随时间周期性变化,其时间平均 $\langle I \rangle = 2a^2$,故如上节所述,不同频率的两个波叠加不会产生干涉。

② 在色散介质中,由于两光波有不同的传播速度,其合成波的波形将会在传播过程中不断地发生微小的变形,因此一般很难确切定义合成波的速度。不过对本节讨论的情况($\omega_1 \approx \omega_2$,$\omega_m \ll \overline{\omega}$),可以认为合成波的波形不变或变化极为缓慢,因此仍可用调制包络的移动速度来定义群速度。

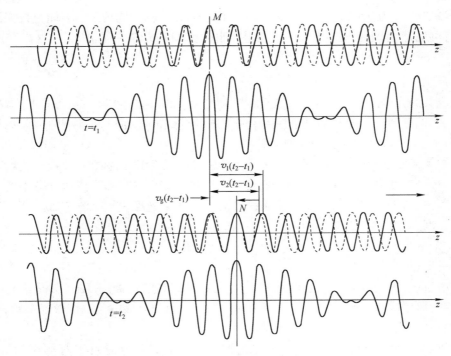

图 1.42　色散介质中的群速度和相速度

对于在介质中发生正常色散的情况, $dv/d\lambda>0$, 群速度小于相速度; 而对于反常色散的情况, $dv/d\lambda<0$, 群速度大于相速度。

　　以上讨论的是两个频率相差很小的单色光波叠加而成的复杂波的群速度。可以证明, 对于多个不同频率的单色光波合成的复杂波, 只要各个波的频度相差不大, 它们只集中在某一"中心"频率附近, 同时介质的色散又不大, 就仍然可以讨论复杂波的群速度问题, 并且式 (1.9-6)~式(1.9-8)仍然适用。复杂波的群速度可以看作复杂波振幅最大处的传播速度, 因为振幅最大处也是能量最集中的地方, 所以群速度也可以认为是光能量或光信号的传播速度。通常在利用光脉冲(光信号)进行光速测量的实验中, 测量到的是光脉冲的传播速度, 即群速度, 而不是相速度。

1.10　复杂波的分解

　　从上面的讨论可以知道, 把无论多少个相同频率的单色波叠加, 所得到的结果仍然是单色波。但是, 若把两个不同频率的单色波叠加, 其结果就不再是单色波, 而是一个复杂波。实际存在的光波一般地也是复杂波, 因此很自然地会提出这样的问题:任意一个复杂波能否用若干个振幅、频率和位相经过选择的单色波组合而成, 或者说能否把复杂波分解成为一组单色波?事实上, 这是完全可以做到的。下面我们来讨论复杂波的分析方法——傅里叶分析法, 分别对周期性波和非周期性波两种情况进行分析。

1.10.1　周期性波的分析

　　所谓周期性波就是在相邻且相等的时间和空间段内运动完全重复一次的波。如图 1.43

所示的矩形波就是一种周期性波,它虽不具有简谐性,但具有周期性:运动在一个空间周期 λ 内重复一次。周期性波的分析可以应用数学上的傅里叶级数定理:具有空间周期 λ 的函数 $f(z)$ 可以表示成为一些空间周期为 λ 的整分数倍(即 λ, $\lambda/2$, $\lambda/3$, $\cdots$)的简谐函数之和,其数学形式为

$$f(z) = a_0 + a_1\cos\left(\frac{2\pi}{\lambda}z + \beta_1\right) + a_2\cos\left(\frac{2\pi}{\lambda/2}z + \beta_2\right) + \cdots$$

(1.10-1)

式中,a_0, a_1, a_2, $\cdots$ 是待定常数。如果 $f(z)$ 是一个周期性复杂光波,那么上式就表示该复杂光波可以分解为一组单色光波。

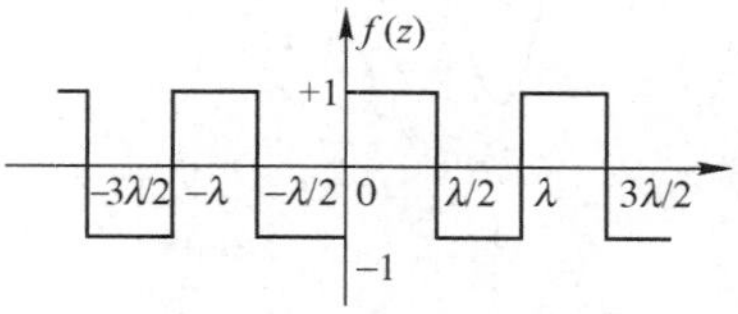

图 1.43 空间周期为 λ 的矩形波

式(1.10-1)又可以写成下列简洁形式:

$$f(z) = \frac{A_0}{2} + \sum_{m=1}^{\infty}(A_m\cos mkz + B_m\sin mkz)$$

(1.10-2)

式中,$k(=2\pi/\lambda)$ 为空间角频率。上式通常称为**傅里叶级数**,而 A_0, A_m 和 B_m 称为函数 $f(z)$ 的**傅里叶系数**:

$$\left.\begin{array}{l} A_0 = \dfrac{2}{\lambda}\displaystyle\int_0^{\lambda}f(z)\,\mathrm{d}z \\[2mm] A_m = \dfrac{2}{\lambda}\displaystyle\int_0^{\lambda}f(z)\cos mkz\,\mathrm{d}z \\[2mm] B_m = \dfrac{2}{\lambda}\displaystyle\int_0^{\lambda}f(z)\sin mkz\,\mathrm{d}z \end{array}\right\}$$

(1.10-3)

只要给定复杂波的函数形式 $f(z)$,由上式便可求出其傅里叶系数,它们对应于复杂波包含的各个单色波的振幅。一旦各个单色波的振幅确定了,复杂波的分解就完成了。下面以图 1.43 所示的矩形波为例,看它可分解为怎样的一些单色波。

图 1.43 所示的矩形波可用下列函数表示:

$$f(z) = \begin{cases} +1 & 0 < z < \lambda/2 \\ -1 & \lambda/2 < z < \lambda \end{cases}$$

因为 $f(z)$ 为奇函数,即 $f(z) = -f(-z)$,有 $A_0 = 0$, $A_m = 0$,而

$$B_m = \frac{2}{\lambda}\int_0^{\lambda/2}(+1)\sin mkz\,\mathrm{d}z + \frac{2}{\lambda}\int_{\lambda/2}^{\lambda}(-1)\sin mkz\,\mathrm{d}z = \frac{2}{m\pi}(1 - \cos m\pi)$$

得到
$$B_1 = \frac{4}{\pi}, \quad B_2 = 0, \quad B_3 = \frac{4}{3\pi}, \quad B_4 = 0, \quad B_5 = \frac{4}{5\pi}, \quad \cdots$$

因此,这个矩形波分解成的单色波可以表示为

$$f(z) = \frac{4}{\pi}\left(\sin kz + \frac{1}{3}\sin 3kz + \frac{1}{5}\sin 5kz + \cdots\right)$$

上式右边第一项也称为**基波**(它的空间角频率为 $k = 2\pi/\lambda$,空间频率为 $1/\lambda$,是**基频**),第二、三项是**三次谐波和五次谐波**(空间频率分别为 $3/\lambda$ 和 $5/\lambda$,是**谐频**)。图 1.44 示出了基波和几个高次谐波的波形及它们叠加的结果,可以清楚地看出,随着叠加谐波数目的增加,合成波的图形越来越相似于图 1.43 所示的矩形波。

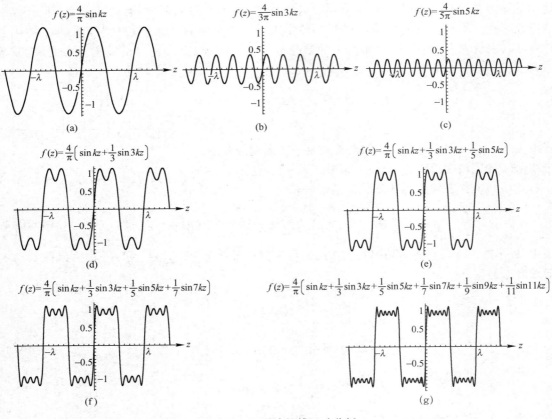

图 1.44　矩形波的傅里叶分析

1.10.2　非周期性波的分析

非周期性波不是无限次地重复它的波形,而是只存在于一定的有限范围之内,在该范围外,振动为零,因而呈现出波包的形状。图 1.45(a),(b),(c)所示为三个不同形状的波包,其中图(b)是我们曾经提到过的称为**波列**的那种波。波包的分析,不能利用傅里叶级数,而要利用傅里叶积分。

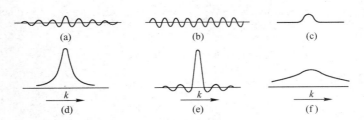

图 1.45　三个波包及其频谱

数学上的傅里叶积分定理可以表述为:一个非周期函数 $f(z)$,当它满足一定的条件时(这些条件对一个实际存在的波函数总可以满足),它可以用下面的积分表示

$$f(z) = \frac{1}{2\pi} \int_{-\infty}^{\infty} A(k) \exp(ikz) \, dk \qquad (1.10\text{-}4)$$

式中
$$A(k) = \int_{-\infty}^{\infty} f(z) \exp(-ikz) dz \qquad (1.10\text{-}5)$$

称为函数 $f(z)$ 的**傅里叶变换**或**频谱**。

根据上述定理,如果非周期函数 $f(z)$ 表示一个波包,那么傅里叶积分[式(1.10-4)]就可以理解为:一个波包可以分解为无穷多个单色波,这些单色波的频率不再取某些分立值,而是取一些连续的数值,它们的振幅分布取决于频谱函数 $A(k)$。

图 1.45(a),(b),(c)三个波包,如果把它们的函数形式写出来,就可以按照式(1.10-5)计算它们的频谱。可以证明,它们的频谱函数分别如图 1.45(d),(e),(f)所示。现在以第二个波包[见图 1.45(b)]为例,假设波列的长度为 $2L$,在该范围内波的振幅 $A_0 =$ 常数,空间角频率 $k_0 =$ 常数。如选取波列的中点为坐标原点,波列的波函数可以写为

$$f(z) = \begin{cases} A_0 \exp(ik_0 z) & |z| \leq L \\ 0 & |z| > L \end{cases}$$

由式(1.10-5),它的频谱为

$$A(k) = A_0 \int_{-L}^{L} \exp[-i(k-k_0)z] dz$$

$$= 2A_0 L \frac{\sin(k-k_0)L}{(k-k_0)L}$$

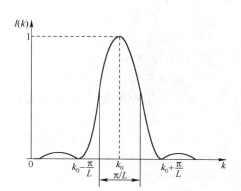

波列分解的各个单色成分的强度分布由函数 $[\sin(k-k_0)L/(k-k_0)L]^2$ 决定,其曲线如图 1.46 所示。强度函数的第一个零值(发生在正弦项的宗量等于 π 时)对应于 $\Delta k = k - k_0 = \pm \pi/L$。实际上只有在空间角频率 $k_0 - \dfrac{\Delta k}{2} \leq k \leq k_0 + \dfrac{\Delta k}{2}$ 范围内(即 k_0 两边第一个零值之间频宽的一半),强度才有较显著的数值,所以可取

图 1.46　强度函数 $[\sin(k-k_0)L/(k-k_0)L]^2$ 的曲线

$$\Delta k = \pi/L \qquad (1.10\text{-}6)$$

作为有效空间角频率范围,认为波列所包含的单色波的空间角频率是处在这一范围内的。由于 $k = 2\pi/\lambda$,因此,上式又可以用空间周期(波长)表示为

$$\Delta \lambda = \frac{\lambda^2}{2L} \qquad (1.10\text{-}7)$$

式(1.10-7)表明,**波列长度 $2L$ 和波列所包含的单色波的波长范围成反比关系**,波列越短,波列所包含的单色波的波长范围就越宽;相反,波列越长,波列所包含的单色波的波长范围越窄。当波列长度为无穷大时,$\Delta \lambda$ 等于零,这就是单色波。

从上面的讨论可以看出,由于原子发光可以粗略地看成由一段段有限长的波列组成,所以实际光源发出的光波不是理想单色的,它包含有一定的波长范围。在光学实验中,常常把光源发出的某一条谱线的光作为单色光,例如,钠灯发出的 D 谱线(589 nm 和 589.6 nm)或镉灯发出的镉红线(643.8 nm)。但是,这些谱线也有一定的宽度,因此这种单色光严格说来是"准单色光",即波长宽度(通常称为光谱宽度)与中心波长之比 $\Delta \lambda/\lambda \ll 1$ 的光波。通常谱线的光谱宽度以它的"半宽度"(见图 1.46)来量度,与之对应的波列长度由式(1.10-7)计算。谱线宽度表示光波单色性的好坏,同样,光波的波列长度也可以作为光波单色性好坏的量度,两种描述是完全等价的。

1.11 本 章 小 结

光的电磁理论是波动光学的理论基础。本章介绍了光波的电磁性质,光在透明介质界面上的反射和折射,光在介质中传播时的吸收、色散和散射,以及两列以上的单色光波的叠加与一列复杂波的分解等。

1. 本章的学习要求:

(1) 了解麦克斯韦方程组。

(2) 掌握平面光波与球面光波函数复数表达形式及复振幅表达形式。

(3) 理解光强的概念,掌握相对光强的计算。

(4) 掌握光在介质界面上的反射和折射,全反射,熟悉利用菲涅耳公式计算反射或透射光波的振幅、强度、能流,理解反射时的半波损失。

(5) 理解布儒斯特角概念。

(6) 了解光的吸收、色散和散射现象及经典理论。

(7) 掌握同频率同振动方向的光波的叠加,理解光的相干叠加条件。

(8) 掌握光程的概念,熟悉光程差和位相差的转换关系。

(9) 认识复杂光波的傅里叶分析。

(10) 领会群速度、相速度的概念;了解光拍,光驻波。

2. 光和电磁波之间的关系

麦克斯韦从理论预言、赫兹从实验上证明了电磁波的存在。光在本质上是一种电磁波:

- 电磁波在真空中的传播速度与光在真空中的传播速度相等;

- 光在透明介质中的传播速度 v 与真空中光速之间的关系: $v = c/n$,其中 $n = \sqrt{\varepsilon_r \mu_r}$,此式给出了描写光学性质的折射率与描写物质的电学和磁学性质的相对介电常数和相对磁导率的关系;

- 真空中可见光波长范围为 $390 \sim 780$ nm,对应的频率范围为 $7.69 \times 10^{14} \sim 3.84 \times 10^{14}$ Hz。人眼对波长为 555 nm 的绿色光最为敏感。

3. 光波的表达式

电磁波中对人的眼睛或感光仪器起作用的主要是电场强度矢量 E,E 称为光矢量,一般用 E 的表达式代表光波。最简单的是单色平面波和球面波,各种形式的光波都服从麦克斯韦方程组和波动微分方程。波的表达方式除了用正弦或余弦函数,还可以用复数形式,复振幅是一种更方便的表达形式。

单色平面波的复振幅:
$$\widetilde{E} = A \exp(i\mathbf{k} \cdot \mathbf{r})$$

单色球面波的复振幅:
$$\widetilde{E} = \frac{A_1}{r} \exp(ikr)$$

4. 光强

辐射强度的平均值称为光强。通常在讨论干涉、衍射等问题时更关注相对光强。

相对光强的计算：$I = \widetilde{E} \cdot \widetilde{E}^*$，$\widetilde{E}$是复振幅；

单色平面波的相对光强：$I = A^2$，A是平面波的振幅。

5. 频率、周期、波数的关系

$$k = 2\pi/\lambda, \quad \nu = 1/T = v/\lambda, \quad \omega = 2\pi\nu$$

6. 光在介质中的传播

（1）光在介质界面上的反射和折射现象

① 反射或透射光波的振幅、强度、能流与分界面两边的介质折射率有关，与入射角有关，可通过菲涅耳公式进行计算；正入射时，菲涅耳公式为

$$r_p = \frac{n_2 - n_1}{n_2 + n_1}, \quad r_s = -r_p; \quad t_p = \frac{2n_1}{n_2 + n_1}, \quad t_s = t_p$$

② 由菲涅耳公式可知，当平面波在接近正入射或掠入射，从光疏介质到光密介质的分界面反射时，存在半波损失；

③ 当光以布儒斯特角入射时，反射光是完全偏振的，不管是从光密介质到光疏介质，还是相反情况的反射，都存在布儒斯特角 θ_B。

（2）光在同一种介质中传播

光与物质相互作用，由于吸收、色散和散射使得光波的能量或传播方向发生改变。

① 朗伯定律和比尔定律分别给出了光通过介质或均匀溶液时被吸收的规律；

② 正常色散是指随着光波长的增大，折射率减小，反之为反常色散。正常色散与反常色散分别出现在物质的透明区与吸收区，两者都是光与物质相互作用的结果。

③ 散射光的波长和入射光的波长相同—— 当散射体比波长小时，散射对波长依赖明显，$I \propto 1/\lambda^4$，称为瑞利散射；散射光波长发生改变——拉曼散射和布里渊散射等。

7. 单色光波的叠加

如果光波的传播是独立的，光波的叠加服从叠加原理。两个以上的光波叠加后仍然满足麦克斯韦方程组。

（1）相干叠加：频率相同、位相差恒定、振动方向相同（或存在相互平行分量）的两光波叠加，满足产生干涉的必要条件，在叠加区域内出现光强强弱稳定的分布，即能够产生干涉。

（2）驻波：频率相同、位相差恒定、振动方向相同但在相反方向传播的两光波的叠加，形成驻波；

（3）光拍：振动方向相同、振幅相等、频率不同但相差很小两光波的叠加，形成光拍。

群速度与相速度的关系：
$$v_g = v - \lambda \frac{dv}{d\lambda}$$

8. 复杂波的分解

利用傅里叶分析方法，可以把周期波或非周期波分解为若干个带权重的频率、振幅和位相各异的单色波的组合，它启示我们可以从频谱空间理解光波。准单色光波波列长度越长，单色性就越好，当波列长度为无限时就是理想的单色波。

思考题

1.1 一维简谐平面波函数 $E(z,t) = A\cos\left[\omega\left(t - \dfrac{z}{v}\right)\right]$ 中，$\dfrac{z}{v}$ 表示什么？如果把函数写为 $E(z,t) = A\cos\left(\omega t - \dfrac{\omega z}{v}\right)$，$\dfrac{\omega z}{v}$ 又表示什么？

1.2 天空呈现浅蓝色，旭日和夕阳呈现红色的原因是什么？

1.3 在大风天和雾天，为了避免和对面来的车相撞，汽车必须打开雾灯。试解释为什么雾灯是橘红色的？

1.4 两个独立的光源各自发出白色光束，问在空间某处相遇能否产生干涉图样？为什么？若两个独立的光源发出频率相同、振动方向一致的光波在空间相遇又如何？

1.5 两相干平面波以夹角 30° 相遇，求：

（1）相干条纹的形状如何？ （2）干涉条纹的方向如何？ （3）干涉条纹的宽度是多少？

1.6 两个同频、位相差恒定的波叠加时，在什么情况下其合成波强度 I 总是等于各个波强度 I_1 和 I_2 之和？

1.7 已知三列光波的振动方向、频率都相同，在某点相遇，其中 A 和 B 为同一点光源发出，C 为另一光源发出，写出其合成光强的关系式。

习题

1.1 在真空中传播的平面电磁波，其电场表示为（各量均用国际单位）

$$E_x = 0, \quad E_y = 0, \quad E_z = (10^2)\cos\left[\pi\times10^{15}\left(t - \dfrac{x}{c}\right) + \dfrac{\pi}{2}\right]$$

求：该电磁波的频率、波长、周期、振幅和初相位。

1.2 一个平面电磁波可以表示为

$$E_x = 0, \quad E_y = 2\cos\left[2\pi\times10^{15}\left(\dfrac{z}{c} - t\right) + \dfrac{\pi}{2}\right], \quad E_z = 0$$

求：① 波的传播和电矢量的振动取哪个方向？

② 与电场相联系的磁场 $\boldsymbol{B}$ 的表达式如何写？

1.3 一束线偏振光在玻璃中传播时可以表示为

$$E_y = 0, \quad E_z = 0, \quad E_x = 10^2\cos\left[\pi10^{15}\left(\dfrac{z}{0.65c} - t\right)\right]$$

试求：（1）光的频率；（2）波长；（3）玻璃的折射率。

1.4 写出：（1）发散球面波和会聚球面波的复振幅；

（2）在 yoz 平面内沿与 y 轴成 θ 角方向传播的平面波复振幅。

1.5 一平面简谐电磁波在真空中沿正 x 方向传播，其频率为 4×10^{14} Hz，电场振幅为 14.14 V/m，如果该电磁波的振动面与 xy 平面呈 45°，试写出 $\boldsymbol{E}, \boldsymbol{B}$ 的表达式。

1.6 一个沿 $\boldsymbol{k}$ 方向传播的平面波表示为

$$E = 100\exp\left\{\mathrm{i}\left[(2x+3y+4z) - 16\times10^5 t\right]\right\}$$

试求 $\boldsymbol{k}$ 方向的单位矢 $\boldsymbol{k}_0$。

1.7 证明球面波的振幅与球面波到波源的距离成反比。

1.8 利用菲涅耳公式证明：（1）$R_s + T_s = 1$；（2）$R_p + T_p = 1$。

1.9 证明当入射角 $\theta_1 = 45°$ 时，光波在任何两种介质分界面上的反射都有 $r_p = r_s^2$。

1.10 有一块平行平面玻璃片在空气中，证明光束在布儒斯特角下入射到玻璃片上表面，在其下表面，光束从玻璃入射到空气的入射角也是布儒斯特角。

1.11 平行光以布儒斯特角从空气入射到玻璃($n=1.5$)上,求:

(1) 能流反射率 R_p 和 R_s;(2) 能流透射率 T_p 和 T_s。

1.12 证明光波在布儒斯特角下入射到两种介质的分界面上时,$t_p=1/n$,其中 $n=n_2/n_1$。

1.13 冕玻璃 k9 对谱线 435.8 nm 和 546.1 nm 的折射率分别为 1.52626 和 1.51829,试确定柯西公式中的常数 a 和 b,并计算玻璃对波长 486.1 nm 的折射率和色散率 $dn/d\lambda$。

1.14 强度为 I_0 的一束光通过一有污染气体的地区,在 100 m 处测得光强为 I_1,在 50 m 处测得光强为 I_2,若 $I_2/I_1=e^2$,假定污染气体浓度分布均匀,则它对光的衰减系数 $\alpha(m^{-1})$ 为多大?

1.15 光强为 I_0 的一束平行光通过 1 m 的某气体管后,光强变成 $0.96I_0$,该气体的吸收系数 α 为多大?

1.16 若白光中波长为 $\lambda_1=600$ nm 的橙黄光和波长为 $\lambda_2=450$ nm 的蓝光强相等,求瑞利散射光中两者强度之比是多少?

1.17 利用复数表示式求两个波 $E_1=a\cos(kx+\omega t)$ 和 $E_2=-a\cos(kx-\omega t)$ 的合成。

1.18 两个振动方向相同的单色波在空间某一点产生的振动分别为 $E_1=a_1\cos(\varphi_1-\omega t)$ 和 $E_2=a_2\cos(\varphi_2-\omega t)$。若 $\omega=2\pi\times10^{15}$ Hz,$a_1=6$ V/m,$a_2=8$ V/m,$\varphi_1=0$,$\varphi_2=\pi/2$,求该点的合振动表达式。

1.19 试计算下列各情况的群速度:

(1) $v=\sqrt{\dfrac{g\lambda}{2\pi}}$(浅水波,$g$ 为重力加速度); (2) $v=\sqrt{\dfrac{2\pi T}{\rho\lambda}}$(浅水波,$T$ 为表面张力,ρ 为质量密度);

(3) $n=a+\dfrac{b}{\lambda^2}$(柯西公式); (4) $\omega=ak^2$(a 为常数,k 为波数)。

1.20 求图 1.47 所示的周期性三角波的傅里叶分析表达式,并绘出其频谱图。

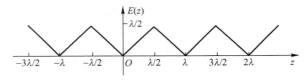

图 1.47 习题 1.20 用图

1.21 试求图 1.48 所示的周期性矩形波的傅里叶级数表达式,并绘出它的频谱图。

1.22 利用复数形式的傅里叶级数对图 1.49 所示的周期性矩形波做傅里叶分析。画出头三个傅里叶分析波及其相加的图形。

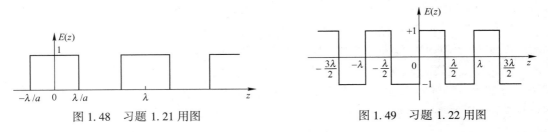

图 1.48 习题 1.21 用图   图 1.49 习题 1.22 用图

1.23 氪同位素 K_r^{86} 放电管发出的红光波长为 $\lambda=605.7$ nm,波列长度约为 700 mm,试求该光波的光谱宽度和频率宽度。

1.24 某种激光的频宽 $\Delta\nu=5.4\times10^4$ Hz,问这种激光的波列长度是多少?

第 2 章　光的干涉及其应用

光的干涉现象是指两个或多个光波(光束)在某区域叠加时,在叠加区域内出现的各点强度稳定的强弱分布现象。光的干涉现象、衍射现象和偏振现象是波动过程的基本特征,是物理光学(波动光学)研究的主要对象。

由上一章的讨论我们已经知道,两个振动方向相同、频率相同的单色光波叠加时将发生干涉现象。但是实际光波不是理想单色光波,要使它们发生干涉必须利用一定的装置并让它们满足相干条件。由于使光波满足相干条件的途径有多种,因此相应地有多种干涉装置(干涉仪)。历史上最早(1801 年)用实验方法研究光的干涉现象的是杨氏。其后,菲涅耳等人用波动理论完满地说明了干涉现象的各项细节,至 19 世纪末干涉理论可谓已相当完善。20 世纪 30 年代后,范西特(P. H. Van Cittert)和泽尼克(F. Zernike, 1888—1966)等人发展了部分相干理论,使干涉理论进一步臻于完美。

光的干涉在科学技术上和生产上有着广泛的应用。例如,用干涉方法研究光谱线的超精细结构,精密测量长度、角度,检验光学零件的各种偏差,在光学零件表面镀膜增加或减少反射等。自激光问世后,由于有了亮度大、相干性好的光源,因此干涉方法的应用更为广泛。本章将讨论产生干涉的方法,一些典型干涉装置的原理,以及光的干涉的应用。

2.1　实际光波的干涉及其实现方法

2.1.1　干涉条件

从上一章关于两个单色光波的叠加和干涉的讨论中,我们已经总结出产生光的干涉的三个必要条件(相干条件)。要使实际光波发生干涉,也必须让它们满足相干条件。实际光波是如何能够满足相干条件的呢? 为了说明这个问题,我们来看下面的实验。

如图 2.1 所示,S_1 和 S_2 是两个并排的小孔,它们分别由两个貌似相同的光源照明,而从两个小孔发散出来的光在距离小孔不远的观察屏上相遇。实验表明,观察屏上的光强总是等于每个光源单独照明时的光强之和,无论如何都看不到光强的强弱变化(亮暗干涉条纹)的现象。这种情况和我们熟知的将两个电灯并排放在一起,让它们同时照在墙壁上,而永远看不到墙壁上光的亮暗变化的现象是一样的。

但是,如果小孔 S_1 和 S_2 只受一个很小的"单色"光源(如仅开出一个小孔的钠光灯)照明,就立刻可以发现从两个小孔发散出的光在观察屏上产生亮暗干涉条纹。如果改用日光或白炽灯光通过一个小孔再照明两小孔,在观察屏上会看到一些彩色干涉条纹。上述实验说明:两个独立的、彼此没有关联的普

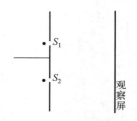

图 2.1　两小孔各受一个光源
照明时屏上没有干涉条纹

通光源产生的光波不会发生干涉①，只有当两个光波来自同一个光源，即由同一个光波分离出来的时候，它们才可能发生干涉。

为什么两个普通光源发出的光波不能产生干涉？这与普通光源的发光机理有关。我们知道，光源发光是由光源中大量原子、分子发射的，而原子、分子的发光过程是间歇的(1.3节)。原子、分子每次发光的持续时间约为 10^{-9} s，在这段时间内原子或分子发射了一列光波，停顿若干时间后(停顿时间与持续时间有相同的数量级)，再发射另一列光波。原子、分子前后发射的各列光波是独立的，相互间没有固定的位相和偏振关系。这样，来自两个独立光源(或同一光源两个不同部分)的光波不可能维持固定的位相差，因此也就不可能发生干涉。让我们再次考察干涉公式(1.8-4)，即

$$I = I_1 + I_2 + 2\sqrt{I_1 I_2}\cos\delta$$

由于位相差 δ 不固定，$\cos\delta$ 的数值在 ±1 之间迅速地改变，因此 $\cos\delta$ 的平均值 $\langle\cos\delta\rangle = 0$，故有

$$I = I_1 + I_2$$

两光波叠加区域内光强处处等于各个光波单独产生的光强之和。这就是非相干的情况。

但是，当两个光波是由同一个光波分离出来的时候，如同上述实验利用一个光源照明两个小孔而从小孔透出的两个光波，它们就可以满足相干条件。例如，考察它们的位相差：当光源每次辐射的波列的位相改变时，两个光波的位相也相应地改变，因此两光波在相遇点的位相差在光源间歇辐射时仍可保持不变，最终使我们观察到稳定的干涉条纹。

2.1.2 光波分离方法

将一个光波分离成两个相干光波，一般有两种方法。一种方法是让光波通过并排的两个小孔(如上述实验)或利用反射、折射把光波的波前(最前列的波面)分割出两个部分，这种方法称为**分波前法**。另一种方法是利用两个部分反射的表面通过振幅分割产生两个反射光波或两个透射光波，这种方法称为**分振幅法**。根据两种方法的不同，相应地可以把产生干涉的装置分为两类：分波前装置和分振幅装置。前者只容许使用足够小的光源，而后者可以使用扩展光源，因而可获得强度较大的干涉效应。后一类装置在实际应用中最为重要，几乎所有实用的干涉仪都属于这一类装置。

还应该注意，对于从一个光波分离出的两个光波，只有当它们通过的路程之差不是太大时，它们才可能满足位相差恒定的条件，从而产生干涉。这是因为光源辐射的光波是一段段有限长的波列，进入干涉装置的每个波列也都分成同样长的两个波列，当它们到达相遇点(参见图2.2)的路程差大于波列长度时，这两个波列就不能相遇。这时相遇的是对应于光源前一时刻和后一时刻发生的波列，这样的一对波列已无固定的位相关系，因此不能产生干涉。由此可见，为了使两光波满足相干条件而产生干涉，必须利用光源同一时刻发出的波列；具体的干涉装置为了保证这一条件的实现，必须使两光波的路程差小于光波的波列长度。各种光源发出的光波的波列长度并不相同，在激光出现之前，单色性最好的光波是氪同位素 Kr^{86} 放电管发出的橙色光(605.78 nm)，其波列长度约为 70 cm。其次是镉红光(643.88 nm)，波列长度约为30 cm。白光的波列长度最短，约为几个可见光波长。因此，若利用氪橙光产生干涉，最大的路程差不可大于 70 cm。利用镉红光，最大路程差不可大于 30 cm。而用白光时，路程差只容许

---

① 普通光源在这里是指非激光光源。对于激光光源，由于它的相干性大大提高，现代已经能够实现两个独立激光束的干涉。

在零程差附近。激光的波列长度可以比氦橙光长得多。

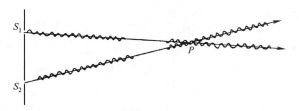

图 2.2　同时发出的波列相遇产生干涉

2.2　杨氏干涉实验

　　1801 年,杨氏首次利用分波前法实现了光的干涉,这就是著名的杨氏干涉实验。通过对这一实验的分析,可以了解分波前法干涉的一些共同的特点。杨氏干涉实验装置如图 2.3 所示。S 是一个受光源照明的小孔,从 S 发出的光波射在光屏 A 的两个小孔 S_1 和 S_2 上,S_1 和 S_2 相距很近,且

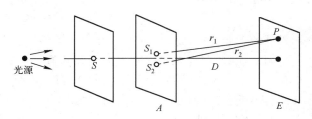

图 2.3　杨氏干涉实验装置

到 S 等距,从 S_1 和 S_2 发出的光波在距离光屏为 D 的屏幕 E 上叠加产生干涉,在 E 上我们将看到一些亮暗相间的干涉条纹。实际上,杨氏干涉实验与上一节讨论的用一个小光源照明两个小孔的实验是一样的。

1. 干涉条纹的计算

　　为简化计算,假定光源发出的光波是单色的,即只有一个频率或一个波长。考察屏幕上某一点 P,从 S_1 和 S_2 出发的两个相干光波在 P 点的干涉光强应为

$$I = I_1 + I_2 + 2\sqrt{I_1 I_2}\cos\delta \qquad (2.2\text{-}1)$$

式中,I_1 和 I_2 分别是两光波单独在 P 点上产生的光强,δ 是两光波在 P 点的位相差。若实验装置中 S_1 和 S_2 两个小孔大小相等,则有 $I_1 = I_2 = I_0$。再由于 S_1 和 S_2 到 S 等距,所以 S_1 和 S_2 处的光振动同位相,在 P 点两叠加光波的位相差就只来源于 S_1 和 S_2 到 P 点的路程差。设 S_1 和 S_2 到 P 点的距离分别为 r_1 和 r_2,那么两光波在 P 点的位相差为

$$\delta = \frac{2\pi}{\lambda'}(r_2 - r_1) = \frac{2\pi}{\lambda} n(r_2 - r_1) \qquad (2.2\text{-}2)$$

式中,λ' 和 λ 分别为光波在所在介质和真空中的波长,n 是介质的折射率。

　　将式(2.2-2)代入式(2.2-1),得到 P 点光强的表达式为

$$I = 2I_0 + 2I_0\cos\left[2\pi\frac{n(r_2 - r_1)}{\lambda}\right] = 4I_0\cos^2\left[\frac{\pi n(r_2 - r_1)}{\lambda}\right] \qquad (2.2\text{-}3)$$

可见,P 点的光强大小取决于 S_1 和 S_2 到 P 点的光程差。当光程差

$$\mathscr{D} = n(r_2 - r_1) = m\lambda \qquad (m = 0, \pm 1, \pm 2, \cdots) \qquad (2.2\text{-}4)$$

时,P 点光强有极大值 $I = 4I_0$(相长干涉);当光程差

$$\mathscr{D}=n(r_2-r_1)=\left(m+\frac{1}{2}\right)\lambda \qquad (m=0,\pm1,\pm2,\cdots) \qquad (2.2\text{-}5)$$

时,P 点光强有极小值 $I=0$(相消干涉);光程差为其他值时,P 点光强介于 0 和 $4I_0$ 之间。

就整个屏幕而言,满足式(2.2-4)的那些点,它们的光强有极大值;而满足式(2.2-5)的另一些点,它们的光强有极小值。其余的点的光强在极大值和极小值之间。

为了确定屏幕上极大强度和极小强度点的位置,选取直角坐标系 $Oxyz$,坐标系的原点 O 位于光源 S_1 和 S_2 连线的中心,x 轴的方向为 S_1S_2 连线的方向,如图 2.4 所示。设屏幕上任意点 P 的坐标为 (x,y,D),那么 S_1 和 S_2 到 P 点的距离 r_1 和 r_2 可分别写为

$$r_1=S_1P=\sqrt{\left(x-\frac{d}{2}\right)^2+y^2+D^2}$$

$$r_2=S_2P=\sqrt{\left(x+\frac{d}{2}\right)^2+y^2+D^2}$$

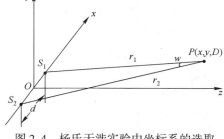

式中,d 是 S_1 和 S_2 之间的距离。由上面两式可得

$$r_2^2-r_1^2=2xd$$

或

$$r_2-r_1=\frac{2xd}{r_1+r_2} \qquad (2.2\text{-}6)$$

图 2.4 杨氏干涉实验中坐标系的选取

杨氏干涉实验的典型数据是 $d=0.02$ cm,$D=50$ cm,$x=1$ cm,$y=1$ cm,即只在屏幕上 z 轴附近观察,并且 $d\ll D$。在这种情况下,可用 $2D$ 代替 r_1+r_2,其误差不会太大。因此,式(2.2-6)可写为

$$r_2-r_1=xd/D \qquad (2.2\text{-}7)$$

由式(2.2-4),即得到屏幕上极大强度点的位置为(设杨氏干涉实验设置在空气中,取 $n=1$)

$$x=mD\lambda/d \quad (m=0,\pm1,\pm2,\cdots) \qquad (2.2\text{-}8)$$

而由式(2.2-5),极小强度点的位置决定于条件

$$x=\left(m+\frac{1}{2}\right)\frac{D\lambda}{d} \quad (m=0,\pm1,\pm2,\cdots) \qquad (2.2\text{-}9)$$

这表明屏幕上 z 轴附近的干涉条纹是一系列平行于 y 轴的等距的亮带和暗带,图 2.5(a)是这些条纹的照片。在干涉条纹中,极大强度和极小强度之间是逐渐变化的。由式(2.2-3)和式(2.2-7),可以得到条纹的强度变化规律——**强度分布公式**

$$I=4I_0\cos^2\left(\frac{\pi xd}{\lambda D}\right) \qquad (2.2\text{-}10)$$

按照上式绘出的强度变化曲线如图 2.5(b)所示。

干涉条纹可以用**干涉级**表征,从式(2.2-4)和式(2.2-5)知,其值等于 $\mathscr{D}/\lambda$。亮条纹中最亮点的干涉级为整数,暗条纹中最暗点的干涉级为半整数。实际上,常用整数代表亮条纹的干涉级,而用半整数代表暗条纹的干涉级。

(a) 杨氏干涉条纹照片

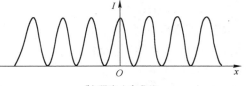

(b) 强度分布曲线

图 2.5 杨氏干涉条纹照片及强度分布曲线

2. 条纹间距

相邻两个亮条纹或两个暗条纹之间的距离称为**条纹间距**。由式(2.2-8)可得条纹间距为

$$e = \frac{mD\lambda}{d} - \frac{(m-1)D\lambda}{d} = \frac{D\lambda}{d} \qquad (2.2\text{-}11)$$

r_1 和 r_2 之间的夹角 w（见图 2.4）称为相干光束的**会聚角**；在 $d \ll D$，$x,y \ll D$ 的情况下，$w \approx d/D$，因此条纹间距又可以用会聚角表示为

$$e = \lambda / w \qquad (2.2\text{-}12)$$

即条纹间距与光束会聚角成反比。这是一个普遍的公式，对于任何的干涉实验，为了得到间距足够宽的条纹，都应使相干光束的会聚角尽可能小。

式（2.2-11）和式（2.2-12）都指明，条纹间距还与光波波长有关，波长较长的光，其条纹间距大。这样，如用白光光源做实验，屏幕上只有零级条纹（干涉级 $m=0$，对应于 $x=0$ 的位置）是白色的（所有色光都是相长干涉，组合在一起仍为白色），在零级白色条纹的两边各有一条黑色条纹，黑色条纹之外就是彩色条纹。

杨氏干涉实验属于测定光波波长的最早的一些方法之一。当用单色光源做实验时，只要测出实验装置的 D、d 和条纹间距，便可根据式（2.2-11）计算出光波的波长。

杨氏干涉的光振动动态演示请扫二维码。

例题 2.1 在杨氏干涉实验中，两小孔的距离为 0.5 mm，观察屏幕离小孔的距离为 1 m。当以氦氖激光束照射两小孔时，测量出屏幕上干涉条纹的间距为 1.26 mm，计算氦氖激光的波长。

解 已知 $d = 0.5$ mm，$D = 1$ m，$e = 1.26$ mm，代入式（2.2-11），得到光波波长

$$\lambda = ed/D = 1.26 \times 0.5/1000 \text{ mm} = 630 \text{ nm}$$

更精确测定光波波长的实验表明，氦氖激光的波长为 632.8 nm。

例题 2.2 两个长 100 mm 的抽成真空的气室置于杨氏装置中的两小孔前（图 2.6），当以波长 $\lambda = 589$ nm 的平行钠光通过气室垂直照明时，在屏幕上观察到一组稳定的干涉条纹。然后缓慢将某种气体注入气室 C_1，观察到条纹移动了 50 个，试讨论条纹移动的方向并求出注入气体的折射率。

解 （1）由式（2.2-4）可以看出，两个相邻亮条纹的光程差之差为 1 个波长。假定图 2.6 中的 P_0 点和 P 点分别对应于零级和 1 级条纹位置，那么 $S_2P - S_1P = \lambda$。当气室 C_1 注入某种气体时，通过 C_1 和 S_1 到达 P 的一束光路将增大光程，并且当光程增大 1 个波长时，P 点变成对于两支光路是等光程的。因此，零级条纹将从原来的 P_0 点的位置移至 P 点，我们可以发现条纹**向上移动 1 个条纹**。本例给出条纹组的移动量为 50 个条纹，这表示上光路的光程增大了 50 个波长，条纹组移动方向应是向上的方向。

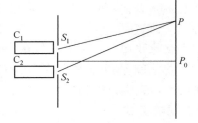

图 2.6 例题 2.2 用图

（2）气室 C_1 未注入气体时，平行钠光通过 C_1 和 C_2 到达 S_1 和 S_2 是等光程的。C_1 注入气体后，钠光到 S_1 和 S_2 的光程差为

$$\mathcal{D} = (n_g - n_v) \times 100 \text{ mm}$$

式中，n_g 为注入气体折射率；$n_v = 1$，为真空折射率。由于 S_1 和 S_2 引入了光程差 $\mathcal{D}$，屏幕上各点的光程差也相应地发生变化。题中给定条纹移动量为 50 个条纹，表示光程差的变化为

$$\mathcal{D} = 50\lambda$$

因此

$$(n_g - 1)100 = 50 \times 589 \times 10^{-6}$$

$$n_g = \frac{50 \times 589 \times 10^{-6}}{100} + 1 = 1.000\ 294$$

2.3 分波前法干涉的其他实验装置

分波前干涉装置的共同特点是,它们将点光源(实际上是很小的光源)发出的光波的波前分割出两个部分,并使之通过不同的光程产生干涉。上节所述的杨氏装置是这样,下面叙述的其他干涉装置也是这样。由干涉装置分割出的两个光波,可以看作是由两个相干点光源发出的,所以只要确定了这两个相干点光源的位置及干涉场的位置,便可以应用上节的计算公式来计算干涉条纹。

1. 菲涅耳双面镜

菲涅耳双面镜由夹角很小的两面反射镜 M_1 和 M_2 组成,如图 2.7 所示。由点光源 S 发出的光波受不透明屏 K 阻挡,不能直接到达屏幕 E 上。S 发出的光波经 M_1 和 M_2 反射被分为两束相干光波,投射向屏幕 E 并产生干涉。从双面镜反射的两束相干光,可以看作是从 S 在双面镜中形成的两个虚像 S_1 和 S_2 发出的,因而 S_1 和 S_2 相当于一对相干光源。S_1 和 S_2 的位置可按反射定律确定。设双面镜交线在图面上的投影是 O 点,$SO=l$,则 $S_1O=S_2O=l$,所以 S_1S_2 的垂直平分线也通过 O 点。因此,S_1 和 S_2 之间的距离为

$$d = 2l\sin\alpha \qquad (2.3\text{-}1)$$

式中,α 是双面镜 M_1 和 M_2 的夹角。在确定了相干光源 S_1 和 S_2 的位置之后,即可利用上节的公式计算屏幕上的干涉条纹。由于 α 很小(通常小于 1°),所以 d 也很小,这样在屏幕上可得到间距较大的条纹。

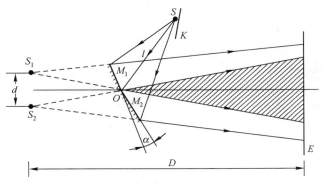

图 2.7 菲涅耳双面镜装置

2. 菲涅耳双棱镜

菲涅耳双棱镜装置如图 2.8 所示。它由两个相同的棱镜组成,两个棱镜的折射角 α 很小,一般约为 30′。从点光源 S 来的一束光,经双棱镜折射后分为两束,相互交叠产生干涉。两折射光束如同 S 在棱镜中形成的两个虚像 S_1 和 S_2 发出的一样,因而 S_1 和 S_2 可视为相干光源。设棱镜的折射率为 n,则棱镜对入射光束产生的角偏转近似为 $(n-1)\alpha$,因此 S_1 和 S_2 之间的距离为

$$d = 2l(n-1)\alpha \qquad (2.3\text{-}2)$$

式中,l 是光源 S 到双棱镜的距离。由于棱镜的折射角 α 很小,所以 d 也很小。在典型情况下,

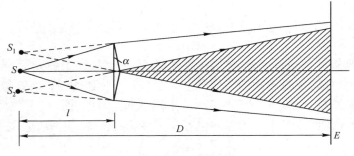

图 2.8 菲涅耳双棱镜装置

$n = 1.5, \alpha = 30' \approx 8.7 \times 10^{-3} \text{ rad}, l = 2 \text{ cm}$，得到 $d = 0.017 \text{ cm}$。若 $D = 50 \text{ cm}, \lambda = 6 \times 10^{-5} \text{ cm}$，按式（2.2-11），屏幕上条纹的间距为

$$e = D\lambda/d = 50 \times 6 \times 10^{-5}/0.017 \text{ cm} \approx 0.18 \text{ cm}$$

3. 洛埃(Lloyd)镜

洛埃镜装置（图 2.9）比菲涅耳双面镜装置更加简单，仅用一块平面镜的反射来获得干涉条纹。如图 2.9 所示，点光源 S_1 放在水平方向离平面镜 M 相当远但垂直方向离平面镜延长线却很近的地方。S_1 发出的光波，一部分直接射到屏幕 E 上，一部分以很大的入射角（接近 $90°$）掠入射到平面镜 M 上，再经平面镜反射到屏幕 E。这两部分光波是由同一光波分出来的，是相干光波，相应的相干光源是 S_1 及其在平面镜中的虚像 S_2。S_1 和 S_2 之间的距离 d 显然等于 S_1 到镜平面垂直距离的两倍。

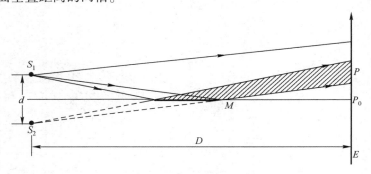

图 2.9 洛埃镜装置

在计算屏幕上的干涉效应时，应注意洛埃镜装置与上述两个装置的区别：在洛埃镜装置中，两相干光波之一经平面镜反射时有了 π 的位相跃变。在 1.4 节里已经指出，π 的位相跃变称为"半波损失"，因此在计算屏幕上某点 P 对应的两束相干光的光程差时，应把反射光束半波损失引起的附加程差 $\lambda/2$ 加进去。设 $S_1S_2 = d, PP_0 = x$（P_0 点为镜平面与屏幕的交线在图面上的投影），S_1S_2 到屏幕距离为 D，则根据式（2.2-7），考虑了附加程差后 P 点的光程差为

$$\mathscr{D} = S_2P - S_1P = \frac{xd}{D} + \frac{\lambda}{2} \tag{2.3-3}$$

如果把屏幕移到与平面镜接触的位置，P_0 点对应的光程差等于 $\lambda/2$，因此 P_0 是一暗点。实验证实了这一点，这个事实也是光在光疏-光密介质分界面上反射时产生 π 位相跃变这一结论的最早的实验证据。

4. 比累(Billet)对切透镜

比累对切透镜是把一块凸透镜沿直径方向剖开成两半做成的,两半透镜在垂直于光轴方向拉开一些距离,其间的空隙以光屏 K 挡住,如图 2.10 所示。点光源 S 由对切透镜形成两个实像 S_1 和 S_2,通过 S_1 和 S_2 射出的两光束在屏幕 E 上产生干涉条纹。在本实验中,S_1 和 S_2 就是一对相干光源。S_1 和 S_2 到对切透镜的距离 l' 可按几何光学中的成像公式

$$\frac{1}{l'} - \frac{1}{l} = \frac{1}{f'} \tag{2.3-4}$$

求出。式中,l 是光源 S 到透镜的距离,f' 是透镜的焦距。S_1 和 S_2 之间的距离则可由下式求出:

$$d = a\,\frac{l+l'}{l} \tag{2.3-5}$$

式中,a 是两半透镜分开的距离。

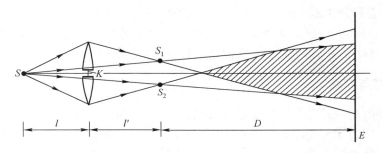

图 2.10　比累对切透镜装置

在以上几个实验装置中,干涉条纹的走向都垂直于图面,因此点光源沿着垂直于图面方向扩展,或者说用一个垂直于图面的线光源代替点光源(实际上是用一个足够窄的狭缝光源代替点光源),并不影响条纹在平行于 S_1S_2 连线方向上的强度分布,式(2.2-10)仍然适用。但是,如果点光源或狭缝光源在 S_1S_2 的连线方向扩展,条纹的强度分布将发生变化。随着光源的扩展,条纹将变得越来越不清晰,当光源扩展到一定程度时,条纹可能完全看不见了。下一节将讨论条纹的清晰度与光源大小的关系,以及影响条纹清晰度的其他因素。

2.4　干涉条纹的对比度

干涉场中某点 P 附近的条纹的清晰程度用**条纹对比度** K 来量度[①],它定义为

$$K = \frac{I_M - I_m}{I_M + I_m} \tag{2.4-1}$$

式中,I_M 和 I_m 分别为 P 点附近条纹的强度极大值和极小值。上式表明,条纹对比度与条纹亮暗差别有关,也与条纹背景光强有关。当 $I_m = 0$ 时,$K = 1$,对比度有最大值,这时条纹最清晰。这种情况称为**完全相干**,前面讨论的两个等强度单色点光源(或线光源)所产生的条纹就是这种情况。当 $I_M = I_m$ 时,对比度 $K = 0$,条纹完全看不见,这是**非相干**情况。一般情况下的干涉条

---

① 条纹对比度又称可见度、衬度。

纹，K 介于 0 和 1 之间，为**部分相干**。

条纹对比度主要与三个因素有关：光源大小，光源非单色性和两相干光波的振幅比。下面分别对每一个因素的影响加以讨论，当论及某一个因素的影响时，把另外两个因素看成是理想的。

2.4.1 光源大小的影响

如上所述，一个单色点光源通过干涉装置所形成的两个相干光源产生的干涉条纹的强度分布如图 2.5(b) 所示，条纹的对比度 $K=1$，条纹最清晰。但是，实际光源不是理想的点光源，它总有一定的大小，包含着众多的点光源。每一个点光源，在干涉装置中产生各自的一组条

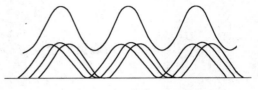

图 2.11　多组条纹的强度相加

纹，并且由于点光源的位置不同，以致各组条纹之间产生位移，如图 2.11 的下部曲线所示。这样，干涉场的总强度分布（各组条纹的强度相加，如图 2.11 的上部曲线所示）就有别于图 2.5(b) 的理想形状。这时，暗条纹的强度不为零，因而条纹的对比度下降。当光源大到一定程度时，条纹对比度可以下降到零，我们完全看不见干涉条纹。

1. 光源的临界宽度

条纹对比度降为零时光源的宽度称为**临界宽度**。下面我们以杨氏干涉实验为例，求出光源的临界宽度。假设光源是以 S 为中心的扩展光源 $S'S''$（见图 2.12），那么扩展光源上的每一个发光点都在屏幕上产生各自的一组条纹，整个扩展光源产生的条纹就是每一个点光源产生的条纹的相加。如果扩展光源的边缘点 S'' 和 S' 到 S_1 和 S_2 的光程差分别等于 $\pm\lambda/2$，则 S'' 和 S' 通过杨氏装置产生的条纹与光源中心 S 产生的条纹相互位移半个条纹间距（见图 2.12），S'' 和 S' 的条纹相互位移一个条纹间距，光源上的其他点源产生的条纹在一个条纹间距之间。这样一来，屏幕上的光强将处处相等，看不见条纹。这时光源的宽度即为临界宽度。

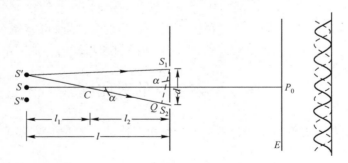

图 2.12　光源上不同点产生的条纹有位移

由图 2.12 的几何关系，可以得到

$$S'S_2 - S'S_1 \approx \frac{b_c d}{2l} \tag{2.4-2}$$

式中，b_c 为光源临界宽度。关于式 (2.4-2) 的推导请扫二维码。根据上述分析，b_c 应满足下式：

$$\frac{b_c d}{2l} = \frac{\lambda}{2}$$

因此得到 $\qquad\qquad\qquad b_c = \lambda l / d \qquad\qquad\qquad$ (2.4-3)

或者 $\qquad\qquad\qquad b_c = \lambda / \beta \qquad\qquad\qquad$ (2.4-4)

式中，$\beta = d/l$，称为**干涉孔径**，它是 S_1 和 S_2 对 S 的张角（一般定义为到达干涉场某一点的两支相干光从发光点发出时的夹角）。式(2.2-12)和式(2.4-4)同样形式简单，在干涉仪理论中有着重要意义。它们虽然是从杨氏装置推导出来的，但可以证明它们也适用于其他干涉装置（见后面的例题 2.3）。

一般认为，光源宽度不超过临界宽度的 1/4 时，条纹的对比度仍是很好的。临界宽度的 1/4 称为**许可宽度**，即

$$b_p = \frac{b_c}{4} = \frac{\lambda}{4\beta} \qquad\qquad\qquad (2.4\text{-}5)$$

此时条纹对比度 $K = 0.9$。上式被用在干涉仪中计算光源宽度的容许值。

2. 空间相干性

扩展光源对条纹对比度的影响使人们认识到光的空间相干性问题。仍然考察图 2.12 所示的扩展光源产生的干涉：若通过 S_1 和 S_2 两小孔的光在 P_0 点附近能够发生干涉，则称通过空间这两点的光具有**空间相干性**。显然，光的空间相干性与光源的大小有密切关系。当光源是点光源时，S_1 和 S_2 所在平面上各点都是相干的；当光源是扩展光源时，该平面上具有空间相干性各点的范围与光源大小成反比。从本节讨论可知，当光源宽度等于临界宽度，即

$$b = \lambda l / d \quad \text{或} \quad b = \lambda / \beta$$

时，通过 S_1 和 S_2 两点的光不发生干涉，因而通过这两点的光没有空间相干性。我们把这时 S_1 和 S_2 之间的距离称为**横向相干宽度**，以 d_t 表示，易见

$$d_t = \lambda l / b \qquad\qquad\qquad (2.4\text{-}6)$$

或以扩展光源对 S_1 和 S_2 连线的中点 O 的张角 θ 表示

$$d_t = \lambda / \theta \qquad\qquad\qquad (2.4\text{-}7)$$

如果扩展光源是方形的（在垂直图面方向上宽度也为 b），则它照明的 S_1, S_2 所在平面上的相干面积为

$$A = d_t^2 = \left(\frac{\lambda}{\theta}\right)^2 \qquad\qquad\qquad (2.4\text{-}8)$$

理论证明，对于圆形光源，它照明的平面上的横向相干宽度与式(2.4-7)只差一个系数 1.22，即

$$d_t = 1.22\lambda / \theta \qquad\qquad\qquad (2.4\text{-}9)$$

相应的相干面积 $\qquad A = \pi \left(\frac{1.22\lambda}{2\theta}\right)^2 = \pi \left(\frac{0.61\lambda}{\theta}\right)^2 \qquad (2.4\text{-}10)$

对于直径为 1 mm 的圆形光源，若 $\lambda = 600$ nm，在距离光源 1 m 的地方的横向相干宽度约为 0.7 mm，相干面积约为 0.38 mm^2。

利用空间相干性的概念，可以测量星体的角直径（星体直径对地面考察点的张角）。图 2.13 所示是为此目的设计的迈克耳孙（A. A. Michelson，1852—1931）测星干涉仪，图中 L 是望远镜物镜，D_1 和 D_2 是它的两个阑孔，M_1, M_2, M_3, M_4 是反射镜，其中 M_1 和 M_2 可以沿 $D_1 D_2$

连线方向精密移动,它们起着类似于杨氏装置中小孔 S_1 和 S_2 的作用。M_3 和 M_4 固定不动,它们把 M_1 和 M_2 反射来的光再反射向望远镜,在其物镜焦平面上产生干涉。当将干涉仪对准某个星体时,如果逐渐增大 M_1 和 M_2 的距离 d,就会发现焦平面上干涉条纹的可见度逐渐降低,并且当

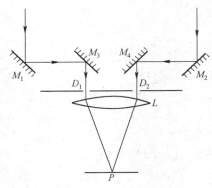

$$d = d_t = 1.22\lambda/\theta$$

时,对比度降为零,条纹完全消失。因此,只要测量出这时 M_1 和 M_2 的距离 d_t,便可计算出星体的角直径。例如,迈克耳孙在观察星体参宿四时,在 $\lambda = 570$ nm 条件下,测得 $d_t = 121$ 英寸(307 cm),由此算出这颗星的角直径

图 2.13　迈克耳孙测星干涉仪

$$\theta = 1.22 \times 5.7 \times 10^{-5}/307 \text{ rad} \approx 2.26 \times 10^{-7} \text{ rad} \approx 0.047''$$

根据这颗星的已知距离,得出它的直径大约是太阳直径的 280 倍。

2.4.2　光源非单色性的影响

前面已经指出,干涉实验中使用的所谓单色光源,并不是绝对单色的,它包含有一定的光谱宽度 $\Delta\lambda$。这种情况也会影响条纹的对比度,因为 $\Delta\lambda$ 范围内的每一种波长的光都生成各自的一组干涉条纹,并且各组条纹除零干涉级外,相互间均有位移,所以与光源宽度的影响相仿,各组条纹重叠的结果也使条纹对比度下降。

1.　相干长度

波长范围从 λ 到 $\lambda+\Delta\lambda$ 的各个波长的条纹的相对位移和叠加如图 2.14(a)所示,这里假设各个波长光波的强度相等。图 2.14(a)下部实线表示波长 $\lambda+\Delta\lambda$ 的条纹,虚线表示波长 λ 的条纹,两组条纹的相对移动量随光程差 $\mathscr{D}$ 的增大而增大。图 2.14(a)上部曲线则是 $\Delta\lambda$ 范围内所有波长的条纹的叠加。可见,叠加曲线的变化幅度随光程差的增大而下降;在某一光程差下,条纹变化的幅度变为零,这表示该处的条纹对比度已降为零,该处看不见条纹,如图 2.14(b)所示。我们把光谱宽度为 $\Delta\lambda$ 的光源能够产生干涉条纹的最大光程差称为**相干长度**。$\Delta\lambda$ 和相干长度的关系可通过下面简单的考虑得到:假定在某一光程差下,波长为 $\lambda+\Delta\lambda$ 的第 m 级条纹和波长为 λ 的第 $m+1$ 级条纹重合,即这两个波长条纹的相对移动量达到一个条纹间距,那么波长为 $\lambda+\Delta\lambda$ 的 m 级和 $m-1$ 级条纹之间便充满了 $\Delta\lambda$ 范围内其他波长的条纹(见图 2.15),因而该处各

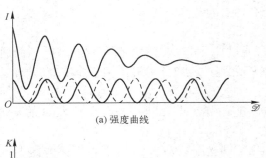

(a) 强度曲线

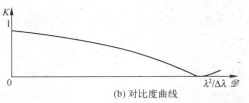

(b) 对比度曲线

图 2.14　光源非单色性对条纹的影响

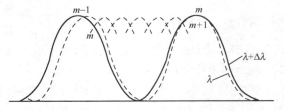

图 2.15　$\Delta\lambda$ 范围内各波长的 m 级条纹

点强度相等,条纹对比度为零。该处对应的光程差就是能够发生干涉的最大光程差,即相干长度。该处的光程差应满足如下条件:

$$(m+1)\lambda = m(\lambda + \Delta\lambda)$$

由此得到该处的干涉级

$$m = \lambda / \Delta\lambda \qquad (2.4\text{-}11)$$

和相干长度
$$\mathscr{D}_{max} = m\lambda = \lambda^2 / \Delta\lambda \qquad (2.4\text{-}12)$$

上式表明,能够发生干涉的最大光程差(相干长度)与光源的光谱宽度成反比。光源的光谱宽度越小,就能够在更大的光程差下观察到干涉条纹。例如,以白光作为光源时,若用眼睛直接观察干涉条纹,白光源的光谱宽度约为150 nm[①],由上式算出的相干长度为3~4个波长。当用氪灯作为光源时,氪橙线的光谱宽度约为 4.7×10^{-4} nm,相应的相干长度约为70 cm。

应该注意到,式(2.4-12)和关于波列长度的关系式(1.10-7)完全相同,表明相干长度实际上等于波列长度。记得在2.1节里,曾经利用波列长度的概念讨论过能够观察到干涉现象的最大光程差,得到最大光程差等于波列长度的结论[②];现在又利用光谱宽度进行讨论,并得到同样的结果。这说明利用波列长度和光谱宽度的概念来讨论问题是完全等效的。

2. 时间相干性

两光波只在小于相干长度的光程差下能够发生干涉的事实体现了光波的时间相干性。我们把光通过相干长度所需的时间称为**相干时间**,因此只有由同一光源在相干时间 Δt 内发出的光才能产生干涉。光的这种相干性称为**时间相干性**,而相干时间 Δt 是光的时间相干性的量度。Δt 取决于光波的光谱宽度 $\Delta\lambda$,由式(2.4-12)

$$\mathscr{D}_{max} = c \cdot \Delta t = \lambda^2 / \Delta\lambda$$

式中,c 为光速。又因为 $\Delta\lambda$ 和频率宽度 $\Delta\nu$ 有如下关系:

$$\Delta\lambda / \lambda = \Delta\nu / \nu$$

故由上面两式可得到 $\quad \Delta t \cdot \Delta\nu = 1 \qquad (2.4\text{-}13)$

上式表明,光波的 $\Delta\nu$ 越小,Δt 越大,光的时间相干性越好。

可以利用杨氏干涉实验装置来研究光的时间相干性。如图2.16所示,让一个频率宽度为 $\Delta\nu$ 的平面波照射小孔 S_1 和 S_2,这时在屏幕上 P_0 点(它与 S_1 和 S_2 等距)附近总会看到干

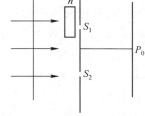

图 2.16　用杨氏干涉实验装置研究光的时间相干性

涉图样。这是因为从 S_1 和 S_2 到 P_0 附近的点的光程差极小,或者从时间相干性的观点看,在这些点相遇的光波是由同一光源在相干时间 Δt 内发出的,应具有相干性。但是,如果我们在一个小孔前放置一块玻璃片,并且当它产生的光程使得通过 S_1 和 S_2 的两束光到达 P_0 点的光程差大于相干长度时,在 P_0 点及其附近就不可能再看到干涉条纹。因为这时到达屏幕上的两束光是对应于光源在大于相干时间的时间间隔内发射的,它们已不存在相干性。设玻璃片的厚度为 h,折射率为 n,则它引入的通过 S_1 和 S_2 的两束光的附加光程差为

$$\mathscr{D}' = (n-1)h \qquad (2.4\text{-}14)$$

---

　　① 用眼睛观测干涉条纹时,要考虑眼睛的光谱灵敏度。在 550 nm 处,灵敏度为极大,而在 400 nm 和 700 nm 附近,灵敏度降为零。因此,对于人眼,白光源的光谱宽度约为 150 nm。

　　② 在 2.1 节里说的是最大路程差等于波列长度,本节均把路程差和波列长度折算到真空中来计算。

相应地两束光的发射时间差为 $\quad \Delta t' = \mathscr{D}'/c = (n-1)h/c$ (2.4-15)

如果 $\Delta t' > \Delta t$（相干时间），两束光不发生干涉。

2.4.3 两相干光波振幅比的影响

两相干光波的振幅（强度）不等时，也会影响条纹的可见度。根据式（2.2-1），屏幕上干涉条纹强度极大值和极小值分别为 $(\sqrt{I_1} + \sqrt{I_2})^2$ 和 $(\sqrt{I_1} - \sqrt{I_2})^2$，代入条纹对比度表达式（2.4-1），得到

$$K = \frac{2\sqrt{I_1}\sqrt{I_2}}{I_1 + I_2} = \frac{2(I_1/I_2)^{1/2}}{1 + I_1/I_2}$$

以振幅比表示，上式可写为 $\quad K = \dfrac{2(A_1/A_2)}{1+(A_1/A_2)^2}$ (2.4-16)

只有当 $A_1 = A_2$ 时，$K = 1$；当 $A_1 \neq A_2$ 时，$K < 1$；A_1 和 A_2 相差越甚，K 值越小。这是容易理解的，因为当两相干光波的振幅相差很大时，干涉所造成的强度实际上与其中较大强度的一个光波单独产生的强度没有多大差别，这时干涉场几乎为一片均匀照度，看不出条纹。

利用式（2.4-16），可以把两光束干涉公式（2.2-1）写成如下形式：

$$I = I_t(1 + K\cos\delta)$$ (2.4-17)

式中，$I_t = I_1 + I_2 = A_1^2 + A_2^2$。上式表明，当两光束的强度不等时，干涉条纹的光强分布不仅与两光束的位相差有关，还与两光束的振幅比有关（K 与振幅比有关）。因此，若把干涉条纹记录下来，就等于把相干光波的振幅比和位相差这两个方面的信息都记录下来了。这就是"全息记录"的概念，关于全息照相的讨论见 3.9 节。

请扫二维码观看振幅比对干涉条纹对比度影响的实验演示。

例题 2.3 试对于洛埃镜装置，证明光源的临界宽度 b_c 和干涉孔径 β 之间有关系 $b_c = \lambda/\beta$。

证 以 S_1S_2 代表宽度为 b 的光源（见图 2.17），S_0 为其中点。源点 S_1、S_0 和 S_2 在洛埃镜中的虚像分别为 S_1'、S_0' 和 S_2'。对于干涉场点 P，干涉孔径角 β 是 S_0P 和 S_0M 的夹角，而 M 是 S_0 发出的到达 P 的光线在镜面上的反射点，在洛埃镜实验中，光源非常贴近镜面的延长线，故 β 角很小。因此有

$$\beta = PP'/D = 2x/D$$

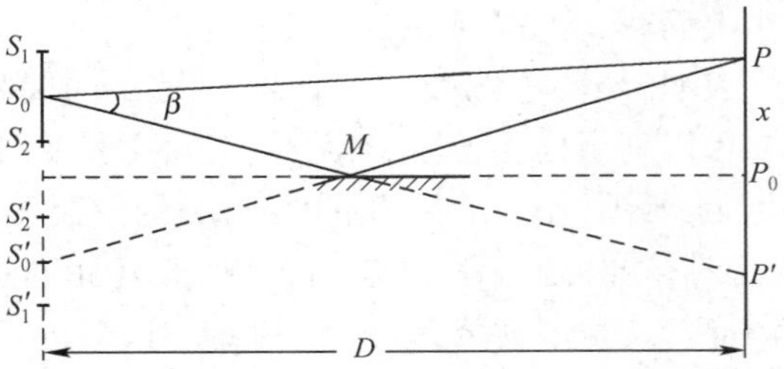

图 2.17 例 2.3 用图

式中，P' 是场点 P 在镜中的共轭点。当光源到达临界宽度时，源点 S_0 产生的干涉条纹（可看成是 S_0 和 S_0' 一对相干光源所产生）和 S_2 产生的干涉条纹（S_2 和 S_2' 所生）在 P 处的光程差之差应为 $\lambda/2$。因为 S_0 产生的干涉条纹在 P 点的光程差为 [参见式（2.2.7）]

$$\mathscr{D}_1 = \frac{dx}{D} + \frac{\lambda}{2}$$

式中，d 为 S_0S_0' 之间的距离。S_2 产生的干涉条纹在 P 点的光程差为

$$\mathscr{D}_2 = \frac{x(d - b_c)}{D} + \frac{\lambda}{2}$$

则
$$\mathscr{D}_1 - \mathscr{D}_2 = \frac{dx}{D} - \frac{x(d - b_c)}{D} = \frac{x b_c}{D} = \frac{\lambda}{2}$$

故
$$\frac{2x}{D} b_c = \beta b_c = \lambda$$

由此得到
$$b_c = \lambda / \beta$$

例题 2.4　在 2.3 节介绍的诸种干涉实验中,设光源为点光源,光源发光的光谱宽度为 $\Delta\lambda$(相应的波数宽度为 Δk),且 $\Delta\lambda$ 内各波长的光强相等,证明干涉条纹的对比度 K 与波数宽度 Δk 及光程差 $\mathscr{D}$ 的关系为

$$K = \frac{\left| \sin\left(\frac{1}{2} \Delta k \mathscr{D} \right) \right|}{\left| \frac{1}{2} \Delta k \mathscr{D} \right|}$$

并画出 K 随 $\mathscr{D}$ 变化的曲线。

证　包含多个波长的光波在干涉场产生的光强,是各个波长的光波在干涉场产生的光强之和。如果把波数宽度 Δk 分成许多无穷小波数元(图 2.18),则 Δk 内的光波产生的强度就是这些无穷小的波数元的光波产生的强度的积分。设每一个波数元的宽度为 dk,根据式(2.2-1),则位于波数 k 处的波数元在干涉场某点产生的光强为

$$dI = 2i_0 dk (1 + \cos k\mathscr{D})$$

式中,i_0 为光强谱密度,$\mathscr{D}$ 为该点对应的光程差。因此,Δk 内(平均波数为 k_0)的光波在该点产生的总光强为

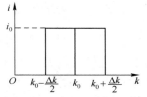

图 2.18　波数宽度 Δk 分成许多无穷小波数元 dk

$$I = \int_{k_0 - \Delta k/2}^{k_0 + \Delta k/2} 2i_0 (1 + \cos k\mathscr{D}) dk$$
$$= 2I_0 \Delta k + \frac{4i_0}{\mathscr{D}} \cos(k_0 \mathscr{D}) \sin\left(\frac{\Delta k}{2} \mathscr{D} \right)$$

上式表明,干涉场中光程差不同的点将有不同的光强,其强度极大值为

$$I_M = 2i_0 \Delta k + \left| \frac{4i_0}{\mathscr{D}} \sin\left(\frac{\Delta k}{2} \mathscr{D} \right) \right|$$

强度极小值为
$$I_m = 2i_0 \Delta k - \left| \frac{4i_0}{\mathscr{D}} \sin\left(\frac{\Delta k}{2} \mathscr{D} \right) \right|$$

所以条纹的对比度为
$$K = \frac{I_M - I_m}{I_M + I_m} = \frac{\left| \frac{8i_0}{\mathscr{D}} \sin\left(\frac{\Delta k}{2} \mathscr{D} \right) \right|}{\left| 4i_0 \Delta k \right|} = \frac{\left| \sin\left(\frac{1}{2} \Delta k \mathscr{D} \right) \right|}{\left| \frac{1}{2} \Delta k \mathscr{D} \right|}$$

K 随 $\mathscr{D}$ 变化的曲线如图 2.19 所示。可见,当 $\mathscr{D} = 2\pi / \Delta k$ 时,$K = 0$。此时 $\mathscr{D}$ 即为发生干涉的最大光程差或相干长度。

因为
$$\Delta k = 2\pi \Delta\lambda / \lambda^2$$

所以
$$\mathscr{D}_{max} = \lambda^2 / \Delta\lambda$$

这一结果与式(2.4-12)一致。

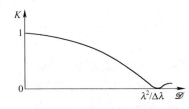

图 2.19　K 随 $\mathscr{D}$ 变化曲线

2.5　平行平板产生的干涉

至此为止,只讨论了用分波前法产生的干涉。考虑到光场的空间相干性,一般这类干涉应采用宽度很小的光源。但是,在实际应用中,当使用普通光源时往往不能满足对条纹亮度的要求。实际测量要求干涉条纹有足够的亮度,因而必须采用宽度较大的光源——扩展光源。下面讨论平板的分振幅干涉,这类干涉利用平板的两个表面对入射光的反射和透射,使入射光的振幅分解为两部分,这两部分光再相遇产生干涉。这类干涉可以应用扩展光源而在一些特定的位置获得清晰的条纹,从而解决了分波前干涉发生的亮度(光源大小)和条纹对比度的矛盾。因此,这类干涉广泛应用于干涉计量技术中,许多重要的干涉仪,尽管它们的具体装置不同,但大都是以此类干涉为基础的。

平板可理解为受两个表面限制而成的一层透明物质。最常见的情形就是玻璃平板和夹于两块玻璃板间的空气薄层。某些干涉仪还利用所谓"虚平板"(参见 2.7 节)。当平板的两个表面是平面且相互平行时,称为**平行平板**。两个表面相互成一楔角时,称为**楔形平板**。本节讨论前一种平板产生的干涉。

2.5.1　条纹的定域

如图 2.20 所示,点光源 S 发出的光照射在平行平板上,让我们考察屏幕 E 上发生的干涉。对于 E 上某一点 P,不管它的位置如何,总有从 S 出发的两束光到达:一束光从平板的上表面反射到 P,另一束光经上表面折射,下表面反射,再由上表面折射到 P。只要光波的单色性足够好,这两束光就是相干的。由于 P 点是任意的,所以在屏幕 E 上处处都得到清晰的干涉条纹。这组干涉条纹也可以看成是由 S 在平板两表面中形成的虚像 S_1' 和 S_2 组成的一对相干光源所产生的,因为经平板表面反射的两束反射光束等价于来自 S_1 和 S_2。显然,不论屏幕 E 离平板远近如何,都会在它上面观察到清晰条纹,所以这种由点光源照明产生的条纹是**非定域的**。但是,如果光源以 S 为中心扩展时,由扩展光源上不同点出发的到达 P 点的两束相干光的光程差则不相同,或者说光源上不同点在 P 点附近产生的条纹之间有位移,因此 P 点附近条纹的对比度将降低。当扩展光源的横向宽度超过一定限度时,P 点附近条纹的对比度降为零,条纹消失。不过,在平行平板的情况下,却可以找到某个平面,在这个平面上的条纹,即使应用扩展光源,其对比度也不降低。这个平面称为**定域面**,在这个平面上观察到的条纹称为**定域条纹**。

设光源的横向宽度为 b,P 点对应的干涉孔径为 β(图 2.20),根据上节的讨论,要在 P 点附近观察到干涉条纹,光源宽度 b 必须满足条件

$$b \cdot \beta < \lambda$$

当 $b = b_c = \lambda/\beta$ 时,P 点处的条纹消失。但是,在 $\beta = 0$ 确定的区域却可以观察到清晰条纹,因为该处对应的光源临界宽度为无穷大。由此可见,条纹的定域可以由 $\beta = 0$ 作图法确定。对于平行平板的情况,由 $\beta = 0$ 作图法确定的定域区离平板无穷远(参见图 2.21,同一束入

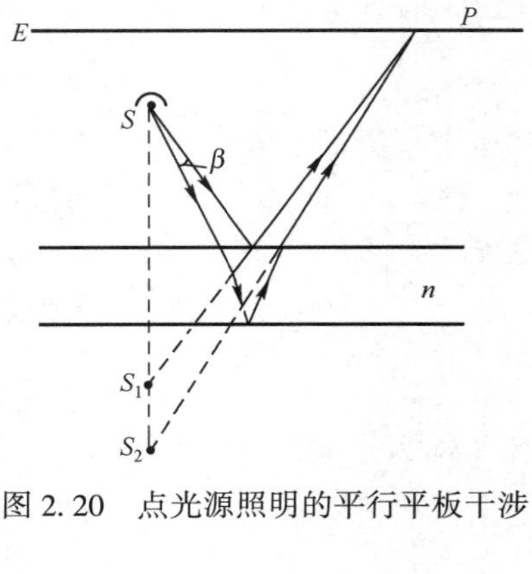

图 2.20　点光源照明的平行平板干涉

射光分出来的两束反射光 AD 和 CE 相交于无穷远),或以望远镜观察到,望远镜的焦平面 F 为定域面。在定域面上发生的干涉,允许我们使用足够大的光源,从而获得足够亮度又非常清晰的干涉条纹,为干涉测量提供最为有利的条件。

2.5.2 等倾条纹

下面讨论用望远镜观察时,在望远镜焦平面上形成的干涉条纹。如图 2.21 所示,从光源 S 出发的到达望远镜物镜焦平面上任一点 P 的两束光 $SADP$ 和 $SABCEP$ 是由同一束入射光 SA 分出来的,并且离开平行平板时互相平行,它们的光程差为

$$\mathscr{D} = n(AB+BC) - n'AN$$

式中,n 和 n' 分别是平板折射率和周围介质的折射率,N 是从 C 点向 AD 所引的垂线的垂足。自 N 点和自 C 点到物镜焦平面上 P 点的光程相等。

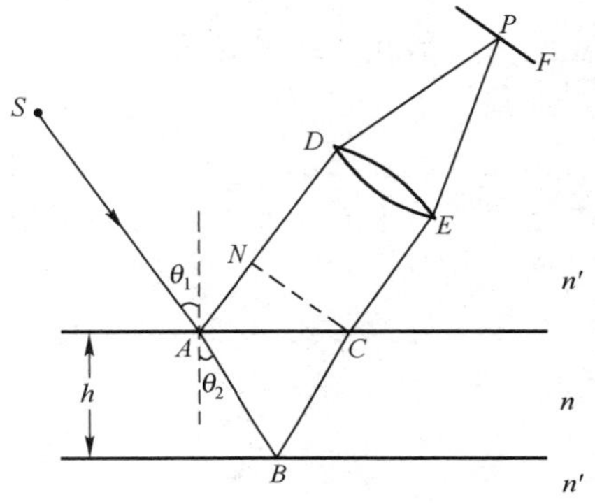

设平行平板的厚度为 h,入射光在平板上表面的入射角和折射角分别为 θ_1 和 θ_2,则由图 2.21 可见

$$AB = BC = h/\cos\theta_2$$

$$AN = AC\sin\theta_1 = 2h\tan\theta_2\sin\theta_1$$

并且

$$n'\sin\theta_1 = n\sin\theta_2$$

因此

$$\mathscr{D} = 2nh\cos\theta_2 \qquad (2.5\text{-}1)$$

或者

$$\mathscr{D} = 2h\sqrt{n^2 - n'^2\sin^2\theta_1} \qquad (2.5\text{-}2)$$

图 2.21 平行平板的分振幅干涉

这两个式子表达的光程差还不完整,因为两束光都在平板表面反射,还应考虑光在平板表面反射时"半波损失"引起的**附加程差**。显然,当平板两边介质的折射率小于或大于平板的折射率时,从平板两表面反射的两束光中有一束光发生"半波损失",此时需要加上附加程差 $\lambda/2$,因此

$$\mathscr{D} = 2nh\cos\theta_2 + \frac{\lambda}{2} \qquad (2.5\text{-}3)$$

当平板折射率介于两边介质折射率时,两束反射光都发生或都没有发生"半波损失",这时没有附加程差,光程差仍用式(2.5-1)式(2.5-2)表示。

在求得两束反射光在 P 点的光程差后,就可以写出在焦平面上两束光的干涉强度表达式

$$I = I_1 + I_2 + 2\sqrt{I_1 I_2}\cos\frac{2\pi}{\lambda}\mathscr{D} \qquad (2.5\text{-}4)$$

式中,I_1 和 I_2 分别是两束反射光的强度。由上式可见,随着焦平面上不同的位置对应的 $\mathscr{D}$ 的变化,将有一组亮暗条纹。亮、暗条纹分别取决于条件

$$\mathscr{D} = \begin{cases} m\lambda & \text{(亮条纹)} \\ \left(m+\dfrac{1}{2}\right)\lambda & \text{(暗条纹)} \end{cases} \qquad (m=0,1,2,\cdots)$$

对于平行平板,折射率 n 和厚度 h 均为常数,因而光程差 $\mathscr{D}$ 的变化只是来源于入射光在平板上不同的入射角 θ_1(或折射角 θ_2)。这样,在平板上具有相同入射角的光束经平板两表面反射后形成的反射光在相遇点有相同的光程差,或者说,入射倾角相同的光束将形成同一干涉条纹,因此,这种干涉条纹称为**等倾条纹**。

观察平行平板形成的等倾条纹，通常使望远镜光轴垂直于平板表面。图 2.22(a)所示是一种简单观察装置，图中 M 是玻璃片，它把来自扩展光源 S_1,S_3 的光反射向平板 G，并让从平板反射回来的一部分光透过，再射向望远镜物镜 L，物镜 L 把光束会聚在它的焦平面 F 上发生干涉。从装置的轴对称性容易看出，在物镜 L 的焦平面上将得到一组等倾圆条纹，每一条纹与光源各点发出的相同入射角（在不同入射面内）的光线对应，而圆心则与 $\theta_1=\theta_2=0$ 的光线对应。图 2.22(b)是条纹的照片。另外，还可以看出，光源的扩展对条纹对比度没有影响。因为扩展光源上每一点都给出一组等倾圆条纹，它们彼此准确重合，没有位移。例如，光源 S_1,S_2，S_3（图 2.22(c)）发出的平行光线 1,2,3 经玻璃片 M 反射垂直地投射到平板 G 上，再从平板 G 两表面反射后通过玻璃片 M 和物镜 L 会聚于物镜的焦点 P_0，P_0 就是焦平面上等倾圆条纹的圆心。平行光线 $1',2'$ 和 $2'',3''$ 通过系统后则分别会聚于焦平面上的 P' 和 P''。可见，等倾条纹的位置只与形成条纹的光束的入射角有关，而与光源的位置无关。因此，光源的扩大，只会增加干涉条纹的光强，并不会影响条纹的对比度。

从光程差公式(2.5-3)可以看出，在等倾圆条纹中越接近圆心，角 θ_2 越小，平板上下表面反射出来的两束光的光程差就越大，因而干涉级也越高。因此，若要研究厚度较大的平板的等倾圆条纹，必须采用单色性很好的光源。

利用光程差公式(2.5-3)，还可以导出等倾条纹的角间距 $\Delta\theta_1$（相邻两条纹对物镜中心的张角）的表达式。令

$$2nh\cos\theta_2+\frac{\lambda}{2}=m\lambda$$

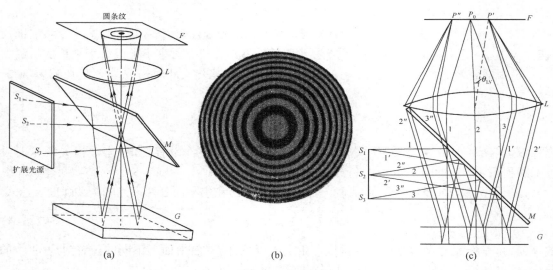

图 2.22　等倾圆条纹的原理图

将上式等号左边对 θ_2，右边对 m 求微分，得到

$$-2nh\sin\theta_2\mathrm{d}\theta_2=\lambda\,\mathrm{d}m$$

取 $\mathrm{d}m=1$，相应地 $\mathrm{d}\theta_2=\Delta\theta_2$，因此

$$\Delta\theta_2=-\frac{\lambda}{2nh\sin\theta_2}$$

式中，负号仅表示随着 θ_2 增大，$\Delta\theta_2$ 单调减小，故可以只考虑其绝对值。利用折射定律 $n'\sin\theta_1 = n\sin\theta_2$，取微分得 $n'\cos\theta_1\Delta\theta_1 = n\cos\theta_2\Delta\theta_2$，并当 θ_1 和 θ_2 很小时，取 $\cos\theta_1 \approx \cos\theta_2 \approx 1$，$\sin\theta_1 \approx \theta_1$，即可得到角间距

$$\Delta\theta_1 \approx \frac{n\lambda}{2n'^2\theta_1 h} \tag{2.5-5}$$

可见 $\Delta\theta_1$ 与 θ_1 成反比，这表示靠近圆心的条纹较疏，离圆心远的条纹较密。另外，平板越厚条纹也越密。

例题 2.5　在图 2.23 所示的检验平行平板厚度均匀性的装置中，D 是用来限制平板受照面积的光阑。当平板相对于光阑水平移动时，通过望远镜 T 可观察平板不同部分产生的条纹。（1）平板由 A 处移到 B 处，观察到有 10 个暗环向中心收缩并一一消失。试决定 A 处和 B 处对应的平板厚度差。（2）所用光源的光谱宽度为 0.05 nm，平均波长为 500 nm，问只能检验多厚的平板？（平板的折射率为 1.5）。

解　（1）由平板干涉的光程差公式

$$\mathscr{D} = 2nh\cos\theta_2 + \frac{\lambda}{2}$$

可知条纹向中心收缩是由于平板的厚度由 A 到 B 在逐渐减小。对于中心条纹，$\theta_2 = 0$，故

$$\mathscr{D} = 2nh + \frac{\lambda}{2} = m\lambda$$

并且

$$\mathrm{d}h = \frac{\lambda}{2n}\mathrm{d}m$$

当 $\mathrm{d}m = 10$ 时，平板厚度变化为

$$\mathrm{d}h = \frac{500\times10^{-6}}{2\times1.5}\times10 \text{ mm} = 1.67\times10^{-3} \text{ mm}$$

（2）按题设，光源的相干长度为

$$2L = \frac{\overline{\lambda}^2}{\Delta\lambda} = \frac{(500\times10^{-6})^2}{0.05\times10^{-6}} \text{ mm} = 5 \text{ mm}$$

因此平板干涉的光程差必须小于 5 mm，即

$$2nh < 5 \text{ mm}$$

故可检验的平板厚度为

$$h < \frac{5}{2n} \text{ mm} = 1.67 \text{ mm}$$

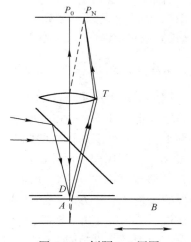

图 2.23　例题 2.5 用图

例题 2.6　在透镜表面镀上增透膜可以减少光的反射，增加透射。通常增透膜的材料是氟化镁，折射率 $n = 1.38$；若使透镜对人眼和照相底片最敏感的黄绿光（波长 $\lambda = 550$ nm）反射最小，问增透膜的厚度应为多少？

解　设增透膜的厚度为 h，光线以接近于正入射的角度射在薄膜上（见图 2.24）。由于在薄膜上、下表面反射的光线都有半波损失，所以其光程差为 $2nh$；若光的反射为最小，光程差应满足条件

$$2nh = \left(m+\frac{1}{2}\right)\lambda, \qquad m = 0,1,2,\cdots$$

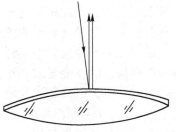

图 2.24　在透镜表面镀增透膜

取最小膜厚(相应于 $m=0$),可得

$$h = \frac{\lambda/2}{2n} = \frac{\lambda}{4n} = \frac{550}{4 \times 1.38} \text{nm} \approx 100 \text{ nm}$$

增透膜只能使某个波长的反射光达到最小,对于其他波长相近的光也有不同程度的减小反射的作用。本例的增透膜对黄绿光反射最小,而对于波长离开 550 mm 较远的红光和蓝光的反射,减小不多,这是增透膜通常呈紫红色的原因。

2.6 楔形平板产生的干涉

如同平行平板一样,楔形平板也可以产生非定域干涉和定域干涉。图 2.25 所示是一楔形平板,由点光源 S 照明。显然,对于平板外任一点 P 都有两束发自光源 S 并经平板两表面反射的相干光到达,所以在平板外空间任意地方放置一个观察屏幕,都可以在屏幕上观察到干涉条纹,这种条纹是非定域条纹。但是,如果光源是一个以 S 为中心的扩展光源,情况就不同了。这时,由于光源的空间相干性的影响,不再能够在平板外空间的任意平面上看到干涉条纹,而只能在定域面及其附近看到干涉条纹,即干涉条纹是定域的。同样,在楔形平板干涉的情形下,我们只对定域条纹感兴趣。

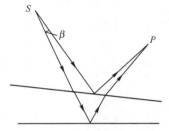

图 2.25　点光源照明楔形平板产生的干涉

2.6.1　定域面和定域深度

楔形平板干涉定域面的位置,也可以根据表征光源空间相干性的关系 $b_c = \lambda/\beta$,由 $\beta=0$ 的作图法确定。如图 2.26(a) 所示,以 S 为中心的扩展光源照明楔形平板,入射光 SA_1 和 SA_2 由楔形平板两表面反射形成的两对反射光分别相交于 P_1 和 P_2 点,因此在 P_1 和 P_2 点的干涉对应于 $\beta=0$。利用同样的作图法,还可以得到对应于不同入射光的交点 $P_3,P_4,P_5,\cdots$(图中未画出),这些点可构成一个空间曲面,这即为楔形平板的干涉定域面。由图可见,当光源与楔形平板的棱边各在一方时,定域面在楔形平板的上方;当光源与楔形平板棱边在同一方时,定域面在楔形平板的下方(图 2.26(b))。楔形平板两表面的楔角越小,定域面离平板越远,当楔形平板变为平行平板时,定域面过渡到无穷远。在楔形平板两表面的楔角不是太小,并且楔形平板或厚度不规则变化的薄膜的厚度足够小时,定域面实际上很接近楔形平板和薄膜的表面。因此,观察薄膜产生的定域干涉条纹,通常把眼睛、放大镜或显微镜调节在薄膜的表面。如用照相机拍摄条纹时,要将照相机对薄膜表面调焦,使之成像于底片平面。在日常生活中,我们注视水面上的油膜或肥皂泡等薄膜的表面时,看到薄膜在日光照射下呈现出五彩缤纷的花纹,就是多色光在薄膜表面形成的彩色干涉条纹。

在实际的干涉装置中,所使用的扩展光源只要有相当的宽度(一般为几厘米),便可满足对所产生条纹的亮度要求。设光源宽度为 5 cm,它发出的光波波长为 500 nm,则根据关系式: $b_c = \lambda/\beta$,在 $\beta<2''$ 所确定的区域还是可以看到条纹的。因此,干涉条纹不仅发生在 $\beta=0$ 所确定的定域面上,在定域面附近的区域内也能看到条纹,只是条纹的对比度随着离开定域面的距离增大而减小。如果把使用扩展光源时能够看到干涉条纹的空间范围叫作定域区域的话,那么**干涉定域是具有一定深度的**(即离开定域面一定距离仍可看到条纹)。显然,定域深度的大小

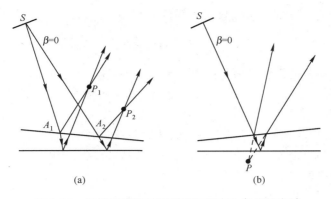

图 2.26　用扩展光源时楔形平板所产生条纹的定域

与光源宽度成反比。另外,定域深度也与干涉装置有关,例如对于非常薄的平板或薄膜,则不论观察点在何处,它对应的 β 角实际上都很小,因此干涉定域的深度很大。这样,即便使用宽度大的光源,定域区域也包含薄板或薄膜的表面,所以当我们把眼睛和观察仪器调节在薄板或薄膜表面时,能够看到清晰的干涉条纹。

2.6.2　楔形平板产生的等厚条纹

现在讨论在楔形平板表面发生的干涉。设由光源中心点 S 发出的两束入射光经平板两表面反射后相交于 P 点(图 2.27),两束光在 P 点的干涉效应由两束光的光程差

$$\mathscr{D}=n'(SA+CP)+n(AB+BC)-n'(SA+AP)+\frac{\lambda}{2}$$

决定。式中,n 是楔形平板的折射率,n' 是平板周围介质的折射率。光程差 $\mathscr{D}$ 的精确值一般不容易计算,但是实际上楔形平板的厚度通常都很小,这样可近似地用平行平板光程差的计算公式来代替,即

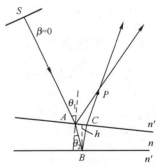

图 2.27　楔形平板表面
发生的干涉

$$\mathscr{D}=2nh\cos\theta_2+\frac{\lambda}{2} \qquad (2.6\text{-}1)$$

式中,h 是楔形平板在 P 点处的厚度,θ_2 是光线在平板内的入射角。楔形平板表面干涉强度的极大值(亮纹)和极小值(暗纹)分别位于满足下列条件的地方:

$$\mathscr{D}=\begin{cases}m\lambda & (m=1,2,\cdots) \quad (\text{极大值})\\ \left(m+\frac{1}{2}\right)\lambda & (m=0,1,2,\cdots) \quad (\text{极小值})\end{cases}$$

楔形平板表面干涉条纹的形状与照明和观察的方式有很大关系。实际应用中最常采用的照明方式是让入射光垂直照射平板,其照明和观察系统如图 2.28 所示。图中 S 是扩展光源,位于准直透镜 L_1 的前焦面上,S 发出的光束经透镜 L_1 准直后射向玻璃片 M,再从玻璃片反射垂直投射到楔形平板。入射光束在楔形平板表面的干涉通过观察显微镜

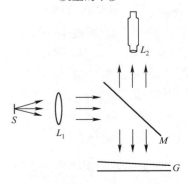

图 2.28　楔形平板干涉的照明
和观察系统

L_2 进行观测。在垂直照明的情况下,楔形平板的光程差公式(2.6-1)变为

$$\mathscr{D} = 2nh + \frac{\lambda}{2} \qquad (2.6-2)$$

由上式可见,如果所研究的楔形平板的折射率是均匀的,那么平板表面上各点对应的光程差就只依赖于所在处平板的厚度 h。因此,干涉条纹与平板上厚度相同点的轨迹(等厚线)相对应,这种条纹称为**等厚条纹**。

楔形平板上厚度相同点的轨迹是平行于楔棱的直线,所以楔形平板表面的等厚条纹是一些平行于楔棱的等距直线,如图2.29所示。由于相邻亮条纹或暗条纹对应的光程差相差一个波长,所以相邻亮条纹或暗条纹对应的厚度差为

$$\Delta h = \frac{\lambda}{2n} \qquad (2.6-3)$$

由图2.29可以看出,楔形平板相邻亮条纹或暗条纹之间的距离,即条纹间距为

$$e = \frac{\lambda}{2n\alpha} \qquad (2.6-4)$$

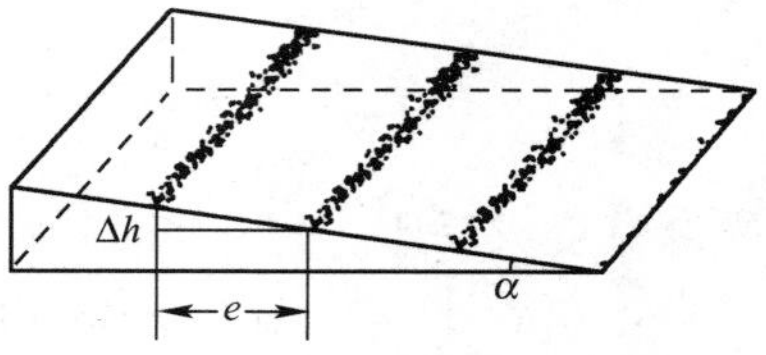

图 2.29　楔形平板的等厚条纹

式中,α 是楔形平板的楔角,设 α 很小。上式表明,条纹间距不仅与楔形平板的楔角 α 有关,还与光波波长有关。波长较长的光形成的条纹间距较大,波长较短的光形成的条纹间距小。因此,当使用白光光源时,除光程差等于零的零级条纹仍为白色外,零级附近的条纹将带有彩色,并有一定的色序。根据白光条纹的这两个特点,可以利用白光条纹来确定零程差位置和按颜色来估计光程差的大小。

2.6.3　等厚条纹的应用

因为等厚条纹能够反映两个表面夹成的薄层的厚度变化情况,所以在精密测量和光学零件加工中常利用等厚条纹的条纹形状、条纹数目、条纹移动以及条纹间距等特征,检验零件的表面质量、局部误差(表面粗糙度),测量微小的角度、长度及其变化,测量球面的曲率半径等。下面仅举两例。

1. 薄片厚度的测量

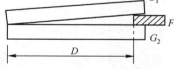

如图2.30所示,在两块平行板 G_1 和 G_2 之间,一端完全贴合,另一端垫以厚度为 h 的薄片 F,因而在两块平行平板之间形成一个楔形空气薄层,薄层一端的厚度为零,另一

图 2.30　两平行平板夹成的
楔形空气层

端的厚度为 h。将这一装置置于图2.28所示系统中代替楔形平板 G,调节观察显微镜对准平板之间的楔形空气层,可看到空气层所产生的等距直线条纹。若已知光波波长为 λ,测量出楔形空气层的长度为 D,条纹间距为 e,那么空气层的最大厚度,即薄片 F 的厚度可由下式计算:

$$h = \frac{D}{e} \cdot \frac{\lambda}{2} \qquad (2.6-5)$$

2. 透镜曲率半径的测量

在一块平面玻璃板上,放置一个曲率半径 R 很大的平凸透镜(图2.31),在透镜的凸表面和玻璃板的平面之间便形成一个厚度由零逐渐增大的空气薄层。当以单色光垂直照明时,在

空气层上形成一组以接触点 O 为中心的中央疏边缘密的圆环条纹,称为**牛顿环**。用读数显微镜测量出牛顿环的半径,即可以计算透镜的曲率半径。计算原理如下:设测量出由中心向外计算第 N 个暗环的半径为 r,则由图 2.31 可得

$$r^2 = R^2 - (R-h)^2 = 2Rh - h^2$$

式中 R 是透镜凸表面的曲率半径,h 是该暗环对应的空气层厚度。h 比 R 要小得多,上式中 h^2 可略去,因此

$$h = \frac{r^2}{2R} \tag{2.6-6}$$

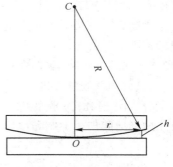

图 2.31　牛顿环装置

再由第 N 个暗环满足的光程差条件

$$2h + \frac{\lambda}{2} = \left(N + \frac{1}{2}\right)\lambda \tag{2.6-7}$$

得到

$$h = N\frac{\lambda}{2} \tag{2.6-8}$$

将上式代入式(2.6-6)得

$$R = \frac{r^2}{N\lambda} \tag{2.6-9}$$

对于牛顿环条纹,还应注意的是,在透镜凸表面和玻璃板的接触点处,$h=0$,对应的光程差 $\mathscr{D} = \lambda/2$,所以牛顿环中心是一暗斑[①]。

牛顿环条纹除了被用来测量透镜的曲率半径,在光学车间里,广泛地被用来检验光学零件的表面质量。常用的玻璃样板检验光学零件表面质量的方法,就是利用与牛顿环类似的干涉条纹,这种条纹形成在样板表面和待检零件之间的空气层上,俗称"光圈"(图 2.32)。根据光圈的形状、数目以及用手加压后条纹的移动,就可检验出零件的偏差。例如,当条纹是一些完整的同心圆环时,表示零件没有局部误差;从光圈数的多少,可以确定样板和零件表面曲率半径偏差的大小。设零件表面的曲率半径为 R_1,样板曲率半径为 R_2,它们的曲率差 $\Delta C = \frac{1}{R_1} - \frac{1}{R_2}$。根据图 2.32 的几何关系有

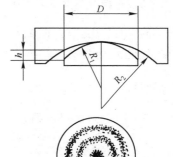

图 2.32　用样板检验光学零件表面质量

$$h = \frac{D^2}{8}\left(\frac{1}{R_1} - \frac{1}{R_2}\right) = \frac{D^2}{8}\Delta C$$

式中,h 为空气夹层的最大厚度,D 为零件直径。关于上式的推导请扫二维码。

如果 D 内包含 N 个光圈,由式(2.6-8):

$$h = N\frac{\lambda}{2}$$

因此得到

$$\Delta C = \frac{4\lambda}{D^2}N \tag{2.6-10}$$

---

① 在某些特殊情况下,在透镜凸表面和玻璃板之间充以某种物质,其折射率介于透镜和玻璃板的折射率之间,这时牛顿环中心是亮斑。

根据光圈数,由上式便可确定零件和样板的曲率差。

例题 2.7 集成光学中的楔形薄膜耦合器如图 2.33 所示。沉积在玻璃衬底上的是氧化钽(Ta_2O_5)薄膜,其楔形端从 A 到 B 厚度逐渐减小为零。为测定薄膜的厚度,用波长 $\lambda = 632.8\ mm$ 的 He-Ne 激光垂直照明,观察到薄膜楔形端共出现 11 条暗纹,且 A 处对应一条暗纹,问氧化钽薄膜的厚度是多少?(Ta_2O_5 膜对 632.8 mm 激光的折射率为 2.21)。

解 由于 Ta_2O_5 膜的折射率大于玻璃折射率,故入射光只在薄膜上表面反射有半波损失,因此楔形薄膜产生的暗条纹满足条件

$$\mathscr{D} = 2nh + \frac{\lambda}{2} = \left(m + \frac{1}{2}\right)\lambda \qquad m = 0, 1, \cdots$$

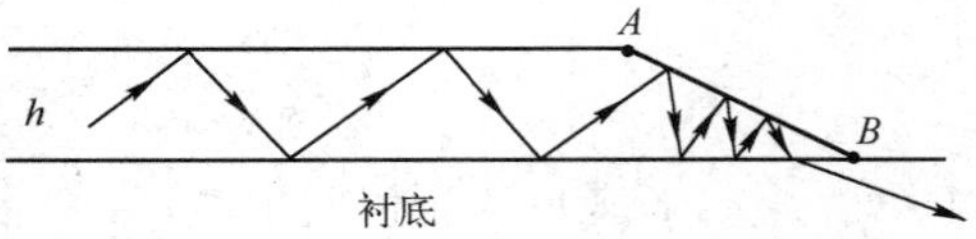

在 B 处,$h = 0$,$\mathscr{D} = \lambda/2$,$m = 0$,所以 B 处对应一暗纹。第 11 条暗纹在 A 处,$m = 10$,因此

$$\mathscr{D} = (m + 1/2)\lambda = (10 + 1/2)\lambda$$

所以 A 处的薄膜厚度为 $\quad h = \dfrac{10\lambda}{2n} = \dfrac{10 \times 632.8 \times 10^{-6}}{2 \times 2.21}\ mm = 0.0014\ mm$

例题 2.8 证明图 2.31 的牛顿环装置产生的牛顿环条纹:

(1) 其间距 e 满足关系:$e = \dfrac{1}{2}\sqrt{\dfrac{R\lambda}{N}}$,式中,$N$ 是由中心向外计算的暗条纹数,λ 是单色光波长;

(2) 若相距 k 个条纹的两个环的半径分别为 r_N 和 r_{N+k},则 $R = \dfrac{r_{N+k}^2 - r_N^2}{k\lambda}$。

证 (1) 由式(2.6-9)得 $\qquad r_N^2 = NR\lambda$

对上式微分,有 $\qquad\qquad 2r_N dr = R\lambda\, dN$

当 $dN = 1$ 时,$dr = e$,故 $\qquad e = \dfrac{R\lambda}{2r_N} = \dfrac{1}{2}\sqrt{\dfrac{R\lambda}{N}}$

(2) 由于 $r_N^2 = NR\lambda$ 和 $r_{N+k}^2 = (N+k)R\lambda$,得到

$$r_{N+k}^2 - r_N^2 = (N + k - N)R\lambda$$

因此 $\qquad\qquad R = \dfrac{r_{N+k}^2 - r_N^2}{k\lambda}$

图 2.33 例题 2.7 用图

2.7 迈克耳孙干涉仪

迈克耳孙干涉仪是迈克耳孙为了研究"以太"是否存在而设计的。仪器的结构简图如图 2.34 所示,G_1 和 G_2 是两块折射率和厚度都相同的平行平面玻璃板,分别称为分光板和补偿板。G_1 的背面镀一层银质或铝质的半反射膜 A,G_1 和 G_2 互相平行。M_1 和 M_2 是两块平面反射镜,它们与 G_1 和 G_2 约成 45°角。从扩展光源 S 来的光,在 G_1 的半反射膜 A 上反射和透射后分为强度相等的两束光 Ⅰ 和 Ⅱ。光束 Ⅰ 射向反射镜 M_1,在 M_1 反射后折回再透过 A 进入观

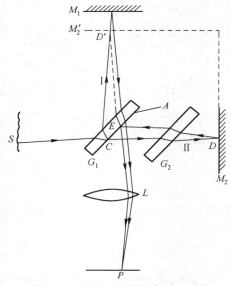

图 2.34 迈克耳孙干涉仪结构简图

察系统 L(人眼或其他观察仪器);光束 II 通过 G_2 并经 M_2 反射折回到 A,在 A 反射后也进入观察系统 L。光束 I 和 II 相遇时发生干涉。

1. 条纹性质

为了研究迈克耳孙干涉仪所形成的干涉条纹的性质,可以做出虚平面 M_2',它是平面镜 M_2 在半反射膜 A 中的虚像,位置在 M_1 附近。当在 L 处观察时,可直接看到镜面 M_1 和 M_2 的虚像 M_2',此两表面构成一个虚平板(虚空气层)。容易看出,从 S 沿 $SCDEP$ 路径到达 P 点的光程等于沿 $SCD'EP$ 路径到达 P 点的光程,因此可以认为观察系统接收到的干涉图是由实反射面 M_1 和虚反射面 M_2' 构成的虚平板产生的。虚平板的一定的厚度和楔角可以通过调节 M_1 和 M_2 反射镜来实现:在 M_1 和 M_2 反射镜的背面各有三个调节螺钉用来调节它们的相对位置;M_1 安置在一滑座上,滑座可沿精密导轨平移,以改变虚平板的厚度。这样,利用迈克耳孙干涉仪可以产生厚的或薄的平行平板和楔形平板的干涉现象。

当调节反射镜 M_2,使它的反射像 M_2' 与 M_1 平行时,观察到的干涉图与 2.5 节讨论的一样,是一组定域在无穷远的等倾圆环条纹。这时,如将 M_1 移向 M_2'(虚平板厚度减小),条纹向中心收缩,并在中心——消失。M_1 每移动 $\lambda/2$ 的距离,在中心消失一个条纹。但是,当虚平板的厚度逐渐减小时,条纹的角间距增大[见式(2.5-5)],条纹将疏松起来。当 M_1 与 M_2' 完全重合时,视场是均匀的,因为这时对于各种倾角的入射光,光程差均相等。如果继续移动 M_1,使 M_1 逐渐离开 M_2',则条纹不断由中心冒出,并且随虚平板厚度的增大,条纹又逐渐密集起来。

如果调节 M_2,使它的反射像 M_2' 与 M_1 相互倾斜成一个角度,并且当 M_2' 和 M_1 比较接近时,所观察到的干涉图则与上一节讨论的楔形平板的干涉图一样,条纹定域在楔表面附近。迈克耳孙干涉仪产生的这种条纹一般不属于等厚条纹,只是当楔形虚平板很薄,并且观察面积很小时,可以近似地看成是等厚条纹(这时可认为入射光有相同的入射角),它们是一些平行于楔棱的等距直线。但是,如果 M_2' 和 M_1 的距离较大,干涉条纹将偏离等厚线而发生弯曲,这是因为这时光程差随入射光束入射角变化已经比较明显。

此外,与平行平板的条纹一样,反射镜 M_1 每移动 $\lambda/2$,楔形平板条纹就移动一个。

2. 白光条纹

当楔形虚平板极薄时(M_1M_2' 距离仅几个波长),如使用白光光源,则可以观察到中央条纹是白色的,边缘条纹是彩色的。如果 M_1 和 M_2' 相交错,交线上的条纹对应于虚平板的厚度 $h=0$,此处条纹是白色的,它的两侧则为彩色条纹。[①]

观察白光条纹时干涉仪中的补偿板 G_2 是不可缺少的。如不加 G_2,光束 I 经过玻璃板 G_1 三次,而光束 II 则经过一次;加入 G_2 后光束 II 也经过玻璃板 G_1 三次,因而得到补偿。这种补偿在单色光照明时并非必要,光束 I 经过玻璃板所增加的光程可以用空气中的行程补偿。但是用白光光源时,因为玻璃有色散,不同波长的光有不同的折射率,因而不同波长的光通过玻璃板时所增加的光程不同,这是无法用空气中的行程来补偿的,这时必须加入 G_2 才能同时补偿各种波长的光程差。

白光条纹在迈克耳孙干涉仪中极为有用,它使我们能够准确地确定反射镜 M_1 和 M_2 至半反射膜 A 的等光程位置,对于干涉仪的一些应用来说,这一点非常必要。

---

① 干涉仪的光束 I 和 II 在半反射金属膜上反射引起的附加程差与金属材料及其厚度有关,通常接近于零,故交线条纹一般为白色。

请扫二维码观看迈克耳孙干涉仪的实验演示。

3. 应用

迈克耳孙干涉仪的主要优点是两束相干光完全分开,它们的光程差可由一个镜子的平移任意改变,并且很容易调节干涉仪产生平行平板或楔形平板的干涉。因此,迈克耳孙干涉仪有着广泛的应用,在光学史上具有重要的价值,这里仅介绍两个方面的应用。

（1）光波长测量与米的标准化

前面提及,在使用单色光源时,如果调节干涉仪反射镜 M_2,使它的反射像 M_2' 与 M_1 平行,则可观察到干涉仪产生的等倾圆条纹。并且,当 M_1 移向 M_2',即虚平板厚度 h 减小时,条纹向中心收缩,在中心——消失。M_1 每移动 $\lambda/2$,在中心消失一个条纹。如果在实验中精确测量出 M_1 移动距离为 Δh,条纹消失的数目为 N,则所使用的单色光波波长就是

$$\lambda = 2\Delta h / N \qquad\qquad (2.7\text{-}1)$$

在一个典型的实验中,测出 $\Delta h = 2.90 \times 10^{-2}$ cm,$N = 1000$,则单色光波波长为 $\lambda = 580$ nm。

迈克耳孙曾把上述方法用于长度单位——米的标准化。他发现镉红线（$\lambda = 643.85$ nm）是一种理想的单色光源,因此可用镉红线的波长作为米标准化的基准。通过测量,他确定

$$1\ \text{m} = 1\,533\,164.13\ \text{镉红线波长}$$

后来,一些科学工作者发现氪同位素（Kr^{86}）的橙色谱线（$\lambda = 605.78$ nm）比镉红线具有更窄的波长范围,因此,如利用氪橙线的波长作为基准,上述度量工作将更加精确。1960 年,国际度量衡委员会决定采用氪橙线的波长作为基准,规定

$$1\ \text{m} = 1\,650\,763.73\ \text{氪橙线波长}$$

这里要说明的是,1983 年,第十七届国际计量大会通过了新的米定义:“米等于光在真空中 299792458 分之一秒的时间间隔内所经路径的长度。”

（2）傅里叶变换光谱仪

近代,迈克耳孙干涉仪被用来做成傅里叶变换光谱仪,分析光源的光谱分布。光谱仪主要由两部分组成:一台迈克耳孙干涉仪和一套做傅里叶变换运算的记录和处理系统,如图 2.35 所示。

假设光源在波数 k 处的谱密度为 $i_0(k)$[①],那么在干涉场中对应于光程差为 $\mathscr{D}$ 的 P 点,测得的光源在 k 到 $k+dk$ 范围内的光强应为 $i_0(k)dk(1+\cos k\mathscr{D})$,对于光源包含的整个波段来说,在 P 点的总光强就是

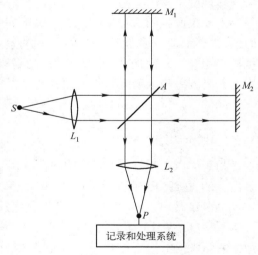

图 2.35　傅里叶变换光谱仪

$$I(\mathscr{D}) = \int_0^\infty i_0(k)(1 + \cos k\mathscr{D})\,dk$$

$$= \int_0^\infty i_0(k)\,dk + \int_0^\infty i_0(k)\,\frac{\exp(ik\mathscr{D}) + \exp(-ik\mathscr{D})}{2}\,dk$$

---

① k 处的谱密度即 k 处单位波数间隔内的光强。

$$= \frac{1}{2}I(0) + \frac{1}{2}\int_{-\infty}^{\infty} i_0(k)\exp(ik\mathscr{D})\mathrm{d}k$$

或者
$$W(\mathscr{D}) = 2I(\mathscr{D}) - I(0) = \int_{-\infty}^{\infty} i_0(k)\exp(ik\mathscr{D})\mathrm{d}k \tag{2.7-2}$$

可见谱密度 $i_0(k)$ 是强度函数 $W(\mathscr{D})$ 的傅里叶变换。因此，只要通过干涉仪记录下作为光程差函数的强度函数 $W(\mathscr{D})$（平移 M_1 改变两束光的光程差 $\mathscr{D}$，并记录 P 点的强度变化），就可以由傅里叶变换运算（记录和处理系统完成）得到谱密度函数 $i_0(k)$。光谱仪最终输出一张 $i_0(k)$ 的光谱图。

傅里叶变换光谱仪相对于一般的棱镜和光栅光谱仪的主要优点是，利用光能的效率高，在有相同分辨本领的情况下，其收集到待测光谱的能量比一般光谱仪高两个数量级以上。此外，由于傅里叶变换光谱仪是同时记录所有光谱信息的，所以它将显著地提高测量的信噪比。这些优点，使傅里叶变换光谱仪对于分析气体的复杂而光强很弱的红外光谱特别有用。

此外值得一提的是，人类在 2016 年首次正式探测到宇宙涟漪——引力波的信号，正是借助了基于迈克耳孙干涉仪原理构建的激光干涉探测系统。而我国的"天琴"计划和"太极"计划，将在太空构建激光干涉仪，以期为人类研究引力波、探索宇宙奥秘做出举足轻重的贡献。同时我们也看到，每一套大科学装置，从科学原理到技术实现，都离不开一大批科学家和技术人员坚持不懈的协同配合。

*2.8 激光的相干性与激光干涉测量

前面 2.4 节中关于光源大小与单色性对干涉条纹对比度的影响是基于普通光源展开讨论的。1960 年世界上第一台红宝石激光器的诞生，揭开了激光科学与技术快速发展的篇章。激光器是一类基于受激辐射机制的特殊光源，一般而言，其较之普通光源具有非常好的相干性，是当今干涉类实验和干涉测量应用的优选光源。下面我们对激光的空间相干性、时间相干性，以及激光干涉测量应用作简单介绍。

2.8.1 激光的空间相干性

普通扩展光源的空间相干性取决于光源的宽度，这是因为光源上不同点发出的光是不相干的，它们各自形成一组条纹，这些条纹彼此错开，叠加后降低了条纹对比度。而激光器由于其独特的受激辐射机制，其出光口横截面上不同点发出的光相互间是相干或部分相干的。因此激光的空间相干性并非取决于其出光口的大小，其空间相干性比普通光源好得多。

以杨氏干涉实验为例，若使用普通扩展光源，如图 2.3 所示，需要使用小孔 S 限制光源面积，才可能在观察屏上观察到干涉条纹。然而，若使用激光器作为光源，则不需使用小孔 S 进行限制，只需让激光斑覆盖两个小孔 S_1 和 S_2，即使两个小孔的间距较大，所获得的干涉条纹也会具有较高的对比度。

激光的空间相干性与其方向性（常以光束发散角表达）以及光束质量有着紧密的关联。激光具有横模和纵模，横模表示横向光场分布，纵模则表示轴向光场分布。一般而言，相同横模的光波具有相干性，即光波之间具有固定位相关系，而不同横模之间的光波并不具有相干性。因此，当激光器只输出一个横模（通常是基横模）时，激光的空间相干性将非常好；而当激光器同时输出多个横模时，激光的空间相干性便会变差。因为多横模输出也意味着光束的方向性与光束质量变差,所以我们也可以说,激光的空间相干性与其方向性、光束质量具有直接的关系。

2.8.2　激光的时间相干性

激光光源一般具有很好的单色性,即输出的激光光谱线宽很窄,因此激光光源一般都具有非常好的时间相干性。以氦氖激光器为例,其输出激光的光谱线宽通常在 10^{-3} nm 到 10^{-4} nm 量级。氦氖激光器输出的中心波长一般为 632.8 nm,假设光谱线宽为 10^{-4} nm(对应频率线宽约 75 MHz),根据式(2.4-12)

$$\mathscr{D}_{\max} = c \cdot \Delta t = \lambda^2 / \Delta \lambda = c / \Delta \nu \qquad (2.8\text{-}1)$$

可以算出其相干长度约为 4 m,相干时间约为 13 ns。相比相干长度只有厘米级别的钠灯,氦氖激光器在干涉类实验应用中具有显著的优势。例如在迈克耳孙干涉仪实验中,若使用相干长度为厘米量级的钠灯作为光源,就必须保证两路光束光程接近相等,否则难以观察到干涉条纹。但若使用氦氖激光器作为光源,对两路光束的光程差便不再有严格要求,即使没有补偿板,也容易调出干涉条纹。说明:若采用准直的单色激光束作为光源,并去掉补偿板,该干涉装置便称为特怀曼-格林(Twyman-Green)干涉仪,它是迈克耳孙干涉仪的变型。

对于相干长度不太长的光源,基于干涉法不难测量其相干长度。以特怀曼-格林干涉仪为例,如图 2.36 所示,激光束经透镜 L_1 和 L_2 准直后入射,略微倾斜反射镜 M_1,则两光束叠加干涉产生平行条纹,以 CMOS 探测器观察及记录干涉条纹,并在计算机中计算条纹对比度。当干涉仪两臂长度相等,即等光程时,干涉条纹对比度最高。接着以精密的移动机构驱动反射镜 M_2 沿光束方向前后平移,可以观察到条纹对比度随着偏离等光程位置的位移量增大而降低。

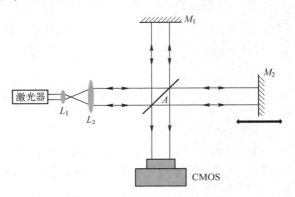

图 2.36　特怀曼-格林干涉仪

根据 2.4.2 节的讨论,当条纹对比度降为零时,两臂的光程差即光源的相干长度。M_2 沿前后平移都能找到条纹对比度降为零的临界位置,设对应的位移量为 $\pm L$,因为干涉仪两臂中光束均是往返一次,故相干长度为 $2L$。由于实际光源发出的并不是矩形波列,因此实际测量时相干长度也不用条纹对比度零点来衡量,通常测量的是对比度下降到最大值 $1/e$ 位置对应的位移量。

由于窄线宽激光在精密干涉测量、原子光钟等方面具有重要应用价值,人们对获取更窄激光线宽的追求一直未有停步。目前在一些气体及固体激光系统中,通过特殊的稳频控制技术,已经可以获得亚 Hz 级线宽的激光输出,对应的相干长度达到数十万千米。

2.8.3　激光干涉测量应用简介

激光干涉测量技术利用激光的高相干性,通过测量激光随时间或空间的位相变化,以实现对各种物理量的无接触精密检测。因具有测量范围宽、灵敏度和准确度高、实时性强等特点,该类技术被广泛应用于位置、速度、振动、形状、流体等的测量。

激光干涉测量技术可以按不同方式进行分类。例如,若按相干光束的空间关系分类,可以分为非共程干涉技术和共程干涉技术。前者的测量光束和参考光束沿不同的路径传播,如特怀曼-格林干涉仪和马赫-曾德尔(Mach-Zehnder)干涉仪;后者的测量光束和参考光束沿相同的路径传播,如激光斐索型干涉仪。若按参与干涉的光束数目分类,可以分为两光束干涉技术和多光束干涉技术,前面介绍过的干涉仪都属于两光束干涉技术,多光束干涉技术将在后续章节介绍。下面举例介绍两种具体的激光干涉测量应用。

1. 激光干涉测微位移

首先以一个简单的位移测量应用为例。仍利用图2.36所示的特怀曼-格林干涉仪,其中反射镜M_2安装在待测位移的物体上。为便于条纹移动的计数和方向判定,通常使激光准直入射,利用平行等距的等倾干涉条纹进行测量。当待测物体沿光轴方向产生微小位移时,M_1和M_2的光程差发生变化,条纹随之发生移动。设物体从轴向位置h_1移动到h_2,条纹移动了N条。与式(2.7-1)相似,因为这里光源波长已知,该式改为

$$\Delta h = h_2 - h_1 = N\lambda/2 \tag{2.8-2}$$

因此,通过准确记录条纹移动数N,即可计算出微小位移量Δh。

此案例中测量位移的原理简单,但实际中因振动、空气湍流等因素,容易使条纹出现抖动,要准确测量条纹移动数并不容易。如物体存在快速来回移动的情况,也会增大条纹测量的难度。尽管已有多种条纹移动计数及判向的方法被提出,但实现精确的条纹动态测量仍具有挑战性。请扫二维码观看激光干涉测量微位移的实验演示。

2. 激光移相干涉法测表面轮廓

接下来,介绍一种更为先进的干涉测量技术——激光移相干涉测量技术。在2.6节中,我们已经了解到可以利用等厚干涉条纹检测零件的表面质量。同理,利用上述的特怀曼-格林干涉仪,同样也可以通过测量条纹来检测待测物体的表面轮廓(表面质量)。如图2.37所示,此时M_2反射面为待测轮廓面,M_2不再需要移动。通过测量等厚干涉条纹的分布,可以估算出待测轮廓面的起伏形貌,干涉条纹每偏移一个条纹距离,对应待测面有半个波长的起伏量。

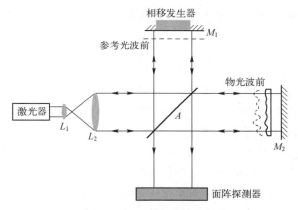

图2.37 激光移相干涉法测表面轮廓光路图

然而,由于振动、光源漂移、器件加工误差等因素导致的测量误差,直接单次测量表面轮廓是非常困难的。为了实现轮廓面的精确测量,可以引入移相测量法。

在反射镜M_1上增加一个相移发生器(通常为压电陶瓷驱动),使M_1的位置能做可控的微小周期性位移,从而精密控制参考臂的光程,即达到控制参考波面位相的目的。图中两干涉光可表示为

$$E_1(\boldsymbol{r}, t) = A_1 \exp[\mathrm{i}(\boldsymbol{k}_1 \cdot \boldsymbol{r} - \omega t - \delta)] \tag{2.8-3}$$

$$E_2(\boldsymbol{r}, t) = A_2 \exp[\mathrm{i}(\boldsymbol{k}_2 \cdot \boldsymbol{r} - \omega t + \phi)] \tag{2.8-4}$$

式中δ为相移发生器引入的位相移动量,$\phi(x,y)$为待测物表面起伏引入的位相,反映了待测物的表面轮廓信息。于是,干涉场的光强分布可表示为

$$I(x,y) = I_0(x,y)\{1+K\cos[\phi(x,y)+\delta]\} \tag{2.8-5}$$

式中 K 为干涉条纹对比度。相移发生器引入的位相移动量为

$$\delta = \frac{4\pi}{\lambda}\Delta l \tag{2.8-6}$$

Δl 表示 M_1 的位移量。

对于干涉场中的任意点 (x,y)，I 是 δ 的函数。将 $I(\delta)$ 用傅里叶级数表示，有

$$I(\delta) = a+b_1\cos\delta+b_2\sin\delta \tag{2.8-7}$$

将式 (2.8-5) 中的余弦函数展开，并与式 (2.8-7) 对比可知，$a=I_0$，$b_1=I_0K\cos\phi$，$b_2=I_0K\sin\phi$，因此

$$\phi(x,y) = \arctan\frac{b_2}{b_1} \tag{2.8-8}$$

控制相移发生器改变 N 次 δ，可获得 N 次不同的光强分布

$$I_n(\delta_n) = a+b_1\cos\delta_n+b_2\sin\delta_n \quad (n=0,1,\cdots,N) \tag{2.8-9}$$

利用最小二乘法，可以求出系数 b_1、b_2 与干涉场光强间的关系，从而求出 $\phi(x,y)$。根据测量次数的不同，运用上述原理求解 $\phi(x,y)$ 有多种方式。以较常用的四步相移法为例，由相移发生器控制产生 2π 周期的四等分相移，即 $\delta=0,\pi/2,\pi,3\pi/2$，并对应进行此次测量，则

$$\phi(x,y) = \arctan\frac{I_2(x,y)-I_4(x,y)}{I_1(x,y)-I_3(x,y)} \tag{2.8-10}$$

最后，待测轮廓面的相对高度分布可由下式计算获得。

$$h(x,y) = \frac{\lambda\phi(x,y)}{4\pi} \tag{2.8-11}$$

实际应用中，为了更好地消除振动、光源漂移、空气湍流等的影响，提高测量准确度，常常对多个相移周期进行测量累加。此外，因为待测面的位相分布是通过计算反正切函数获得的，其主值分布在 $[-\pi,\pi]$。当待测面起伏较大时，干涉图将包含多级干涉条纹，位相变化范围将超过 2π。此时按式 (2.8-8) 计算位相，便会出现位相跃变现象，这样的位相称为包裹位相。要获得正确的连续分布位相，需要进行位相解包裹处理。位相解包裹有多种方法，但复杂情况的位相解包裹仍然属于前沿研究课题。

激光移相干涉法基于最小二乘法拟合的原理，并可通过数字化处理消除干涉仪本身的加工误差和安装误差带来的影响，其对表面轮廓的测量精度可达 $\lambda/100$ 量级。

2.9　多光束干涉

在以上三节，我们讨论了平行平板和楔形平板的两光束干涉，但是，这只是近似的处理。事实上，由于光束在平板内不断反射和透射，必须考虑多光束参与干涉，特别是当平板表面的反射系数比较高时，必须这样。

假设单色光束以 θ_1 角入射到平行平板 (图 2.38)，由于光束不断地在平行平板内反射和透射，使得在平行平板的反射光方向产生多光束 $1,2,3,\cdots$ 在透射光方向产生多光束 $1',2',3',\cdots$ 显然，要精确计算平板在反射光方向和透

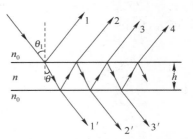

图 2.38　单色光束在平行平板
内的多次反射和透射

射光方向产生的干涉,应该考虑多光束效应,而不能仅考虑头两束光的干涉。但是,当平板两表面的反射率很低时,只考虑头两束光干涉,这种近似是可取的。例如,当光束接近正入射从空气射入玻璃平板时,其反射率约为 0.04,因此光束 1 的强度将为入射光强的 4%,光束 2 的强度为 3.7%,而光束 3 的强度不到 0.01%,所以第三束光和继后各光束可以略去不予考虑。但是,当光束掠入射或当平板表面镀有金属膜或电介质膜使得反射率很高时,就不能仅考虑头两束光的作用。例如,当反射率 $R = 0.9$,且假设平板没有吸收光能时,各反射光束的强度依次为(入射光强设为 1)

$$0.9, \quad 0.009, \quad 0.007\,3, \quad 0.005\,77, \quad 0.004\,67, \quad 0.003\,18, \cdots$$

各透射光强依次为

$$0.01, \quad 0.008\,1, \quad 0.006\,56, \quad 0.005\,29, \quad 0.004\,31, \quad 0.003\,49, \cdots$$

可见,在反射光中,除光束 1 外其余各光束的强度相差不大;在透射光中,各光束的强度都相差很小。在这种情况下,必须按照多光束的叠加精确计算干涉场的强度分布。

2.9.1 强度分布公式

如同平行平板产生的两光束干涉一样,若以扩展光源照明平板产生多光束干涉,干涉场也是定域在无穷远处。或者以透镜 L' 和 L 分别将反射光和透射光会聚起来,干涉场定域在透镜 L' 和 L 的焦平面上(见图 2.39)。考虑到在多光束参与干涉的情况下,通常是利用透射光干涉条纹,而不像前面讨论的平板的两光束干涉那样利用反射光条纹,所以下面只计算在平板透射光方向的干涉。

考察透镜焦平面上任一点 P,与它对应的多光束的出射角为 θ_1,它们在平板内的入射角为 θ_2,因而相继两束光的光程差为

$$\mathscr{D} = 2nh\cos\theta_2$$

位相差为

$$\delta = \frac{4\pi}{\lambda} nh\cos\theta_2 \qquad (2.9\text{-}1)$$

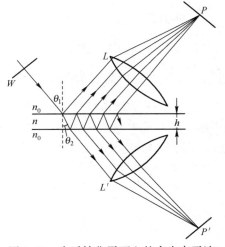

式中,nh 是平板的**光学厚度**。假设光束从周围介质射入平板时,反射系数为 r,透射系数为 t,从平板射出时相应的系数为 r' 和 t',并设入射光的振幅为 $A^{(i)}$,则从平板透射的各光束的振幅依次为

$$tt'A^{(i)}, \quad tt'r'^2 A^{(i)}, \quad tt'r'^4 A^{(i)}, \quad tt'r'^6 A^{(i)}, \cdots$$

这些光束的叠加得到 P' 点的复振幅

$$A^{(t)} = tt'[1 + r'^2\exp(\mathrm{i}\delta) + r'^4\exp(\mathrm{i}2\delta) + \cdots]A^{(i)}$$

上式方括号内是一个递降等比级数,如果平板足够长,光束的数目是很大的,在光束数目趋于无穷大的情况下,有

图 2.39　在透镜焦平面上的多光束干涉

$$A^{(t)} = \frac{tt'}{1 - r'^2\exp(\mathrm{i}\delta)} A^{(i)} \qquad (2.9\text{-}2)$$

利用 1.4 节的菲涅耳公式,容易证明如下关系:

$$\left. \begin{array}{l} r^2 = r'^2 = R \\ tt' = 1 - R = T \end{array} \right\} \qquad (2.9\text{-}3)$$

式中,R 为平板表面反射率,T 为透射率。因此,式(2.9-2)可改写为

$$A^{(t)} = \frac{T}{1 - R\exp(\mathrm{i}\delta)} A^{(i)} \qquad (2.9\text{-}4)$$

而 P' 点的光强为 $\quad I^{(t)} = A^{(t)} \cdot A^{*(t)} = \dfrac{T^2}{1 + R^2 - 2R\cos\delta} I^{(i)} = \dfrac{(1-R)^2}{(1-R)^2 + 4R\sin^2\dfrac{\delta}{2}} I^{(i)} \qquad (2.9\text{-}5)$

上式即为所求的透射光干涉场的光强公式。

2.9.2　强度公式讨论

1. 反射光强公式

由于平板两边介质的折射率相等,能量守恒导致光强守恒,即应有

$$I^{(r)} + I^{(t)} = I^{(i)} \qquad (2.9\text{-}6)$$

故反射光强　$I^{(r)} = I^{(i)} - I^{(t)} = \dfrac{4R\sin^2\dfrac{\delta}{2}}{(1-R)^2 + 4R\sin^2\dfrac{\delta}{2}} I^{(i)} \quad (2.9\text{-}7)$

式(2.9-6)表明反射光和透射光的干涉图样互补,也就是说,对于某个入射光方向反射光干涉为亮纹时,透射光干涉则为暗纹,反之亦然。两者强度之和等于入射光强。

图 2.40　透射方向多光束干涉等倾条纹的照片

2. 等倾条纹

从式(2.9-5)和式(2.9-7)可以看出,干涉光强随 R 和 δ 而变,在特定 R 的情况下,则仅随 δ 而变。因为 $\delta = \dfrac{4\pi}{\lambda} nh\cos\theta_2$,所以光强只与光束倾角有关。倾角相同的光束形成同一个条纹,这是等倾条纹的特征,因此在透镜焦平面上产生的多光束干涉条纹是等倾条纹。当透镜(望远镜)的光轴垂直于平板观察时,等倾条纹是一组同心圆环,如图 2.40 所示。

由式(2.9-5)可以得到透射光形成亮条纹和暗条纹的条件分别为

$$\delta = 2m\pi \quad \text{和} \quad \delta = (2m+1)\pi, \quad m = 0, 1, 2, \cdots \qquad (2.9\text{-}8)$$

而强度分别为

$$I_{\mathrm{M}}^{(t)} = I^{(i)} \quad \text{和} \quad I_m^{(t)} = \frac{(1-R)^2}{4R + (1-R)^2} I^{(i)} \qquad (2.9\text{-}9)$$

3. 条纹强度分布随反射率 R 的变化

根据式(2.9-5)画出的在不同板面反射率下透射光条纹强度分布曲线如图 2.41 所示。由图可见, R 很小时($R = 0.046$),条纹的强度从极大到极小的变化缓慢,对比度很差,这是在平板反射率很小的情况下我们不利用透射光条纹的原因。但是,随着反射率的增大,透射光暗条纹强度降低,亮条纹宽度变窄,因而条纹的锐度和对比度增大。当 R 接近 1 时,条纹图样是由在几乎全黑背景上的一组很细锐的亮条纹组成的。

顺便指出,由于反射光干涉图样和透射光图样互补,所以把图 2.41 的纵坐标倒过来看就是反射光条纹的强度分布曲线。当 R 接近 1 时,其条纹图样是由在均匀亮背景上的一组很细的暗条纹组成。这样的条纹不利于实际测量,因此在实际应用中都只利用透射光条纹。

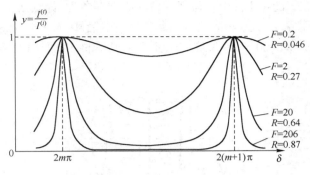

图 2.41　透射光条纹强度分布曲线

4. 条纹的精细度

条纹的细锐程度以条纹**精细度**来描述,它定义为相邻两(亮)条纹间的位相差距离(2π)和条纹的位相差半宽度($\Delta\delta$)之比,记为 $\mathscr{F}$。所谓位相差半宽度是指条纹中强度等于峰值强度一半的两点间的位相差距离,如图 2.42 中的 $\Delta\delta$ 所示。对于第 m 级条纹,两个半强度点对应的位相差为

$$\delta = 2m\pi \pm \frac{\Delta\delta}{2}$$

代入式(2.9-5)得

$$\frac{1}{1+\dfrac{4R}{(1-R)^2}\sin^2\dfrac{\Delta\delta}{4}} = \frac{1}{2}$$

因为 $\Delta\delta$ 很小,$\sin\dfrac{\Delta\delta}{4} \approx \dfrac{\Delta\delta}{4}$,代入上式得

$$\Delta\delta = \frac{2(1-R)}{\sqrt{R}} \qquad (2.9\text{-}10)$$

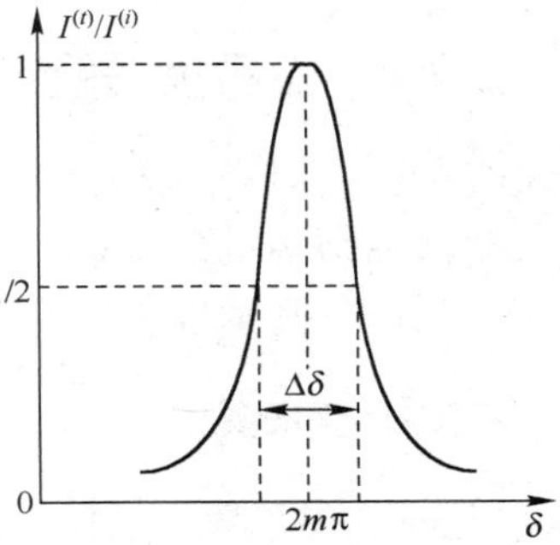

图 2.42　条纹位相差半宽度图示

因此,条纹精细度

$$\mathscr{F} = \frac{2\pi}{\Delta\delta} = \frac{\pi\sqrt{R}}{1-R} \qquad (2.9\text{-}11)$$

由上式可见,当 R 接近于 1 时,条纹的精细度趋于无穷大,条纹将变得极为细锐。这对于利用条纹进行测量来说是非常有利的。一般情况下,两光束干涉条纹的读数精确度为条纹间距的 1/10,但对于多光束干涉条纹,可以达到条纹间距为 1/100,甚至 1/1000。因此,在实际工作中常利用多光束干涉进行最精密的测量,如在光谱技术中测量光谱线的超精细结构,在精密光学加工中检验高质量的光学零件等。

2.9.3　法布里–珀罗干涉仪

这是一种应用广泛的典型的多光束干涉仪。它由两块互相平行的平面玻璃板或石英板 G_1,G_2 组成(图 2.43),两板的内表面镀银膜或铝膜,或多层介质膜,以提高表面的反射率。这两个具有高反射率的表面之间的空气层起着产生多光束干涉的平行平板的作用。干涉仪的两块玻璃板(或石英板)通常做成有一个小楔角,以避免没有镀膜的表面反射光的干扰。两块板中的一块固定不动,另一块可以平行移动,以改变两板之间的距离 h。

该干涉仪用扩展光源照明,其中一束光的光路如图 2.43 所示。若透镜 L_2 的光轴和干涉

仪的板面垂直,在透镜 L_2 的焦平面上将得到一组同心圆环条件,如图 2.40 所示。通常法布里–珀罗干涉仪的使用范围是 1~200 mm,只在一些特殊的装置中,h 大到 1 m。以 $h=5$ mm 计算,中央条纹的干涉级约为 20 000,可见条纹的干涉级是很高的,因而这种仪器只适用于单色性很好的光源。

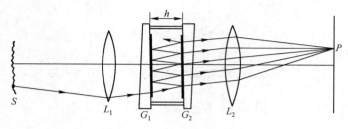

图 2.43 法布里–珀罗干涉仪

还应该指出,当干涉仪两板的内表面镀金层膜时,膜层对入射光会发生强烈的吸收,这将会使整个干涉图样的强度降低,严重时峰值强度只有入射光强的几十分之一。例如,厚度为 50 nm 的金属膜,R 约为 0.94,而透射率和吸收率分别为 0.01 和 0.05,这时亮条纹峰值强度只有入射光强的 1/36。

2.9.4 法布里–珀罗干涉仪的应用

法布里–珀罗干涉仪(简称 F-P 干涉仪)在现代光学中有多种重要的应用,如研究光谱线的超精细结构;作为激光振荡和发射的关键器件——激光谐振腔的基本结构;为研究干涉滤光片提供基本理论。这里仅讨论它的其中一种应用。

1. F-P 标准具

当法布里–珀罗干涉仪中两平板用间隔环加以固定时,则可称为 F-P 标准具,它常用来测量波长相差很小的两条光谱的波长差,即光谱学中所谓超精细结构;而一般的棱镜光谱仪或光栅光谱仪(见 3.8 节)是不能把这种结构分开的。用 F-P 标准具测量光谱线的超精细结构的原理如下:设含有两种波长 λ_1 和 λ_2 的光波投射到标准具上,由于两种波长的同级条纹的半径稍有差异,因而将得到对应于波长 λ_1 和 λ_2 的两组条纹,如图 2.44 所示。实线圆环条纹属于波长 λ_1,虚线圆环条纹属于波长 λ_2,$\lambda_1 > \lambda_2$。显然,对于靠近条纹中心的某点,对应于两个波长的干涉级差为

$$\Delta m = \frac{2h}{\lambda_2} - \frac{2h}{\lambda_1} = \frac{2h(\lambda_1 - \lambda_2)}{\lambda_1 \lambda_2} \qquad (2.9\text{-}12)$$

另外,对应于两波长的干涉级差应等于 $\Delta e/e$,Δe 是两波长同级条纹的位移,e 是同一波长条纹的间距(见图 2.44)。因此,两波长的波长差可以表示为

$$\Delta \lambda = \lambda_1 - \lambda_2 = \frac{\Delta e}{2he}\overline{\lambda}^2 \qquad (2.9\text{-}13)$$

式中,$\overline{\lambda}$ 是 λ_1 和 λ_2 的平均波长,其值可由分辨能力较低的仪器预先测定。根据上式,只要测出 e 和 Δe,便可以计算

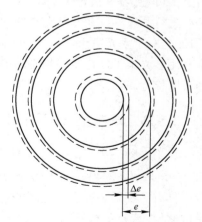

图 2.44 对应波长 λ_1 和 λ_2 的两组条纹

出波长差 $\Delta\lambda$。

应用上述方法测量时，两组条纹的相对位移 Δe 不能大于条纹间距 e，否则会发生不同级条纹的重叠。我们把同级条纹相对位移 Δe 等于条纹间距 e 时相应的波长差称为 F-P **标准具常数**或**自由光谱范围**。由式(2.9-13)可知 F-P 标准具的自由光谱范围为

$$(\Delta\lambda)_{S.R} = \frac{\overline{\lambda}^2}{2h} \tag{2.9-14}$$

F-P 标准具自由光谱范围是标准具所能测量的**最大波长差**。一般标准具的自由光谱范围很小，例如对于 $h=5$ mm 的标准具，若光波平均波长 $\overline{\lambda}=500$ nm，则 $(\Delta\lambda)_{S.R}=0.025$ nm。

此外，F-P 标准具还有一个它所能测量的最小波长差。这是因为当两个波长的波长差太小时，它们的条纹就靠得很近，以致不能被分辨开。在光谱仪器理论中，一般采用**瑞利判据**来判断两条等强度谱线是否能被分辨开。该判据规定，两条谱线分开的距离若正好等于谱线的半宽度(见图 2.45)，两条谱线刚好可以分辨。这时两条谱线的波长差就是可分辨的最小波长差，或分辨极限。下面我们来求出 F-P 标准具的**分辨极限**：由式(2.9-12)，在一根谱线的强度极大点处，两谱线的干涉级差为

$$\Delta m = \frac{2h}{\overline{\lambda}^2}\Delta\lambda \tag{2.9-15}$$

相应的位相差为 $\quad \Delta\delta = 2\pi\Delta m = \dfrac{4\pi h}{\overline{\lambda}^2}\Delta\lambda \tag{2.9-16}$

两谱线刚可分辨时，上述位相差应等于以位相差表示的谱线半宽度[见式(2.9-10)]，即

$$\Delta\delta = \frac{4\pi h\Delta\lambda}{\overline{\lambda}^2} = \frac{2(1-R)}{\sqrt{R}}$$

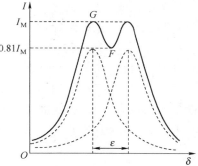

图 2.45　两条谱线的分辨极限

因此，F-P 标准具的分辨极限为

$$(\Delta\lambda)_m = \frac{\overline{\lambda}^2}{2\pi h}\frac{(1-R)}{\sqrt{R}} = \frac{\overline{\lambda}}{\pi m}\frac{(1-R)}{\sqrt{R}} \tag{2.9-17}$$

将 $\overline{\lambda}/(\Delta\lambda)_m$ 定义为光谱仪的**色分辨本领** G，由上式得到

$$G = \frac{\overline{\lambda}}{(\Delta\lambda)_m} = \pi m\frac{\sqrt{R}}{1-R} \tag{2.9-18}$$

或者[由式(2.9-11)]

$$G = \frac{\overline{\lambda}}{(\Delta\lambda)_m} = m\mathscr{F} \tag{2.9-19}$$

一般 F-P 标准具的分辨极限非常小，因而分辨本领极高。例如，F-P 标准具的 $h=53$ mm，$\mathscr{F}=30$($R\approx0.9$)，它对于 $\overline{\lambda}=500$ nm 的谱线的分辨极限约为 8×10^{-4} nm，而分辨本领高达 6×10^5。这样高的分辨本领是一般的棱镜光谱仪和光栅光谱仪(参见 3.6 节和 3.7 节)所不能达到的。

2. 扫描 F-P 干涉仪

与 F-P 标准具不同，扫描 F-P 干涉仪(图 2.46(a))采用点光源或针孔光源照明，并且它的一块平板 G_2 相对于平板 G_1 做平行移动。点光源位于透镜 L_1 的前焦点，这样在透镜 L_2 的后焦面上只出现一个点，它就处在使用扩展光源照明时获得的圆环条纹的中心，对应于 $\theta_2=0$ (参见图 2.39)。该点的光强由式(2.9-5)决定，其大小取决于位相差 $\delta = \left(\dfrac{4\pi}{\lambda}nh\right)$。为了得到

该点光强随位相差 δ 的变化关系,或者说扫描式(2.9-5),可以通过用机械方法改变扫描 F-P 干涉仪两平板之间的间隔 h 来实现(这就是 G_2 相对于 G_1 平移的原因),而光强的探测则由光电探测器的放大、记录器来完成。图 2.46(b)所示,是使用钠光灯作为光源时,扫描 F-P 干涉仪记录到的输出光强图,可以清楚地看出钠黄光包含的精细结构,其中强度峰较小者属于谱线 589 nm,较大者属于谱线 589.6 nm。

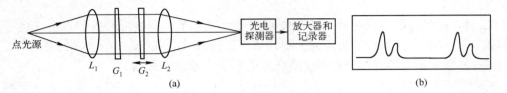

图 2.46 扫描 F-P 干涉仪

扫描 F-P 干涉仪除了用机械方法改变两平板之间的间隔来实现扫描,亦可以采用光学方法,比如通过改变空气压力来改变折射率。这是因为间隔 h 和折射率 n 两者中任何一个因素的变化都可以改变位相差 δ。

例题 2.9 已知汞绿线的超精细结构为 546.075 3 nm,546.074 5 nm,546.073 4 nm,546.072 8 nm,它们分别属于汞的同位素 Hg^{198},Hg^{200},Hg^{202},Hg^{204},问用 F-P 标准具分析这一结构时,应如何选取标准具的间距?(设标准具板面的反射率 $R=0.9$)。

解 用 F-P 标准具分析这一结构时,应选取该标准具的间距,使其自由光谱范围大于超精细结构的最大波长差,并且使其分辨极限小于超精细结构的最小波长差。

由式(2.9-14),F-P 标准具的自由光谱范围为

$$(\Delta\lambda)_{S.R} = \frac{\overline{\lambda}^2}{2h}$$

而据题给条件

$$\overline{\lambda} = \frac{546.0753+546.0745+546.0734+546.0728}{4} \text{ nm} = 546.074 \text{ nm}$$

超精细结构的最大波长差为

$$(\Delta\lambda)_{max} = 546.0753 \text{ nm}-546.0728 \text{ nm} = 0.0025 \text{ nm}$$

因此,要使 $(\Delta\lambda)_{S.R} > (\Delta\lambda)_{max}$,必须选取

$$h < \frac{\overline{\lambda}^2}{2(\Delta\lambda)_{max}} = \frac{546.074^2}{2\times0.0025} \text{ nm} = 59.64 \text{ mm}$$

再由式(2.9-17),F-P 标准具的分辨极限为

$$(\Delta\lambda)_m = \frac{\overline{\lambda}^2}{2\pi h}\frac{(1-R)}{\sqrt{R}}$$

它必须小于超精细结构的最小波长差 $(\Delta\lambda)_{min}(=546.0734 \text{ nm}-546.0728 \text{ nm}=0.0006 \text{ nm})$,

因此

$$h > \frac{\overline{\lambda}^2}{2\pi(\Delta\lambda)_{min}} \cdot \frac{1-R}{\sqrt{R}} = \frac{546.074^2}{2\times3.14\times0.0006} \cdot \frac{1-0.9}{\sqrt{0.9}} \text{ nm} = 8.34 \text{ mm}$$

所以,F-P 标准具的间距应满足条件

$$59.64 \text{ mm} > h > 8.34 \text{ mm}$$

例题 2.10 激光器的谐振腔可以看作一个 F-P 标准具。试用 F-P 标准具的理论导出:

(1)激光器输出激光的频率间隔表达式;

（2）输出谱线宽度的表达式；

（3）若氦氖激光器腔长 $h = 0.5$ m，两反射镜的反射率 $R = 0.99$，输出激光的频率间隔和谱线宽度是多少？（设气体折射率 $n = 1$，输出谱线的中心波长 $\lambda = 632.8$ nm。）

解 （1）在近于正入射情况下，谐振腔的透射极大条件是

$$2nh = m\lambda \qquad m = 1, 2, 3, \cdots$$

因而输出激光的波长为
$$\lambda = 2nh/m$$

相应的频率为
$$\nu = \frac{c}{\lambda} = \frac{c}{2nh} m$$

m 相差 1 的相邻两个频率之差即为频率间隔

$$\Delta\nu_e = \frac{c}{2nh}$$

（2）以位相差 $\Delta\delta$ 表示的 F-P 标准具输出谱线的半宽度由式(2.9-10)给出，即

$$\Delta\delta = \frac{2(1-R)}{\sqrt{R}}$$

而位相差和频率的关系是
$$\delta = \frac{2\pi}{\lambda} 2nh = \frac{4\pi}{c} nh\nu$$

并且
$$\Delta\nu = \frac{c}{4\pi nh} \Delta\delta$$

因此，谐振腔输出谱线的频率宽度

$$\Delta\nu = \frac{c}{2\pi nh} \cdot \frac{(1-R)}{\sqrt{R}}$$

或以光谱宽度表示
$$\Delta\lambda = \frac{\lambda^2}{c}\Delta\nu = \frac{\lambda^2}{2\pi nh} \cdot \frac{1-R}{R}$$

（3）当 $h = 0.5$ m，$R = 0.99$，$n = 1$ 和 $\lambda = 632.8$ nm 时，输出激光的频率间隔是

$$\Delta\nu_e = \frac{c}{2nh} = \frac{3\times10^8}{2\times0.5} \text{ Hz} = 300 \text{ MHz}$$

谱线 632.8 nm 的宽度是

$$\Delta\lambda = \frac{\lambda^2}{2\pi nh} \cdot \frac{1-R}{\sqrt{R}} = \frac{632.8^2}{2\times3.14\times0.5\times10^9} \cdot \frac{(1-0.99)}{\sqrt{0.99}} \text{ nm} = 1.28\times10^{-6} \text{ nm}$$

2.10 多光束干涉原理在薄膜理论中的应用

这里所称的**薄膜**，是指用物理和化学方法涂镀在玻璃或金属光滑表面上的透明介质膜。这种薄膜在近代科学技术，如人造卫星、宇宙航行、激光等尖端科学技术中有着广泛的应用，有关它的理论和研制技术已形成光学中一个专门的领域——薄膜光学。本节不讨论薄膜光学的一般理论，仅介绍多光束干涉原理在薄膜理论中的应用，因为以多光束干涉原理为基础的理论，特别便于我们理解薄膜的光学性质。

薄膜的最基本的作用之一是利用它来减少光能在光学元件表面上的反射损失。在 1.4 节里曾经指出，光能在比较复杂的光学系统中的反射损失是严重的，对于一个由六个透镜组成的光学系统，光能的反射损失约占一半。现代的一些复杂的光学系统，如变焦距物镜包括十几个

透镜,光能的反射损失就更为严重。此外,光在透镜表面上的反射还造成杂散光,严重地影响光学系统的成像质量。所以,必须设法消除和减少反射光,在光学元件表面涂镀适当厚度的透明介质膜(称增透膜或减反射膜),就是消除和减少反射光的有效办法。

除了镀增透膜,还可以镀制各种性能的多层高反射膜、彩色分光膜、冷光膜,以及干涉滤光片等。下面我们应用多光束干涉原理对这些薄膜系统(简称**膜系**)的光学性质做一简要的讨论。

2.10.1 单层膜

在一玻璃片(薄膜光学中称为基片)的光滑表面上涂镀一层折射率和厚度都均匀的透明介质薄膜,则当光束入射到薄膜上时,将在薄膜内产生多次反射,并且从薄膜的两表面有一系列的互相平行的光束射出(图 2.47),计算这些光束的干涉便可以了解薄膜对光的反射和透射性质。这种计算与前述的平行平板的多光束干涉的计算完全相同,只是需要注意的是,在这里薄膜的二界面与不同的介质相邻。

如图 2.47 所示,设薄膜的厚度为 h,折射率为 n,薄膜两边的空气和基片的折射率分别为 n_0 和 n_G。并设光从空气进入薄膜时在界面上的反射系数和透射系数分别为 r_1 和 t_1,而从薄膜进入空气时反射系数和透射系数分别为 r_1' 和 t_1',光从薄膜进入基片时在界面上的反射系数和透射系数分别为 r_2 和 t_2。注意到 $r_1' = -r_1$ 和 $t_1 t_1' = 1 - r_1^2$,则按照 2.9 节所述的计算平板两边射出的光束的合成复振幅的方法,容易算得在薄膜上反射光的复振幅为

$$A^{(r)} = \frac{r_1 + r_2 \exp(i\delta)}{1 + r_1 r_2 \exp(i\delta)} A^{(i)} \qquad (2.10\text{-}1)$$

透射光的复振幅为 $\quad A^{(t)} = \dfrac{t_1 t_2}{1 + r_1 r_2 \exp(i\delta)} A^{(i)} \quad (2.10\text{-}2)$

式中,$A^{(i)}$ 是入射光的振幅,δ 是相继两光束由光程差所引起的位相差,其表达式为

$$\delta = \frac{4\pi}{\lambda} nh \cos\theta$$

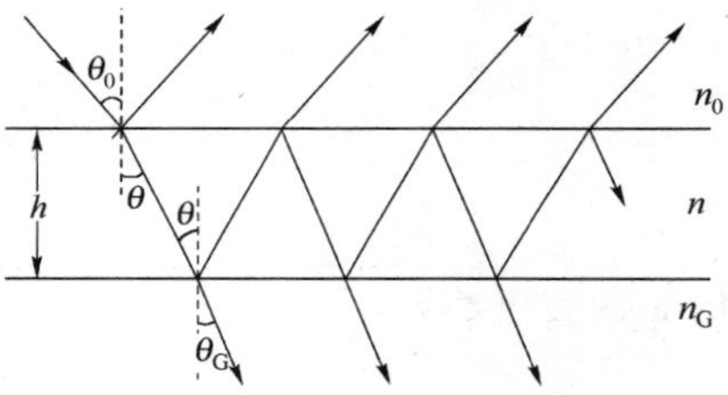

图 2.47　单层介质膜的反射与透射

式中,θ 是光束在薄膜中的入射角。因此,由式(2.10-1)和式(2.10-2),薄膜的反射系数为

$$r = \frac{r_1 + r_2 \exp(i\delta)}{1 + r_1 r_2 \exp(i\delta)} \qquad\qquad (2.10\text{-}3)$$

透射系数为

$$t = \frac{t_1 t_2}{1 + r_1 r_2 \exp(i\delta)} \qquad\qquad (2.10\text{-}4)$$

根据式(1.4-23)和式(1.4-24),得到薄膜的反射率为

$$R = \frac{r_1^2 + r_2^2 + 2r_1 r_2 \cos\delta}{1 + r_1^2 r_2^2 + 2r_1 r_2 \cos\delta} \qquad\qquad (2.10\text{-}5)$$

薄膜的透射率为

$$T = \frac{n_G \cos\theta_G}{n_0 \cos\theta_0} \cdot \frac{t_1^2 t_2^2}{1 + r_1^2 r_2^2 + 2r_1 r_2 \cos\delta} \qquad\qquad (2.10\text{-}6)$$

式中,θ_0 是光束在薄膜上表面的入射角,θ_G 是光束在基片中的折射角。由于

$$r_1^2 + \frac{n \cos\theta}{n_0 \cos\theta_0} t_1^2 = 1, \quad r_2^2 + \frac{n_G \cos\theta_G}{n \cos\theta} t_2^2 = 1$$

所以式(2.10-6)又可以写为

$$T = \frac{(1 - r_1^2)(1 - r_2^2)}{1 + r_1^2 r_2^2 + 2r_1 r_2 \cos\delta} \qquad\qquad (2.10\text{-}7)$$

由式(2.10-5)和式(2.10-7)易见有$R+T=1$,这是没有考虑薄膜吸收时应有的结果。很明显,若略去薄膜吸收,讨论薄膜的反射和透射特性时只需讨论其中之一便可。下面我们仅讨论前者。

当光束正入射到薄膜上时,在薄膜两表面上的反射系数分别为

$$r_1=\frac{n_0-n}{n_0+n}, \quad r_2=\frac{n-n_G}{n+n_G}$$

把它们代入式(2.10-5),即可得到正入射情况下,以折射率和两相继光束位相差δ表示的薄膜的反射率公式

$$R=\frac{(n_0-n_G)^2\cos^2\dfrac{\delta}{2}+\left(\dfrac{n_0 n_G}{n}-n\right)^2\sin^2\dfrac{\delta}{2}}{(n_0+n_G)^2\cos^2\dfrac{\delta}{2}+\left(\dfrac{n_0 n_G}{n}+n\right)^2\sin^2\dfrac{\delta}{2}}$$

$$(2.10-8)$$

对于一定的基片和介质膜,n_0和n_G都是常数,所以由上式可见,介质膜的反射率将随δ而变,因而也将随膜的光学厚度nh而变。图2.48给出了在$\theta_0=0$,$n_0=1$,$n_G=1.5$情形下,对于一定的波长λ_0和不同折射率的介质膜,膜的反射率R随光学厚度nh变化的曲线。下面我们根据这些曲线和式(2.10-8)进一步讨论单层膜的光学性质。

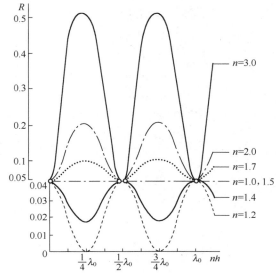

图2.48 介质膜反射率随其光学厚度的变化

1. 单层增透膜

由图2.48,立即可以看出在基片上涂镀单层增透膜的可能性。事实上,只要膜的折射率小于基片的折射率,镀膜后膜系的反射率总小于未镀膜的基片的反射率[①],因而镀膜后有增透作用。当$nh=\lambda_0/4$,即$\delta=\pi$时,增透效果最好。在光束正入射的情况下,把$nh=\lambda_0/4$或$\delta=\pi$的条件代入式(2.10-8),可得到膜系对波长λ_0的反射率为

$$R_{\lambda_0}=\frac{\left(\dfrac{n_0 n_G}{n}-n\right)^2}{\left(\dfrac{n_0 n_G}{n}+n\right)^2}=\left(\frac{n_0-\dfrac{n^2}{n_G}}{n_0+\dfrac{n^2}{n_G}}\right)^2 \qquad (2.10-9)$$

可见,当介质膜的折射率 $$n=\sqrt{n_0 n_G} \qquad (2.10-10)$$
时,膜系的反射率为零,也就是该波长的光全部透射。对于$n_0=1$,$n_G=1.5$的典型情况,由式(2.10-10)算出$n\approx1.22$。但是目前还找不到折射率这样低的适于镀膜的材料。通常镀制增透膜使用的材料是折射率为1.38的氟化镁(MgF_2),不过由于它的折射率比理想值大一些,因而反射率不为零。这时反射率约为0.013,即仍有1.3%的反射。

应该指出,式(2.10-9)表示的反射率是在光束正入射情况下对给定波长λ_0而言的,对于光束包含的其他波长,反射率不能用该式计算,原因是介质膜的光学厚度并不等于这些波长的

---

① 膜系指薄膜和基片组成的系统。前面所说的薄膜的反射率实际是膜系的反射率。

1/4 倍,因而 δ 不等于 π。这时,只能按式(2.10-8)计算这些波长的反射率,显然,其反射率比波长 λ_0 的反射率要高一些。图 2.49 的曲线 E 即表示在 $n_G = 1.5$ 的玻璃片上涂镀光学厚度为 $\lambda_0/4(\lambda_0 = 550\ nm)$ 的氟化镁膜时,膜系的反射率随波长的变化特性。从该曲线可以看出,离开 550 nm 较远的红光和蓝光的反射率较大,这一特性就是通常这种膜的表面呈紫红色的原因。

还可以指出,虽然式(2.10-8)是在光束正入射的情况下推导出来的,但是如果我们赋予 n_0、n 和 n_G 稍为不同的意义,式(2.10-8)也可以适用于光束斜入射的情况。根据菲涅耳公式,在折射率为 n_1 和 n_2 的两介质分界面上,入射光波中电矢量垂直于入射面的 s 波和电矢量平行于入射面的 p 波的反射系数分别为

$$r_s = -\frac{\sin(\theta_1 - \theta_2)}{\sin(\theta_1 + \theta_2)}$$

$$r_p = \frac{\tan(\theta_1 - \theta_2)}{\tan(\theta_1 + \theta_2)}$$

它们又可以分别写成如下形式:

$$r_s = -\frac{n_2\cos\theta_2 - n_1\cos\theta_1}{n_2\cos\theta_2 + n_1\cos\theta_1} \quad (2.10\text{-}11)$$

和

$$r_p = \frac{\dfrac{n_2}{\cos\theta_2} - \dfrac{n_1}{\cos\theta_1}}{\dfrac{n_2}{\cos\theta_2} + \dfrac{n_1}{\cos\theta_1}} \quad (2.10\text{-}12)$$

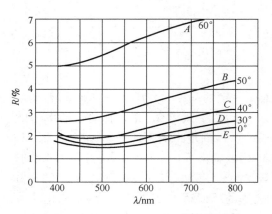

图 2.49　不同入射角下单层氟化镁膜的
反射率随波长的变化曲线

易见,若对于 s 波以 $\bar{n}$ 代替 $n\cos\theta$,对于 p 波以 $\bar{n}$ 代替 $n/\cos\theta$,上面两式在形式上与正入射时单个界面的反射系数的表达式相同,$\bar{n}$ 称为**等效折射率**。因此,若用等效折射率代替实际折射率 n_0、n 和 n_G,式(2.10-8)同样适用于光束斜入射的情况。在式(2.10-8)中对 s 波和 p 波用相应的等效折射率代替 n_0、n 和 n_G,就可以分别计算出光束斜入射时 s 波和 p 波的反射率,取其平均值即为入射自然光的反射率。对于上述的在 $n_G = 1.5$ 的玻璃基片上涂镀光学厚度为 $\lambda_0/4(\lambda_0 = 550\ nm)$ 的氟化镁增透膜的典型情况,几种入射角下计算出来的反射率随波长的变化曲线如图 2.49 所示。可以看出,当入射角增大时,反射率上升,同时反射率极小值的位置向短波方向移动。

2. 单层增反膜

从图 2.48 可知,如果单层膜的折射率 n 大于基片的折射率 n_G,则膜系的反射率比未镀膜时基片的反射率要大,单层膜起到增强反射的作用。特别是当单层膜的光学厚度 $nh = \lambda_0/4$ 时,膜系对波长 λ_0 的反射率最大。关于这一点,如果我们近似地用两光束代替多光束,并且以两光束干涉的观点来看是很明显的。当单层膜的折射率大于基片的折射率时,由单层膜上下两表面反射的两束光的光程差,除了由单层膜的光学厚度引起的部分 $2nh = \lambda_0/2$,还有由于两表面反射时的位相变化不同引起的附加程差 $\lambda_0/2$,所以两束反射光将产生干涉加强,致使反射率有最大值[①]。为求出这时膜系对波长 λ_0 的反射率 R_{λ_0},把条件 $nh = \lambda_0/4$ 代入式(2.10-8),得到

$$R_{\lambda_0} = \left(\frac{n_0 - n^2/n_G}{n_0 + n^2/n_G}\right)^2 \quad (2.10\text{-}13)$$

---

① 当 $n < n_G$ 时,两束反射光没有附加程差 $\lambda_0/2$,故产生相消干涉,这时反射率最小。这正是前面讨论的增透膜的情况。

上式与式（2.10-9）形式上完全一样，但含义却不相同。式（2.10-9）是膜系反射率在 $n_0 < n < n_G$ 情况下的极小值，而式（2.10-13）是膜系反射率在 $n_0 < n > n_G$ 情况下的极大值。此外，式（2.10-13）表明，所选用的单层膜的折射率越高，膜系的反射率越高。对于常用的高反射率镀膜材料硫化锌（ZnS，$n = 2.38$）单层膜，其最大反射率约为33%，这种膜系可作为很好的光束分离器（分光板）。但是，若实际应用中要求得到尽可能高的反射率的话，单层增反膜就不能满足要求了，这时必须采用多层高反膜。

2.10.2　双层膜和多层膜

图2.50表示在玻璃基片上涂镀的双层膜，与空气相邻的膜层的折射率和厚度分别为 n_1 和 h_1，与基片相邻的膜层的折射率和厚度分别 n_2 和 h_2。首先考察与基片相邻的第2层膜，它与基片组成的膜系的反射系数为 $\bar{r}$，根据式（2.10-3）有

$$\bar{r} = \frac{r_2 + r_3 \exp(i\delta_2)}{1 + r_2 r_3 \exp(i\delta_2)} \qquad (2.10\text{-}14)$$

式中，r_2 和 r_3 分别为 n_1、n_2 分界面和 n_2、n_G 分界面的反射系数，δ_2 为两分界面反射的相邻两光束的位相差

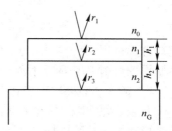

图2.50　双层膜

$$\delta_2 = \frac{4\pi}{\lambda} n_2 h_2 \cos\theta_2$$

式中，θ_2 是光束在第2层膜中的折射角。当光束正入射时，有

$$r_2 = \frac{n_1 - n_2}{n_1 + n_2}, \qquad r_3 = \frac{n_2 - n_G}{n_2 + n_G}$$

而当光束斜入射时，式中的实际折射率代之以相应的等效折射率 $\bar{n}$。把 r_2、r_3 及 δ_2 代入式（2.10-14）即可得到第2层膜和基片组成的膜系的反射率。

为了求出把第1层膜考虑进来时整个膜系的反射率，我们把第2层膜和基片的组合用一个反射分界面来等效，该分界面称为**等效分界面**，其反射系数 $\bar{r}$ 由式（2.10-14）给出。对这个面与空气之间夹着的第1层膜再次应用式（2.10-3），就可以得到光束在双层膜上的反射系数

$$r = \frac{r_1 + \bar{r}\exp(i\delta_1)}{1 + r_1 \bar{r}\exp(i\delta_1)} \qquad (2.10\text{-}15)$$

式中，r_1 是 n_0、n_1 分界面的反射系数，而 $\delta_1 = \frac{4\pi}{\lambda} n_1 h_1 \cos\theta_1$，其中 θ_1 是光束在第1层膜中的折射角。

将式（2.10-14）表示的 $\bar{r}$ 代入上式，并取 r 与其共轭复数的乘积，便可得到双层膜系的反射率

$$R = \frac{c^2 + d^2}{a^2 + b^2} \qquad (2.10\text{-}16)$$

式中

$$a = (1 + r_1 r_2 + r_2 r_3 + r_3 r_1)\cos\frac{\delta_1}{2}\cos\frac{\delta_2}{2} - (1 - r_1 r_2 + r_2 r_3 - r_3 r_1)\sin\frac{\delta_1}{2}\sin\frac{\delta_2}{2}$$

$$b = (1 - r_1 r_2 - r_2 r_3 + r_3 r_1)\sin\frac{\delta_1}{2}\cos\frac{\delta_2}{2} + (1 + r_1 r_2 - r_2 r_3 - r_3 r_1)\cos\frac{\delta_1}{2}\sin\frac{\delta_2}{2}$$

$$c = (r_1 + r_2 + r_3 + r_1 r_2 r_3)\cos\frac{\delta_1}{2}\cos\frac{\delta_2}{2} - (r_1 - r_2 + r_3 - r_1 r_2 r_3)\sin\frac{\delta_1}{2}\sin\frac{\delta_2}{2}$$

$$d = (r_1 - r_2 - r_3 + r_1 r_2 r_3)\sin\frac{\delta_1}{2}\cos\frac{\delta_2}{2} + (r_1 + r_2 - r_3 - r_1 r_2 r_3)\cos\frac{\delta_1}{2}\sin\frac{\delta_2}{2}$$

对于两层以上的薄膜系统,计算式将更为复杂,但是利用上述等效分界面的概念,原则上可以计算任意多层膜系的反射率。如图 2.51 所示,有一个 K 层的膜系,各膜层的折射率为 $n_1, n_2, \cdots, n_K$,厚度为 $h_1, h_2, \cdots, h_K$,分界面的反射率数为 $r_1, r_2, \cdots, r_{K+1}$。采用与处理双层膜相同的办法,从与基片相邻的第 K 层开始,用一个等效分界面来代替它,其反射系数为

$$\bar{r}_K = \frac{r_K + r_{K+1}\exp(\mathrm{i}\delta_K)}{1 + r_K r_{K+1}\exp(\mathrm{i}\delta_K)}$$

式中

$$\delta_K = \frac{4\pi}{\lambda}n_K h_K \cos\theta_K$$

再把第 $K-1$ 层膜加进去,求出反射系数

$$\bar{r}_{K-1} = \frac{r_{K-1} + \bar{r}_K\exp(\mathrm{i}\delta_{K-1})}{1 + r_{K-1}\bar{r}_K\exp(\mathrm{i}\delta_{K-1})}$$

式中

$$\delta_{K-1} = \frac{4\pi}{\lambda}n_{K-1} h_{K-1} \cos\theta_{K-1}$$

将此计算过程一直重复到与空气相邻的第 1 层,最终可求得整个膜系的反射系数和反射率。显然,如果多层膜的层数较多(目前有的多层膜的层数多达上百层),反射率 R 的表达式将非常复杂。在实际计算中它可以不必写出,只需把上述递推公式编成程序,由计算机进行计算。

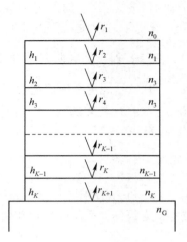

图 2.51 K 层膜

下面简要讨论几种常用的薄膜系统。

1. 双层增透膜

根据双层膜反射率的表达式(2.10-16),为了使反射损失降至零,必须令 $c = 0$ 和 $d = 0$,在光束正入射下可解得

$$\tan^2\frac{\delta_1}{2} = \frac{n_1^2(n_G - n_0)(n_2^2 - n_0 n_G)}{(n_1^2 n_G - n_0 n_2^2)(n_0 n_G - n_1^2)} \tag{2.10-17}$$

$$\tan^2\frac{\delta_2}{2} = \frac{n_2^2(n_G - n_0)(n_0 n_G - n_1^2)}{(n_1^2 n_G - n_0 n_2^2)(n_2^2 - n_0 n_G)} \tag{2.10-18}$$

在实际应用中,常用光学厚度均为 $\lambda_0/4$,且第 1 层为低折射率介质(如氟化镁)、第 2 层为高折射率介质(如硫化锌)的双层膜来达到对波长 λ_0 全增透的目的。这时若

$$n_2 = \sqrt{\frac{n_G}{n_0}}\, n_1 \tag{2.10-19}$$

则可满足条件式(2.10-17)和式(2.10-18),使 $R_{\lambda_0} = 0$。但是,对其他波长则不然,它们的反射损失比单层膜时更大一些。图 2.52 示出了这种双层膜在正入射下的反射率随波长的变化曲线,可见在控制波长 λ_0 处 $R = 0$,而在 λ_0 的两侧,曲线上升很快,形状如 V 形,所以也称为 V 形双层增透膜。这种膜一般只有当使用波段很窄时才采用。

满足条件式(2.10-17)和式(2.10-18)的途径可有多种,不限于上述情况。例如,通常也采用 $n_1 h_1 = \lambda_0/4$ 及 $n_2 h_2 = \lambda_0/2$ 的双层膜,这种膜对于波长 λ_0 来说,其反射率与仅镀光学厚度为 $\lambda_0/4$ 的第 1 层膜没有区别,但是对于其他波长的反射率却起了变化。图 2.53 示出了光束正入射时,与几种不同的 n_2 值对应的 $\lambda_0/4$、$\lambda_0/2$ 双层膜的反射率随波长变化曲线,可见膜系

在较宽的波段上有良好的增透效果。同时当 $n_2 = 1.85$ 时，在波长 $\lambda_1 = 430\text{nm}$ 和 $\lambda_2 = 630\text{nm}$ 处，反射率 $R = 0$。图中诸曲线均呈 W 形，故也称为 W 形双层增透膜。拍摄彩色电视、彩色电影所用的镜头可涂镀这种双层膜。

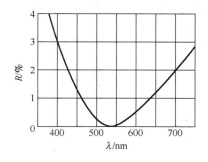

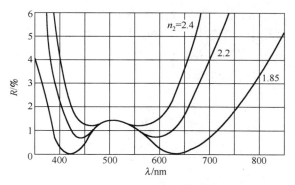

图 2.52　V 形双层增透膜的反射率随波长
变化曲线（$n_1 = 1.38, n_2 = 1.746, n_G = 1.6$）

图 2.53　W 形双层增透膜的反射率随波长变化曲线

也有三层以至多层的增透膜，它们可以在更宽的波段内获得更好的增透效果。目前已有在整个可见光区反射率不超过 0.5% 的增透膜。

2. 多层高反射膜

常用的多层高反射膜是一种由光学厚度均为 $\lambda_0/4$ 的高折射率层（硫化锌）和低折射率层（氟化镁）交替叠成的膜系，如图 2.54 所示。这种膜系称为 $\lambda_0/4$ 膜系，通常用下列符号表示：

$$\text{GHLHLH}\cdots\text{LHA} = \text{G(HL)}^p\text{HA} \qquad p = 1, 2, 3, \cdots$$

其中，G 和 A 分别代表玻璃基片和空气，H 和 L 分别代表高折射率层和低折射率层，膜层数是 $2p+1$。

这种结构的膜系之所以能获得高反射率，从多光束干涉原理看是容易理解的。根据 2.9 节的讨论［式(2.9-8)］，当膜层两侧介质的折射率大于或小于膜层的折射率时，若膜层的诸反射光束中相继两光束的位相差等于 π（光程差等于 $\lambda_0/2$[①]），则该波长的反射光获得最强烈的反射。图 2.54 所示的膜系正是使它包含的每一层膜满足上述条件，所以入射光在每一膜层上都获得强烈的反射，经过若干层的反射之后，入射光就几乎全部被反射回去。

一般情况下，这种膜系反射率的计算可以利用上述的递推公式由电子计算机来完成。对于正入射和仅考察波长 λ_0 的情况，反射率的表达式有较简单的形式，由递推法不难求出这种情况下反射率的表达式为

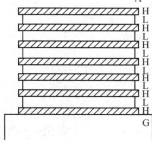

$$R_{\lambda_0} = \left[\dfrac{n_0 - \left(\dfrac{n_\text{H}}{n_\text{L}}\right)^{2p} \dfrac{n_\text{H}^2}{n_\text{G}}}{n_0 + \left(\dfrac{n_\text{H}}{n_\text{L}}\right)^{2p} \dfrac{n_\text{H}^2}{n_\text{G}}} \right]^2 \qquad (2.10\text{-}20)$$

图 2.54　$\lambda_0/4$ 膜系的多层
高反射膜示意图

式中，n_H 和 n_L 分别为高折射率层和低折射率层的折射率。易见，n_H 和 n_L 相差越大，膜层数

---

① 只计头两束光时，应加上附加光程差 $\lambda_0/2$，因而总光程差为 λ_0。

$2p+1$ 越多, 膜系的反射率就越高。例如, 氦氖激光器谐振腔的反射镜涂镀 15~19 层的硫化锌-氟化镁 $\lambda_0/4$ 膜系, λ_0 选为 632.8nm, 可使该波长的反射率高达 99.6%。

图 2.55 所示是几种不同层数的硫化锌-氟化镁 $\lambda_0/4$ ($\lambda_0=460$nm) 膜系的反射率特性曲线, 纵坐标为反射率 R, 横坐标以 $g=\lambda_0/\lambda$ 和 λ 标出。由图可见, 随着膜层数的增加, 高反射率区域趋于一个极限, 其对应的波段称为该反射膜系的 **反射带宽**。图 2.55 所示的带宽约为 200nm。在实际工作中, 若要求更宽的带宽, 就得对膜系的结构加以改进。例如冷光膜就是一种宽带的高反射膜。

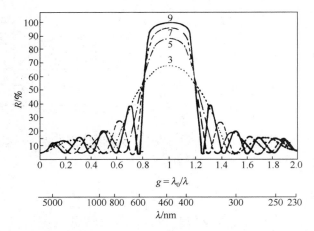

图 2.55　几种不同层数的硫化锌-氟化镁 $\lambda_0/4$ 膜系的反射率特性曲线

3. 冷光膜和彩色分光膜

冷光膜是一种既高效能地反射可见光又高效能地透射红外光的多层 $\lambda_0/4$ 膜系, 它的反射带宽约为 300 nm。这种膜系通常用作电影放映机的反光镜, 以减小电影胶片受热和增强银幕照度。

理论和实践表明, 采用两个高反射膜堆中间加一个过渡层的膜系可以成为很好的冷光膜。例如, 可采用这样的结构: $G(H_1L_1)^4 H_1 L_2 (H_3L_3)^4 H_3 A$, 其中脚标 1, 2, 3 表示 $\lambda_1, \lambda_2, \lambda_3$ 三个控制波长, 而且 $\lambda_2 = \dfrac{\lambda_1+\lambda_3}{2}$。高折射率层用硫化锌, 低折射率层用氟化镁, 三个控制波长为 $\lambda_1=650$ nm, $\lambda_2=565$ nm, $\lambda_3=480$ nm。

还可以镀制在可见光区内有选择反射性能的彩色分光膜, 例如, 采用膜系

$$G0.5HL(HL)^6 0.5HA$$

(0.5H 表示 $\lambda_0/8$ 硫化锌膜层, $\lambda_0=420$ nm)

和

$$G0.5L(HL)^5 H0.5LA$$

(0.5L 表示 $\lambda_0/8$ 氟化镁膜层, $\lambda_0=700$ nm)

分别达到反蓝透红绿和反红透蓝绿的效果。

彩色分光膜广泛应用于彩色电视中, 图 2.56 所示是我国生产的一种彩色电视摄像机中所用的彩色分光系统。

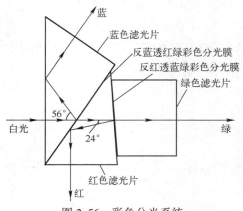

图 2.56　彩色分光系统

2.10.3 干涉滤光片

干涉滤光片是利用多光束干涉原理制成的一种从白光中过滤出波段范围很窄的近单色光的多层膜系。常用的干涉滤光片有两种。一种称为全介质干涉滤光片,其结构如图 2.57 所示(画斜线薄层代表高折射率介质层,空白薄层代表低折射率介质层):在平板玻璃 G 上镀上两组 $\lambda_0/4$ 膜系 $(HL)^p$ 和 $(LH)^p$,再加保护玻璃 G'(G 实际上也起保护膜层的作用)。另一种是金属反射膜干涉滤光片,其结构如图 2.58 所示:在平板玻璃 G 上镀一层高反射率的银膜 S,在银膜之上再镀一层介质薄膜 F,然后再镀一层高反射率的银膜加保护玻璃 G'。全介质滤光片的两组膜系事实上可以看成为两组高反射膜 $H(LH)^{p-1}$ 和 $(HL)^{p-1}H$ 中间夹着一个间隔层 LL,因此上述两种滤光片的原理是相同的。对比上节讨论的 F-P 标准具,可知干涉滤光片实际上是一种间隔很小的 F-P 标准具,所以根据平板的多光束干涉原理很容易讨论滤光片的光学性能。

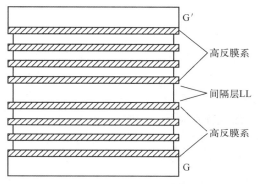

图 2.57 全介质干涉滤光片结构

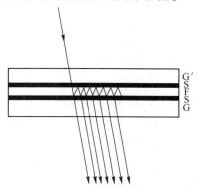

图 2.58 金属反射膜干涉滤光片结构

干涉滤光片的光学性能主要由三个参数表征:

1. 干涉滤光片的中心波长

即透射率最大的波长,用 λ_c 表示。根据平板多光束干涉原理,在正入射情况下,透射光产生强度极大的条件由下式给出:

$$2nh = m\lambda \qquad m = 1, 2, 3, \cdots$$

对于干涉滤光片来说,式中 n 和 h 就是间隔层的折射率和厚度。由上式可得到滤光片的中心波长

$$\lambda_c = 2nh/m \qquad\qquad (2.10\text{-}21)$$

可见,λ_c 取决于间隔层的光学厚度 nh 和干涉级 m。对于一定的光学厚度,λ_c 只取决于 m。因此,对于一定的滤光片,可有对应于不同 m 值的中心波长 λ_c。例如,干涉滤光片的间隔层 $n = 1.5, h = 6 \times 10^{-5}$ cm $(nh = 9 \times 10^{-5}$ cm$)$,则在可见光区有 $\lambda_c = 600$ nm$(m = 3)$ 和 $\lambda_c = 450$ nm$(m = 4)$ 两个中心波长。间隔层的厚度增大时,中心波长的数目就更多些。为了把不需要的中心波长滤去,可以附加普通的有色玻璃滤光片[①],因此常采用有色玻璃作为干涉滤光片的保护玻璃 G 和 G'。

2. 透射带的波长半宽度

在上一节里,我们已经得到多光束干涉条纹的位相差半宽度[式(2.9-10)]

---

① 普通有色玻璃滤光片的优点是透射率大,缺点是透过的波长半宽度也大。还有一种用精胶加有机染料制成的精胶滤光片,可以得到很窄的波长半宽度,但透过率很小(1~10%)。干涉滤光片则兼有两者的优点。

$$\Delta\delta = 2(1-R)/\sqrt{R}$$

与 $\Delta\delta$ 相应的波长差,即透射带的波长半宽度 $\Delta\lambda$ 可以这样求出:根据式(2.9-1)并设 $\theta_2 = 0$,取 δ 对 λ 的微分

$$\mathrm{d}\delta = -4\pi nh\frac{\mathrm{d}\lambda}{\lambda^2}$$

或者写成

$$|\Delta\delta| = 4\pi nh\frac{\Delta\lambda}{\lambda^2}$$

由此得到

$$\Delta\lambda = \frac{\lambda^2}{4\pi nh}|\Delta\delta| = \frac{\lambda^2}{2\pi nh}\frac{1-R}{\sqrt{R}} \tag{2.10-22}$$

上式表明透射带的波长半宽度 $\Delta\lambda$ 与滤光片的光学厚度 nh 和膜层反射率 R 成反比,nh 和 R 越大,$\Delta\lambda$ 越小,干涉滤光片的单色性越好。

3. 峰值透射率 τ

它定义为对应于透射率最大的中心波长的透射光强与入射光强之比,即

$$T_{max} = \tau = (I^{(t)}/I^{(i)})_{max} \tag{2.10-23}$$

若不考虑滤光片的吸收和表面散射损失时,由式(2.9-5),$I^{(t)}$ 的极大值等于 $I^{(i)}$,即峰值透射率等于1。但实际上由于高反射膜的吸收和散射会造成光能损失,峰值透射率不可能等于1。特别是金属反射膜滤光片,吸收尤为严重,峰值透射率一般在30%以下。表2.1列出了几种干涉滤光片的三个主要参数,可供选择干涉滤光片时参考。其中最后一种干涉滤光片的透射率曲线如图2.59所示。

表2.1　几种干涉滤光片的特性

类　　型	中心波长/nm	峰值透射率	波长半宽度/nm
M-2L-M	531	0.30	13
M-4L-M	535	0.26	7
MLH-2L-HLM	547	0.43	4.8
$M(LH)^2$-2L-$(LH)^2M$	605	0.38	2
HLH-2L-HLH	518.5	0.90	38
$(HL)^3$H-2L-H$(LH)^3$	520	0.70	4
$(HL)^5$-2H-$(LH)^5$	660	0.50	2

M 代表金属膜;L 代表光学厚度为 $\lambda_0/4$ 的低折射率膜层,前四种,L 介质是氟化镁,后三种是冰晶石;H 代表光学厚度为 $\lambda_0/4$ 的高折射率膜层,均为硫化锌。

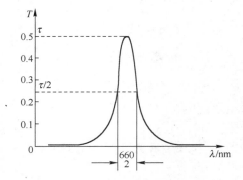

图2.59　一种典型的多层介质膜干涉滤光片透射率曲线

例题 2.11　试利用式(2.10-9)导出多层高反膜的反射率公式(2.10-20)。

解　考虑在玻璃基片(n_G)上镀一层高折射率膜的反射率,据式(2.10-9),在正入射下有

$$R_1 = \left(\frac{n_0 - n_H^2/n_G}{n_0 + n_H^2/n_G}\right)^2$$

或者写为

$$R_1 = \left(\frac{n_0 - \tilde{n}_1}{n_0 + \tilde{n}_1}\right)^2$$

式中,$\tilde{n}_1 = n_H^2/n_G$。把上式与光束在折射率分别为 n_0 和 n_1 的两介质界面上的反射率公式[正入

射下 $R = \left(\dfrac{n_0 - n_1}{n_0 + n_1}\right)^2$]对比,可把单层膜系统当作新的基片,其等效折射率为 $\tilde{n}_1$。

在高折射率膜上再镀一层低折射率膜时,系统的反射率为

$$R_2 = \left(\frac{n_0 - n_{\mathrm{L}}^2/\tilde{n}_1}{n_0 + n_{\mathrm{L}}^2/\tilde{n}_1}\right)^2 = \left(\frac{n_0 - \tilde{n}_2}{n_0 + \tilde{n}_2}\right)^2$$

式中, $\tilde{n}_2 = n_{\mathrm{L}}^2/\tilde{n}_1$。同理,也可以把该系统当作一个新的基片,其等效折射率为 $\tilde{n}_2$。在该系统上再镀一层高折射率膜时,反射率为

$$R_3 = \left(\frac{n_0 - n_{\mathrm{H}}^2/\tilde{n}_2}{n_0 + n_{\mathrm{H}}^2/\tilde{n}_2}\right)^2 = \left(\frac{n_0 - \tilde{n}_3}{n_0 + \tilde{n}_3}\right)^2$$

式中, $\tilde{n}_3 = n_{\mathrm{H}}^2/\tilde{n}_2$,它又可以写为 $\quad \tilde{n}_3 = \dfrac{n_{\mathrm{H}}^2}{\tilde{n}_2} = \dfrac{n_{\mathrm{H}}^2}{n_{\mathrm{L}}^2/\tilde{n}_1} = \left(\dfrac{n_{\mathrm{H}}}{n_{\mathrm{L}}}\right)^2 \dfrac{n_{\mathrm{H}}^2}{n_{\mathrm{G}}}$

所以

$$R_3 = \left[\frac{n_0 - \left(\dfrac{n_{\mathrm{H}}}{n_{\mathrm{L}}}\right)^2 \dfrac{n_{\mathrm{H}}^2}{n_{\mathrm{G}}}}{n_0 + \left(\dfrac{n_{\mathrm{H}}}{n_{\mathrm{L}}}\right)^2 \dfrac{n_{\mathrm{H}}^2}{n_{\mathrm{G}}}}\right]^2$$

再交替镀上低折射率和高折射率膜,最后镀成 $2p+1$ 层多层膜。运用数学归纳法,可得到多层膜的正入射反射率公式

$$R_{2p+1} = \left[\frac{n_0 - \left(\dfrac{n_{\mathrm{H}}}{n_{\mathrm{L}}}\right)^{2p} \dfrac{n_{\mathrm{H}}^2}{n_{\mathrm{G}}}}{n_0 + \left(\dfrac{n_{\mathrm{H}}}{n_{\mathrm{L}}}\right)^{2p} \dfrac{n_{\mathrm{H}}^2}{n_{\mathrm{G}}}}\right]^2$$

2.11　本　章　小　结

本章讨论了实际光波产生干涉的条件、实现的方法、干涉现象的规律、一些重要的干涉实验装置及干涉的应用。

1. 本章学习要求

(1) 理解获得相干光的方法,了解干涉条纹的定域性。

(2) 掌握条纹可见度的定义,空间相干性和时间相干性及光源振幅比对条纹可见度的影响。

(3) 掌握以杨氏双缝干涉装置为典型的分波前法双光束干涉,掌握观察屏幕处光强分布及干涉条纹的特征,如条纹形状、位置及间距等。

(4) 掌握分振幅法的等倾干涉和等厚干涉的光强分布、条纹特征及应用。理解为什么这类干涉可以采用面光源。熟悉用牛顿环测量透镜的曲率半径的方法、近似条件、公式推导和条纹计算。

(5) 掌握平行平板多光束干涉的光强分布,干涉规律及应用。了解薄膜系统光学特性的矩阵计算方法。

(6) 掌握典型的干涉装置,如迈克耳孙干涉仪和 F-P 干涉仪的基本光路、工作原理及其应用。

2. 双光束干涉

两列相干波叠加的光强分布为 $I=I_1+I_2+2\sqrt{I_1I_2}\cos\delta$，其中 δ 是两列波在空间相遇点的位相差，当 $\delta=0,\pm2\pi,\pm4\pi,\cdots$ 时，为相长干涉；当 $\delta=\pm\pi,\pm3\pi,\cdots$ 时，为相消干涉。因此，合光强大小取决于位相差，而两光波在不同的空间点有不同的光程差，对应不同的位相差，$\delta=\dfrac{2\pi}{\lambda}\mathscr{D}$，于是，在整个观察范围光强形成强弱的稳定的分布。两光波叠加产生干涉必须满足干涉的三个必要条件：频率相同、位相差恒定、振动方向相同。用分波前法和分振幅法可以获得两个相干光波。要实现干涉，还要求这两个相干光波光程差不超过光波的波列长度。

（1）分波前法

杨氏干涉实验是分波前法的典型代表，此外还有菲涅耳双面镜、菲涅耳双棱镜和洛埃镜，它们都是实现分波前法干涉的装置。

干涉条纹的特点是：

① 把观察屏幕放在与双孔 s_1、s_2 连线平行的位置上，在观察屏幕中心附近形成一系列平行等宽的条纹，条纹宽度 $e=D\lambda/d$ 与级别没有关系；如果把屏幕放在与 s_1、s_2 连线垂直或成一定夹角的位置上，则干涉条纹是圆或弯曲的且间隔不等。

② 条纹宽度与波长成正比，与光束的会聚角成反比，即 $e=\lambda/w$。因此，用白光作为光源时，干涉图样除中心是白色的外，其余是黑纹和彩色条纹，同一级彩色条纹中，红色在外；实验装置中，两小孔距离 d 减小或两小孔连线到观察屏幕的距离 D 增大，光束的会聚角变小，条纹变宽。此外，当光源平行于两小孔连线方向向上（下）移动时，整套条纹向下（上）移动。

（2）分振幅法、等倾干涉和等厚干涉

采用扩展光源，用平行平板可得到定域于无穷远的等倾干涉条纹。参与干涉叠加的来自平板上下表面的两反射光束的光程差为 $\mathscr{D}=2nh\cos\theta_2+\dfrac{\lambda}{2}$，其中 h 为常数，$\dfrac{\lambda}{2}$ 是一个表面存在半波损失，另一个表面不存在半波损失时需要添加的项，对于迈克耳孙干涉仪，由于 M_1 与 M_2' 之间是空气，$n=1$。只要折射角 θ_2（相当于倾角或入射角 θ_1）相等，光程差 $\mathscr{D}$ 就相同，光强就相同，形成同一条纹。因此，这种干涉为等倾干涉。当透镜（望远镜）的光轴垂直于平板观察时，等倾干涉条纹是一系列同心圆环，条纹中央对应于 $\theta_1=\theta_2=0$，该处条纹干涉级别最高。如果透镜（望远镜）的光轴不垂直于平板，则看到的干涉条纹可能是椭圆、曲线或直线。

采用扩展光源，可获得定域于楔形平板表面的等厚干涉条纹。楔形平板上下表面的两反射光束的光程差为 $\mathscr{D}=2nh\cos\theta_2+\dfrac{\lambda}{2}$，其中 θ_2 为常数，通常入射光垂直或接近垂直地投射到平板表面，即取 $\theta_1=\theta_2=0$。光程差 $\mathscr{D}$ 随厚度 h 改变而改变，因此，干涉条纹是平行于楔形平板棱边的直条纹。当迈克耳孙干涉仪中的 M_1 与 M_2' 不平行时，也属于这种情形；而对于牛顿环，干涉条纹是同心圆环，由于半波损失，圆环中央呈暗斑，异于等倾干涉的是，等厚干涉圆环中央条纹的级别最低。

3. 多光束干涉

当平行平板两表面的反射率很高时，必须考虑多光束干涉。反射率越大，参与相干叠加的光束数目越多,条纹越细锐,条纹对比度也越高。F-P 干涉仪是最具代表性的多光束干涉仪。

F-P 干涉仪的观察望远镜放置在平板的透光方向,当望远镜的光轴与平行平板垂直时,可观察到一组暗背景上的极明亮细锐的等倾圆条纹。条纹的光强分布为

$$I^{(t)} = \frac{(1-R)^2}{(1-R)^2 + 4R\sin^2\frac{\delta}{2}} I^{(i)}$$

条纹的精细度

$$\mathscr{F} = \frac{\pi\sqrt{R}}{1-R}$$

F-P 干涉仪的主要参量是其自由光谱范围和分辨本领。

4. 空间相干性和时间相干性

光源临界宽度 $b_c = \lambda/\beta$,其中 β 为干涉孔径角。光源尺寸越小,相干空间越大,光的空间相干性越好。上述结论只对普通扩展光源适用,激光器的空间相干性比普通光源好得多。

相干长度 $L = c\Delta t = \lambda^2/\Delta\lambda$。相干时间与光源频率宽度成反比,即 $\Delta t \cdot \Delta\nu = 1$。光源的单色性越好,相干时间越长,光的时间相干性越好。激光光源一般有很好的单色性,从而具有非常好的时间相干性。

5. 干涉的应用

干涉有多方面的应用。例如,检验零件表面的粗糙度、测量微小角度或微小长度及其变化、测量透镜曲率半径(例如用牛顿环)、增透膜和增反膜、测定物质的折射率(例如用迈克耳孙干涉仪)、研究光谱谱线的精细结构(例如用 F-P 干涉仪)等。

思考题

2.1　两列振幅相等的相干波发生相长干涉时,其强度是每列波单独产生的强度的 4 倍,这是否与能量守恒定律有矛盾?

2.2　举出一个不产生明暗相间的条纹的光的干涉现象的例子。

2.3　如果只用一盏钠光灯,并用墨纸盖住钠光灯的中部,使其分为 A、B 两部分,A、B 两部分的光同时照射到点 P,问能否产生干涉?为什么?

2.4　在杨氏双缝干涉实验装置中做如下几种改变,试简单描述屏上的干涉条纹将会怎样变化?假定光源是单色缝光源。(1) 将光源向上或向下平移;(2) 将光源缝向双缝移近;(3) 观察屏移离双缝;(4) 双缝间距加倍;(5) 将整个装置放入水中;(6) 光源缝慢慢地张开;(7) 换用两个独立光源,使其分别照明双缝之一。(8) 入射光为白光,若在双缝前分别用能透过红色、蓝色光的红蓝滤光片挡住 S_1、S_2,屏幕上会出现什么情况?若 S_1 发出向右方的光仍为白光而 S_2 前挡一块纯红滤波片,屏幕上会出现什么情况?

2.5　为什么厚的薄膜不能观察到干涉条纹?如果薄膜的厚度很薄(远小于入射光的波长),能否观察到干涉条纹?

2.6　做一个小实验:在平静的清水水面上滴一滴油(如汽油),油滴即向四周不断扩展,观察条纹会怎样变化?中心点会怎样变化?

2.7　牛顿环实验中,若将牛顿环放在 $n = 4/3$ 的水中,与在空气中对比条纹有何改变?

2.8　牛顿环与等倾干涉条纹有何异同?实验上如何区分这两种干涉图样?

2.9　如图 2.60 所示,在迈克耳孙干涉仪中,观察到等间距的平直条纹,问 M_1 和 M_2 之间的位置关系如何?若 M_2 固定,M_1 绕垂直于图面的轴线转到 M_1' 的位置,在转动过程中将看到什么现象?如果将 M_1 换成半

径为 R 的球(凹面或凸面)面镜,此时将观察到什么现象?

2.10 如图 2.61 所示,将平板玻璃放置在平凹透镜上,透镜的球面曲率半径为 R,波长为 λ 的平行光正入射到该装置上,平板玻璃与平凹透镜所夹薄空气层的中心厚度为 h_0,求:

(1) 这是什么类型的干涉装置? 形成的是什么类型的、什么形状的干涉条纹?

(2) 第 m 级暗条纹的半径和间距?

(3) 若将平板玻璃向上移离平凹透镜,观察场中的干涉条纹如何变化?

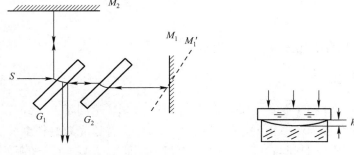

图 2.60 思考题 2.9 用图

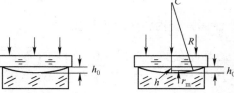

图 2.61 思考题 2.10 用图

习题

2.1 在与一平行光束垂直的方向上插入一透明薄片,其厚度 $h = 0.01$ mm,折射率 $n = 1.5$,若光波波长为 500 nm,试计算插入薄片前后光束光程和相位的变化。

2.2 在杨氏干涉实验中,若两小孔距离为 0.4 mm,观察屏至小孔所在平面的距离为 100 cm,在观察屏上测得干涉条纹的间距为 1.5 mm,求所用光波的波长。

2.3 波长为 589.3 nm 的钠光垂直入射双缝上,在距双缝 100 cm 的观察屏上测量 20 个干涉条纹的宽度为 2.4 cm,试计算双缝之间的距离。

2.4 设双缝间距为 1 mm,双缝离观察屏为 1 m,用钠光照射双缝。钠光包含波长为 $\lambda_1 = 589$ nm 和 $\lambda_2 = 589.6$ nm 两种单色光,问两种光的第 10 级亮条纹之间的距离是多少?

2.5 在杨氏双缝干涉实验装置的双缝后面分别放置 $n_1 = 1.4$ 和 $n_2 = 1.7$,厚度同为 t 的玻璃片后,原来中央极大所在点被第 5 级亮纹占据。设 $\lambda = 480$ nm,求玻璃片的厚度 t 以及条纹迁移的方向。

2.6 在杨氏双缝干涉实验装置中,以一个长 30 mm 的充以空气的气室代替薄片置于小孔 S_1 前,在观察屏上观察到一组干涉条纹。随后抽去气室中空气,注入某种气体,发现屏上条纹比抽气前移动了 25 个。已知照明光波波长为 656.28 nm,空气折射率 $n_a = 1.000276$,试求注入气室内的气体的折射率。

2.7 杨氏双缝干涉装置中,若波长 $\lambda = 600$ nm,在观察屏上形成暗条纹的角宽度为 0.02°。

(1) 试求杨氏干涉装置中二缝间的距离。

(2) 若其中一个狭缝通过的能量是另一个的 4 倍,试求干涉条纹的对比度。

2.8 若双狭缝间距为 0.3 mm,以单色光平行照射狭缝时,在距双缝 1.2 m 远的屏上,第 5 级暗纹中心离中央极大中间的间隔为 11.39 mm,问所用光源波长为多少? 是何种器件的光源?

2.9 菲涅耳双面镜实验中,单色光波长 $\lambda = 500$ nm,光源和观察屏到双面镜交线的距离分别为 0.5 m 和 1.5 m,双面镜的夹角为 10^{-3} rad,试求:(1) 观察屏上条纹的间距;(2) 屏上最多可看到多少亮条纹?

2.10 菲涅耳双棱镜实验中,光源和观察屏到双棱镜的距离分别为 10 cm 和 90 cm,观察屏上条纹间距为 2 mm,单色光波长为 589.3 nm,试计算双棱镜的折射角(已知双棱镜的折射率为 1.52)。

2.11 在图 2.9 所示的洛埃镜实验中,光源 S_1 到观察屏的垂直距离为 1.5 m,到洛埃镜面的垂直距离为 2 mm。洛埃镜长 40 cm,置于光源和屏之间的中央。(1) 确定屏上可看到条纹的区域大小;(2) 若光波波长 $\lambda = 500$ nm,条纹间距是多少? 在屏上可看见几个暗条纹?(3) 写出屏上光强分布的表达式。

2.12 在杨氏双缝干涉实验中,照明两小孔的光源是一个直径为 2 mm 的圆形光源。光源发光的波长为 500 nm,它到小孔的距离为 1.5 m。问两小孔可以发生干涉的最大距离是多少?

2.13* 月球到地球表面的距离约为 $3.8×10^5$ km,月球的直径为 3477 km,若把月球看作光源,光波长取 500 nm,试计算地球表面上的相干面积。

2.14 若光波的光谱宽度为 $\Delta\lambda$,频率宽度为 $\Delta\nu$,试证明:$\left|\dfrac{\Delta\nu}{\nu}\right| = \left|\dfrac{\Delta\lambda}{\lambda}\right|$。式中,$\nu$ 和 λ 分别为光波的频率和波长。对于波长为 632.8 nm 的氦氖激光,光谱宽度为 $\Delta\lambda = 2×10^{-8}$ nm,试计算它的频率宽度和相干长度。

2.15 在图 2.22(a) 所示的平行平板干涉装置中,若平板的厚度和折射率分别为 $h = 3$ mm 和 $n = 1.5$,望远镜的视场角为 6°,光的波长 $\lambda = 450$ nm,问通过望远镜能够看见几个亮纹?

2.16 一束平行白光垂直投射到置于空气中的厚度均匀的折射率为 $n = 1.5$ 的薄膜上(图 2.62),发现反射光谱中出现波长为 400 nm 和 600 nm 的两条暗线,求此薄膜的厚度?

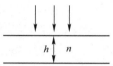

图 2.62 习题 2.16 用图

2.17 用等厚条纹测量玻璃光楔的楔角时,在长 5 cm 的范围内共有 15 个亮条纹,玻璃折射率 $n = 1.52$,所用单色光波长 $\lambda = 600$ nm,问此玻璃光楔的楔角为多少?

2.18 利用牛顿环测透镜的曲率半径时,测量出第 10 个暗环的直径为 2 cm,若所用单色光波长为 500 nm,透镜的曲率半径是多少?

2.19 F-P 干涉仪两反射镜的反射率为 0.5,试求它的最大透射率和最小透射率。若干涉仪两反射镜以折射率 $n = 1.6$ 的玻璃平板代替,最大透射率和最小透射率又是多少?(不考虑系统的吸收)

2.20 已知一组 F-P 标准具的间距分别为 1 mm 和 120 mm,对于 $\lambda = 550.0$ nm 的入射光而言,求其相应的标准具常数。如果某激光器发出的激光波长为 632.8 nm,光谱宽度为 0.001 nm,测量其光谱宽度时应选用多大间距的 F-P 标准具?

2.21 有两个波长 λ_1 和 λ_2,相差 0.0001 nm(在 600 nm 附近),要用 F-P 干涉仪把两谱线分辨开来,间隔至少要多大?在这种情况下,干涉仪的自由光谱范围是多少?设反射率 $R = 0.98$。

2.22 在照相物镜上通常镀上一层光学厚度为 $\dfrac{5\lambda_0}{4}$($\lambda_0 = 550$ nm)的介质膜。(1)介质膜的作用是什么?(2)求此时可见光区(390~780 nm)反射最大的波长。

2.23 在玻璃基片上镀两层光学厚度为 $\lambda_0/4$ 的介质薄膜,如果第一层的折射率为 1.35,为了达到在正入射下膜系对 λ_0 全增透的目的,第二层薄膜的折射率应为多少?(玻璃基片折射率 $n_G = 1.6$)

第3章 光的衍射与现代光学

光波在传播过程中遇到障碍物时,会偏离原来的传播方向弯入障碍物的几何影区内,并在几何影区和几何照明区内形成光强的不均匀分布,这种现象称为**光的衍射**。使光波发生衍射的障碍物可以是开有小孔或狭缝的不透明光屏、光栅,也可以是使入射光波的振幅和位相分布发生某种变化的透明光屏,这些屏障统称为**衍射屏**。

典型的衍射实验如图3.1(a)所示。图中 S 为单色点光源,K 为开有小圆孔的不透明屏,M 是观察屏。按照光的直线传播定律,观察屏 M 上的 AB 区域是被照明的,而其余区域应该绝对黑暗(几何影区)。但是,实验表明,如果圆孔比起波长来不很大,那么几何影区边缘将不是全暗的,AB 区域内的光强亦不均匀,呈现出一组亮暗交替的圆环条纹(见图3.1(b))。当使用白光点光源时,这一衍射图样将带有彩色。后一现象说明光的衍射与光波的波长有关。

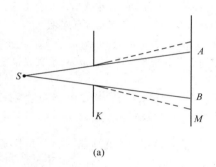
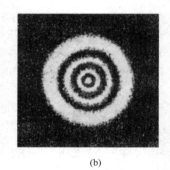

图3.1 光的衍射

光的衍射是光的波动性的主要标志之一。建立在光的直线传播定律基础上的几何光学不能解释光的衍射,这种现象的解释要依赖于波动光学。历史上最早成功地运用波动光学原理解释衍射现象的是菲涅耳(1818年)。他把惠更斯在17世纪提出的惠更斯原理用干涉理论加以补充,发展成为惠更斯–菲涅耳原理,从而相当完善地解释了光的衍射。在光的电磁理论出现之后,人们知道光是一种电磁波,因而光波通过小孔之类的衍射问题应该作为电磁场的边值问题来求解。但一般说来这种普遍解法很复杂,实际所用的衍射理论都是一些近似解法,例如菲涅耳半波带法、基尔霍夫(G. Kirchhoff,1824—1887)衍射理论。本章将只给出基尔霍夫衍射理论的结果。

衍射现象通常分为两类进行研究:(1)**菲涅耳衍射**,(2)**夫琅禾费**(J. Fraunhofer,1787—1826)**衍射**。菲涅耳衍射是观察屏或光源在距离衍射屏不是太远时观察到的衍射现象,如上述的衍射实验;夫琅禾费衍射是光源和观察屏距离衍射屏都相当于无限远的衍射。夫琅禾费衍射的计算比较简单,并且在光学系统成像理论和现代光学中有着特别重要的意义,因此本章将侧重于讨论夫琅禾费衍射。本章最后介绍现代光学的两个重要课题——全息照相和光信息处理。我们将会看到光的衍射和这些课题有着特别紧密的联系。

3.1 衍射基本理论

1. 惠更斯原理

1690 年惠更斯为了说明波在空间各点逐步传播的机理,曾提出一个假设:波前(波阵面)上的每一点都可以视为一个次级扰动中心,发出球面子波;在后一时刻这些子波的包络面就是新的波前。惠更斯的这一假说,通常被称为**惠更斯原理**。我们知道,波前的法线方向就是光波的传播方向(在各向同性介质中也是光线的方向),所以应用惠更斯原理可以决定光波从一个时刻到另一时刻的传播。

利用惠更斯原理可以说明衍射现象的存在。为此,我们再来考察上述衍射实验。当光源发出的球面波前到达圆孔边缘时,波前只有 DD' 部分暴露在圆孔范围内,其余部分受光屏 K 阻挡(图 3.2)。按照惠更斯原理,暴露在圆孔范围内的波前上的各点可以看作次级扰动中心,发出球面子波,并且这些子波的包络面决定圆孔后的新的波前。由图 3.2 可见,新的波前扩展到 SD,SD' 锥体之外,在锥体外光波不再沿原光波方向传播。这就是衍射。

利用惠更斯原理虽然可以说明衍射的存在,但不能确定光波通过圆孔后沿不同方向传播的振幅,因而也就无法确定衍射图样中的光强分布。

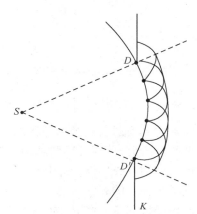

图 3.2 光波通过圆孔的惠更斯作图法

2. 惠更斯-菲涅耳原理

菲涅耳在研究了光的干涉现象之后,考虑到惠更斯子波来自同一光源,它们应该是相干的。因而认为波前外任一点的光振动是波前上所有子波相干叠加的结果。经过菲涅耳用子波相干叠加思想补充的惠更斯原理叫作**惠更斯-菲涅耳原理**。

惠更斯-菲涅耳原理是研究衍射问题的理论基础,而衍射问题的核心是求解衍射场的复振幅分布或光强分布。下面我们讨论如何应用惠更斯-菲涅耳原理求解这类问题。为此,考察点光源 S 发出的单色球面波在带有开孔的衍射屏 K 上的衍射(图 3.3)。设 $\mathscr{W}'$ 是球面波到达衍射屏开孔时的波面,其半径为 R,并设 P 点是衍射屏后待确定其振幅的一点。我们知道,波面 $\mathscr{W}'$ 上某点 Q 的复振幅可表示为

$$\mathscr{E}_Q = \frac{A}{R}\exp(ikR) \tag{3.1-1}$$

式中,A 是离点光源 S 单位距离处的振幅。按照惠更斯-菲涅耳原理,波面 $\mathscr{W}'$ 上每一点或面元($d\omega$)可看作一个次级扰动的中心,这个扰动以球面子波的形式传播,因此,Q 点面元 $d\omega$ 在 P 点产生的复振幅为

$$dE(P) = C\mathscr{E}_Q \frac{\exp(ikr)}{r}\mathscr{K}(\theta)d\omega \tag{3.1-2}$$

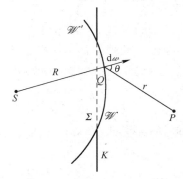

图 3.3 应用惠更斯-菲涅耳原理求解衍射屏后某点的复振幅

式中，C 为比例常数；$r=QP$；$\mathscr{K}(\theta)$ 是菲涅耳引入的倾斜因子，表示球面子波振幅随方向的变化，θ 是 Q 点法线与 QP 方向的夹角（常称为**衍射角**）。菲涅耳假设在原来的传播方向上，即 $\theta=0$ 时，$\mathscr{K}$ 最大；在 QP 与波面相切，即 $\theta=\pi/2$ 时，$\mathscr{K}$ 为零。注意到波面 $\mathscr{W}$ 上受衍射屏不透明部分挡住的面元不会对 P 点的复振幅有贡献，只有衍射屏开孔部分的波面 $\mathscr{W}$ 发出的子波对 P 点有贡献。因此，P 点的复振幅应是 $\mathscr{W}$ 面上所有面元产生的复振幅的叠加：

$$E(P) = C\mathscr{E}_Q \iint_{\mathscr{W}} \frac{\exp(\mathrm{i}kr)}{r}\mathscr{K}(\theta)\mathrm{d}\omega \qquad (3.1\text{-}3)$$

上式称为**菲涅耳衍射公式**，是惠更斯–菲涅耳原理的数学表示。应该指出，式（3.1-3）的积分面可以选取波面 $\mathscr{W}$，也可以选取开孔面 Σ（图 3.3 中虚线所示）或其他以开孔为边界的曲面。这时平面或曲面上各点的振幅和位相是不同的，即 $\mathscr{E}_Q$ 与 Q 点位置有关。将 $\mathscr{E}_Q$ 写为 $\mathscr{E}(Q)$，这样 Σ 上所有面元（$\mathrm{d}\sigma$）发出的子波在 P 点产生的复振幅为

$$E(P) = C\iint_{\Sigma} \mathscr{E}(Q) \frac{\exp(\mathrm{i}kr)}{r}\mathscr{K}(\theta)\mathrm{d}\sigma \qquad (3.1\text{-}4)$$

上式可以看成是菲涅耳衍射公式的推广。

3. 菲涅耳–基尔霍夫衍射公式

菲涅耳衍射公式中的倾斜因子 $\mathscr{K}(\theta)$ 没有给出具体形式，它是菲涅耳设想出来的，缺乏理论依据。因此，菲涅耳衍射理论仍然是不完善的。基尔霍夫弥补了菲涅耳衍射理论的不足，他从微分波动方程出发，利用场论中的格林（G. Green，1793—1841）定理，给惠更斯–菲涅耳原理找到了较完善的数学表达式，也得到了菲涅耳衍射理论中没有确定的倾斜因子的具体形式。对于球面波在 Σ 上的衍射（图 3.4），基尔霍夫导出的计算公式为

$$E(P) = \frac{1}{\mathrm{i}\lambda}\iint_{\Sigma} \mathscr{E}(Q) \frac{\exp(\mathrm{i}kr)}{r} \frac{\cos\theta + \cos\theta_0}{2}\mathrm{d}\sigma \quad (3.1\text{-}5)$$

上式称为**菲涅耳–基尔霍夫衍射公式**。其中 $E(P)$ 仍然是 Σ 后任一点 P 的复振幅，$\mathscr{E}(Q)$ 是单色球面波传播到 Σ 上 Q 点的复振幅，θ 和 θ_0 分别是 QP 和 SQ 与开孔平面法线的夹角。在形式上，式（3.1-5）与菲涅耳衍射公式（3.1-4）基本相同，事实上，若令

$$C=\frac{1}{\mathrm{i}\lambda}, \quad \mathscr{K}(\theta)=\frac{\cos\theta+\cos\theta_0}{2} \qquad (3.1\text{-}6)$$

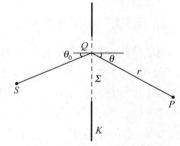

图 3.4　球面波在开孔 Σ 上的衍射

式（3.1-5）就是菲涅耳衍射公式（3.1-4）。因此，菲涅耳–基尔霍夫衍射公式也可以按照惠更斯–菲涅耳原理的基本思想给予解释。此外，从基尔霍夫公式给出的倾斜因子［式（3.1-6）］，我们注意到当 $\theta_0=0$ 时（比如平面波垂直入射开孔），$\cos\theta_0=1$，此时

$$\mathscr{K}(\theta)=\frac{1+\cos\theta}{2} \qquad (3.1\text{-}7)$$

可见 $\theta=\pi/2$ 时，$\mathscr{K}\neq0$。因此，菲涅耳假定的 $\mathscr{K}(\pi/2)=0$ 是不准确的。

3.2　菲涅耳衍射和夫琅禾费衍射

前已指出，光的衍射可以分为菲涅耳衍射和夫琅禾费衍射两类进行研究。本节将首先从

实验上看一下两类衍射现象的一些特点,然后讨论如何利用式(3.1-5)计算这两类衍射问题。

3.2.1　两类衍射现象的特点

考察单色平面光波垂直照明不透明屏上的圆孔发生的衍射现象(见图3.5)。实验表明,在圆孔后不同距离上的三个区域内(图3.5中以A,B,C表示),在观察屏上看到的光波通过圆孔的光强分布,即衍射图样是很不相同的。对于在靠近圆孔的A区内的观察屏,看到的是边缘清晰,形状和大小与圆孔基本相同的圆形光斑。它可以看作圆孔的投影,即光的传播可看作是沿直线进行的,衍射现象不明显。当观察屏向后移动,进入B区时,我们看到光斑略为变大,边缘逐渐模糊,并且光斑内出现亮暗相间的圆形条纹,衍射现象此时已明显起来。在B区内,若观察屏继续后移,光斑将不断扩大,且光斑内圆形条纹数减少,光斑中心有亮暗交替的变

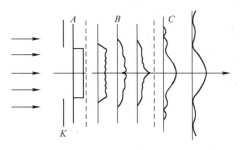

图 3.5　衍射现象实验示意图

化。这表明,在B区内随着距离的变化,衍射光强分布的大小范围和形式都会发生变化。在B区内发生的衍射即为菲涅耳衍射,上述特点就是菲涅耳衍射的基本特征。C区是距离圆孔很远的区域,观察屏在C区内移动时,屏上衍射光强分布只有大小变化而形式不改变。此时的衍射属于夫琅禾费衍射。

通常,B区和C区分别称为**近场区**和**远场区**,它们距离衍射屏有多远,还要取决于圆孔的大小和入射光的波长。对一定波长的光来说,圆孔越大,相应的距离也越远。例如,对于光波波长为 600 nm 和圆孔直径为 2 cm 的情形,B区的起点距离要大于 25 cm,而C区距离大于160 cm(参见例题 3.1)。

由于C区距离远大于衍射圆孔的直径,所以通常我们把夫琅禾费衍射看作是在无穷远处发生的衍射。单缝衍射动态演示请扫二维码。

3.2.2　衍射的近似计算公式

应用式(3.1-5)计算衍射问题时,由于被积函数的形式比较复杂,即使对于很简单的问题也不易以解析形式求出结果。但是,在实际问题中,存在着允许我们对被积函数进行近似处理的条件。下面我们来讨论这个问题,并导出两类衍射的近似计算公式。

假定单色平面光波垂直照明不透明屏上任意形状的小孔Σ(图3.6),孔面上任意点Q的坐标为x_1,y_1,光通过小孔在孔面上的复振幅分布为$\mathscr{E}(x_1,y_1)$,那么式(3.1-5)可写为

$$E(P)=\frac{1}{\mathrm{i}\lambda}\iint_{\Sigma}\mathscr{E}(x_1,y_1)\,\frac{\exp(\mathrm{i}kr)}{r}\,\frac{1+\cos\theta}{2}\mathrm{d}x_1\mathrm{d}y_1$$

$$(3.2-1)$$

考虑到在一般情况下,衍射孔的线度比观察屏到衍射孔的距离要小得多,在观察屏上的考察范围也比观察屏到衍射孔的距离小得多,因此可认为衍射角θ很小,$\cos\theta\approx1$。并且,式(3.2-1)分母中的r可用观察屏到衍射孔的垂直距离z_1代替,因为r的变化只影响球面子波的振幅,当r变化很小时,这种影响是微不足道

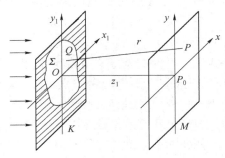

图 3.6　小孔Σ衍射的坐标系

的。取这两点近似(亦称傍轴近似)后,式(3.2-1)可以写为

$$E(x,y)=\frac{1}{i\lambda z_1}\iint_\Sigma \mathscr{E}(x_1,y_1)\exp(ikr)\,dx_1dy_1 \tag{3.2-2}$$

式中,x,y 是观察屏上 P 点的坐标。式中复指数中的 r 没有以 z_1 代替,这是因为在复指数中它影响的是子波的位相,每当 r 变化半个波长时,子波的位相就要改变 π,这对于 P 点的子波干涉将产生显著影响。尽管如此,根据具体的衍射问题,对指数中的 r 还是可以取某种近似的。由图 3.6 可知

$$r=\sqrt{z_1^2+(x-x_1)^2+(y-y_1)^2}=z_1\left[1+\left(\frac{x-x_1}{z_1}\right)^2+\left(\frac{y-y_1}{z_1}\right)^2\right]^{1/2}$$

对上式做二项式展开,得到

$$r=z_1\left\{1+\frac{1}{2}\left[\frac{(x-x_1)^2+(y-y_1)^2}{z_1^2}\right]-\frac{1}{8}\left[\frac{(x-x_1)^2+(y-y_1)^2}{z_1^2}\right]^2+\cdots\right\} \tag{3.2-3}$$

在衍射孔和观察范围确定以后,只要 z_1 值大到使第三项后的高次项对位相的作用远小于 π,第三项以后的高次项便可忽略。此时可近似地以头两项来表示 r,即

$$r\approx z_1\left\{1+\frac{1}{2}\left[\frac{(x-x_1)^2+(y-y_1)^2}{z_1^2}\right]\right\}=z_1+\frac{x^2+y^2}{2z_1}-\frac{xx_1+yy_1}{z_1}+\frac{x_1^2+y_1^2}{2z_1} \tag{3.2-4}$$

这个近似称为**菲涅耳近似**,满足这个近似条件的区域称为**菲涅耳衍射区**。把式(3.2-4)代入式(3.2-2),即可得到平面波正入射时,菲涅耳衍射的计算公式:

$$E(x,y)=\frac{\exp(ikz_1)}{i\lambda z_1}\iint_\Sigma \mathscr{E}(x_1,y_1)\exp\left\{\frac{ik}{2z_1}\left[(x-x_1)^2+(y-y_1)^2\right]\right\}dx_1dy_1 \tag{3.2-5}$$

如果,观察屏离衍射孔更远,z_1 值很大,在菲涅耳近似的基础上还可做进一步的处理。我们注意到,在式(3.2-4)中,第二项和第四项分别取决于观察范围和衍射孔线度相对于 z_1 的大小,当 z_1 很大而使得第四项对位相的贡献远小于 π,即

$$k\frac{(x_1^2+y_1^2)_{max}}{2z_1}\ll\pi \tag{3.2-6}$$

时,第四项便可以略去。式(3.2-4)的第二项也是一个比 z_1 小得多的量,但它要比第四项大得多,因为随着 z_1 的增大,衍射光波的范围将不断扩大。所以,在满足式(3.2-6)的条件下,式(3.2-4)可进一步近似为

$$r\approx z_1+\frac{x^2+y^2}{2z_1}-\frac{xx_1+yy_1}{z_1} \tag{3.2-7}$$

这个近似称为**夫琅禾费近似**,满足它成立条件的区域称为**夫琅禾费衍射区**。把式(3.2-7)代入式(3.2-2),得到夫琅禾费衍射计算公式为

$$E(x,y)=\frac{\exp(ikz_1)}{i\lambda z_1}\exp\left[\frac{ik}{2z_1}(x^2+y^2)\right]\iint_\Sigma \mathscr{E}(x_1,y_1)\exp\left[-\frac{ik}{z_1}(xx_1+yy_1)\right]dx_1dy_1 \tag{3.2-8}$$

上式积分号内的复指数函数的位相因子是坐标 x_1,y_1 的线性函数,而式(3.2-5)中相应函数的位相因子是坐标 x_1,y_1 的二次函数,这是通常夫琅禾费衍射比菲涅耳衍射计算要简单的根本原因。另外,顺便指出,按照上述划分衍射区域的方法,菲涅耳衍射区应包含夫琅禾费衍射区,但是习惯上我们所指的菲涅耳衍射只是在近场区(B 区)发生的衍射,不包括夫琅禾费衍射。

例题 3.1 不透明屏上圆孔的直径为 0.2 mm,受波长为 600 nm 的平行光垂直照射,试估算菲涅耳衍射区和夫琅禾费衍射区起点到圆孔的距离。

解 为满足菲涅耳近似的成立条件,要求[见式(3.2-3)]

$$\frac{k}{8}\frac{[(x-x_1)^2+(y-y_1)^2]^2_{\max}}{z_1^3}\ll\pi$$

或者

$$z_1^3\gg\frac{1}{4\lambda}[(x-x_1)^2+(y-y_1)^2]^2_{\max}$$

由于菲涅耳衍射光斑只略有扩大,为了进行估算,可取$[(x-x_1)^2+(y-y_1)^2]$的最大值,例如为 $2\ \mathrm{cm}^2$,则要求

$$z_1^3\gg\frac{4}{4\times6\times10^{-5}}\ \mathrm{cm}^3\approx16\ 000\ \mathrm{cm}^3$$

即 $z_1\gg25\ \mathrm{cm}$。

对于夫琅禾费衍射,需满足式(3.2-6)

$$k\frac{(x_1^2+y_1^2)_{\max}}{2z_1}\ll\pi$$

同样,为了进行估计,取$(x_1^2+y_1^2)_{\max}$为合理范围的某一确定值,例如 $1\ \mathrm{cm}^2$,则 z_1 必须满足 $z_1\gg\dfrac{(x_1^2+y_1^2)_{\max}}{\lambda}\approx160\ \mathrm{m}$。

3.2.3　夫琅禾费衍射与傅里叶变换

夫琅禾费衍射计算公式(3.2-8)的积分域是不透明屏上的开孔面 Σ,由于在 Σ 之外,复振幅 $\mathscr{E}(x_1,y_1)=0$,所以式(3.2-8)也可以写成对整个 x_1,y_1 平面积分:

$$E(x,y)=\frac{\exp(\mathrm{i}kz_1)}{\mathrm{i}\lambda z_1}\exp\left[\frac{\mathrm{i}k}{2z_1}(x^2+y^2)\right]\iint_{-\infty}^{\infty}\mathscr{E}(x_1,y_1)\exp\left[-\mathrm{i}2\pi\left(\frac{x}{\lambda z_1}x_1+\frac{y}{\lambda z_1}y_1\right)\right]\mathrm{d}x_1\mathrm{d}y_1 \quad (3.2\text{-}9)$$

如果令 $u=\dfrac{x}{\lambda z_1},v=\dfrac{y}{\lambda z_1}$,则式(3.2-9)又可以写为

$$E(x,y)=\frac{\exp(\mathrm{i}kz_1)}{\mathrm{i}\lambda z_1}\exp\left[\frac{\mathrm{i}k}{2z_1}(x^2+y^2)\right]\iint_{-\infty}^{\infty}\mathscr{E}(x_1,y_1)\exp[-\mathrm{i}2\pi(ux_1+vy_1)]\mathrm{d}x_1\mathrm{d}y_1 \quad (3.2\text{-}10)$$

把上式的积分与式(1.10-5)对照,可见两者完全类似,它们分别是二维和一维的傅里叶变换式[①]。在式(1.10-5)中,傅里叶变换(频谱)的**空间频率**为 $1/\lambda\left(k=2\pi\cdot\dfrac{1}{\lambda}\right)$,而在式(3.2-10)中,变换的空间频率为 $u,v;u=\dfrac{x}{\lambda z_1}$ 和 $v=\dfrac{y}{\lambda z_1}$ 分别为 x 方向和 y 方向的空间频率。式(3.2-10)积分号外的因子 $\exp\left[\dfrac{\mathrm{i}k}{2z_1}(x^2+y^2)\right]$ 是一个二次位相因子,与 x,y 有关;另一个因子 $\dfrac{\exp(\mathrm{i}kz_1)}{\mathrm{i}\lambda z_1}$ 与 x,y 无关,在只考虑复振幅的相对分布时可以略去。因此,我们可以说,**除了一个二次位相因子,夫琅禾费衍射的复振幅分布是衍射屏平面上复振幅分布的傅里叶变换**。在计算夫琅禾费衍射的光强分布时,二次位相因子不起作用(它与自身的复共轭相乘时自动消失),所以夫琅禾费衍射的光强分布可由傅里叶变换式直接求出。夫琅禾费衍射公式的这一意义,不仅表明可以用傅里叶变换方法来计算夫琅禾费衍射问题,而且表明傅里叶变换的模拟运算可以利用光学

---

① 二维傅里叶变换参阅附录 A。

方法来实现,在现代光学中其意义十分重要。

在观察夫琅禾费衍射时,我们都是在衍射屏后设置一个透镜来缩短观察距离的(见3.4节)。这时在透镜后焦面上的衍射图样与没有透镜时在很远的 z_1 处的图样是完全相似的。因此,透镜后焦面上的图样也可以应用式(3.2-10)计算,只是将其中的 z_1 换成透镜的焦距 f 即可。可以证明,如果这时衍射屏又置于透镜的前焦面,则式(3.2-10)中积分号外的二次位相因子 $\exp\left[\dfrac{ik}{2f}(x^2+y^2)\right]$ 被消去,透镜后焦面上的复振幅分布是衍射屏平面上复振幅分布的**准确的傅里叶变换**(简称衍射屏的频谱)。在本章最后两节的讨论中,需要用到这种傅里叶变换系统。

3.3 菲涅耳圆孔衍射和圆屏衍射

菲涅耳衍射是在近场区观察到的衍射现象,在普通情况下它比夫琅禾费衍射容易实现,所以在历史上它是首先被观察到和被研究的。但是,即使对于形状简单的衍射屏,如圆孔、圆屏的衍射,利用3.2节给出的积分公式计算衍射场也并不容易。在这种情况下,常常利用某种简化方法代替积分运算,定性和半定量地说明衍射现象的一些基本特征。本节将介绍半波带法,并用它来说明菲涅耳圆孔衍射和圆屏衍射。

3.3.1 菲涅耳圆孔衍射与半波带法

菲涅耳圆孔衍射的一般设置如图3.1所示,单色点光源 S 和观察屏 M 距离圆孔为有限远。但是,通常光源离圆孔的距离要比圆孔大得多,为讨论简便起见,可以假定光源发出的光波为平面波且垂直照射在圆孔上(见图3.7)。我们用半波带法来说明菲涅耳圆孔衍射的基本特征。

设平面光波在圆孔范围内的波面为 $\varSigma$,通过圆孔中心 C 且垂直于圆孔平面的轴线与观察屏交点为 P_0,$CP_0=z_1$。显然 P_0 就是衍射图样的中心,为确定 P_0 处的复振幅,将波面 $\varSigma$ 按以下方法划分:以 P_0 为中心,以 $z_1+\lambda/2,z_1+\lambda,z_1+3\lambda/2,\cdots$ 为半径在波面 $\varSigma$ 上画圆,将波面 $\varSigma$ 分成几个环带。这些环带的相应边缘点到 P_0 的光程逐个相差半个波长,故这些环带称为**半波带**。根据惠更斯–菲涅耳原理,P_0 点的复振幅应是波面 $\varSigma$ 上所有半波带发出的子波在 P_0 点产生的复振幅的叠加。

下面首先求出一个半波带在 P_0 点产生的复振幅。我们知道,复振幅包括振幅和空间位相因子。据3.1节所述,一个波面产生的振幅正比于它的面积,反比于波面到考察点的距离,并且依赖于倾斜因子 $\dfrac{1}{2}(1+\cos\theta)$。因此,由中心向外计算,第 j 个半波带在 P_0 点产生的振幅可表示为

$$a_j=\frac{A_j}{z_j}\cdot\frac{1+\cos\theta}{2}$$

式中,z_j 是半波带到 P_0 的平均距离,A_j 是半波带面积。由图3.7可见,A_j 等于波面上半径分别为 r_j 和 r_{j-1} 的两个圆的面积之差,而 r_j 由下式给出:

$$r_j=\left[\left(z_1+j\frac{\lambda}{2}\right)^2-z_1^2\right]^{1/2}=\sqrt{jz_1\lambda}\left(1+\frac{j\lambda}{4z_1}\right)^{1/2}$$

由于 $z_1\gg\lambda$,可取 $r_j=\sqrt{jz_1\lambda}$ (3.3-1)

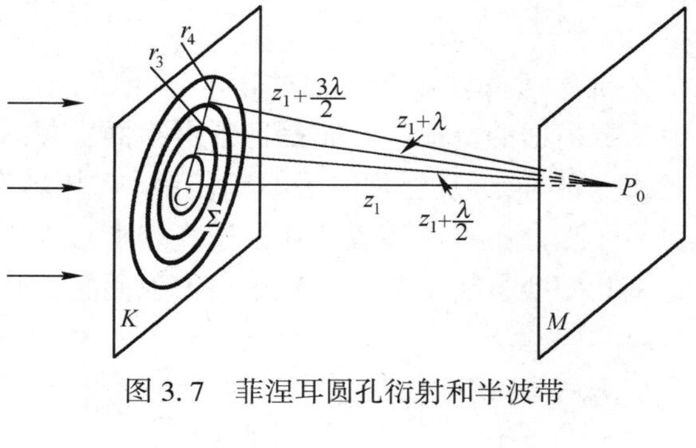

图3.7 菲涅耳圆孔衍射和半波带

因此
$$A_j = \pi(r_j^2 - r_{j-1}^2) = \pi z_1 \lambda \qquad (3.3\text{-}2)$$

即半波带的面积与 j 关系很小,近似地各半波带的面积相等。这样,半波带产生的振幅只与半波带到 P_0 的距离和倾斜因子有关。半波带的序数 j 越大,距离 z_j 和倾角 θ_j 也越大,因此半波带在 P_0 产生的振幅将随 j 的增大而单调减小,即

$$a_1 > a_2 > a_3 > \cdots$$

对于空间位相因子,考虑到自相邻半波带的相应点到 P_0 的光程差为半波长,它们发出的子波在 P_0 的位相差为 π,若取第一半波带在 P_0 的位相为零,则其余半波带在 P_0 的位相就是 $\pi, 2\pi, 3\pi, 4\pi, \cdots$。因此,各半波带在 P_0 的复振幅分别为 $a_1, -a_2, a_3, -a_4, \cdots$。其总和为

$$E(P_0) = a_1 - a_2 + a_3 - a_4 + \cdots - (-1)^n a_n$$

又可写为

$$E(P_0) = \frac{a_1}{2} + \left(\frac{a_1}{2} - a_2 + \frac{a_3}{2} \right) + \left(\frac{a_3}{2} - a_4 + \frac{a_5}{2} \right) + \cdots + \begin{cases} \dfrac{a_n}{2} & (n\text{ 为奇数}) \\[2mm] \dfrac{a_{n-1}}{2} - a_n & (n\text{ 为偶数}) \end{cases} \qquad (3.3\text{-}3)$$

对于单调下降数列,近似有

$$a_2 = \frac{a_1}{2} + \frac{a_3}{2}, \quad a_4 = \frac{a_3}{2} + \frac{a_5}{2}, \quad \cdots, \quad \frac{a_{n-1}}{2} - a_n = -\frac{a_n}{2}$$

因此,式(3.3-3)可写为
$$E(P_0) = \begin{cases} \dfrac{a_1}{2} + \dfrac{a_n}{2} & (n\text{ 为奇数}) \\[2mm] \dfrac{a_1}{2} - \dfrac{a_n}{2} & (n\text{ 为偶数}) \end{cases} \qquad (3.3\text{-}4)$$

可见,P_0 点的复振幅和光强与圆孔包含的半波带数 n 有关。n 为奇数时,P_0 点光强较大;n 为偶数时,P_0 点光强较小。因此,如果圆孔的半径可变,当圆孔半径增大或减小使 n 发生奇偶变化时,P_0 点将发生亮暗交替的变化。另一种情形也会发生 n 的奇偶变化,那就是保持圆孔大小不变,把观察屏沿光轴 CP_0 平移,这时会看到上节所述的菲涅耳衍射图样中心明暗变化的现象。

上述两种情形都假定所讨论的是小圆孔,它包含的半波带数目不是太大。如果圆孔非常大,或者根本不存在圆孔衍射屏(光波自由传播),这时波面包含的半波带数很大,并且 $a_n \to 0$,则由式(3.3-4)可得

$$E(P_0) = a_1/2 \qquad (3.3\text{-}5)$$

即这时 P_0 的复振幅等于第一半波带产生的复振幅的一半,光强为第一半波带产生的光强的 1/4。由此可见,当圆孔包含的半波带的数目很大时,圆孔的大小不再影响 P_0 点的光强。这个结论与几何光学的结论是一致的。因此,可以说几何光学是波动光学的一种极限情形。

下面举例说明上述情况。设圆孔的半径 $r = 0.5$ cm,入射光波长 $\lambda = 500$ nm,根据式(3.3-2),对于距离圆孔 $z_1 = 50$ cm 的 P_0 点,圆孔包含的波带数(也称**菲涅耳数**)为

$$n = \frac{\pi r^2}{\pi z_1 \lambda} = \frac{(0.5)^2 \text{ cm}^2}{50 \times 500 \times 10^{-7} \text{ cm}^2} = 100$$

在此情况下,圆孔包含的波带数很大,即使继续增大圆孔,对 P_0 点的光强也不会产生影响,这与几何光学的结论一致。

相反的极端情况是圆孔包含的半波带数目很少,比如 P_0 点离圆孔很远使圆孔正好包含一

个半波带,这时 P_0 点的光强是衍射屏不存在时 P_0 点光强的 4 倍。这一情形强烈地表现了光的衍射效应。在 P_0 点的距离更远时,圆孔已不足以包含一个半波带,则 P_0 点始终是亮点,实际上这时已进入夫琅禾费衍射区。

以上讨论的是圆孔衍射图样中心点 P_0 的光强,对于中心点外各点的光强原则上也可以用半波带法来分析。例如对于 P 点(图3.8(a)),可以 P 为中心,分别以 $z_1+\lambda/2$, $z_1+\lambda$, $z_1+3\lambda/2$, $\cdots$

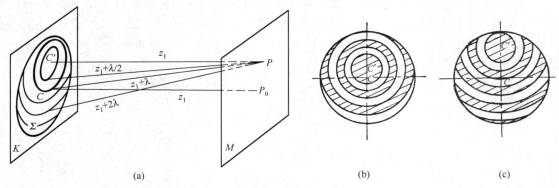

(a)   (b)   (c)

图3.8   衍射图样中心 P_0 外的点的半波带

为半径在 Σ 上做半波带(z_1 为 P 到圆孔衍射屏的垂直距离)。由于 P 点在圆孔面上垂线的垂足 C' 偏离圆孔中心 C,所以半波带对圆孔中心不再对称,一些序数较大的半波带将部分地受到圆孔屏的遮蔽,只有或多或少一部分在圆孔范围暴露出来。这些半波带在 P 点产生的光强,不仅取决于它们的数目,而且也取决于每个半波带露出部分的面积。精确地计算 P 点的光强是不容易的,但可以预料,随着 P 点离开 P_0 点,其光强将时大时小地变化。如对图3.8(b)所示的情形,露出的半波带共有 6 个,其中头 4 个半波带的作用基本上互相抵消,剩下的两个半波带由于面积不等,它们的子波叠加不能完全抵消,但作用已经很小,所以对应这一情形的 P 点的光强很小。可是,对于图3.8(c)的情形,除第一半波带外,其余半波带均或多或少地受到圆孔屏的阻挡,它们的作用大部分互相抵消,加上第一半波带的作用后,P 点的光强是较大的。考虑到整个装置的轴对称性,在观察屏上离 P_0 点距离相等的 P 点都应有相同的光强。因此,圆孔的菲涅耳衍射图样是一组亮暗交替的同心圆环条纹,其中心可能是亮点(图3.1(b)),也可能是暗点(图3.9)。

图3.9   菲涅耳圆孔衍射图样

3.3.2   菲涅耳圆屏衍射

一个不透明的小圆屏的菲涅耳衍射如图3.10(a)所示;图3.10(b)是其衍射图样。菲涅耳圆屏衍射图样最显著的特点是中心点始终为亮点,当观察屏与圆屏的距离改变时,中心点没有亮暗交替变化。其次,衍射图样也是一些明暗相间的圆形条纹。为了说明圆屏衍射的这些特点,也可以采用半波带法进行分析。为此,以 P_0 为中心,分别以 $z_0+\lambda/2$, $z_0+2\lambda/2$, $z_0+3\lambda/2$, $\cdots$ 为半径(z_0 是圆屏边缘点到 P_0 点的距离)在到达圆屏的波面上做半波带(见图3.10(a))。按照式(3.3-5),波面上所有的半波带在 P_0 点产生的复振幅应为第一半波带产生的复振幅的一半,而光强为第一半波带在 P_0 点产生的光强的 1/4。因此,衍射图样中心不会是全暗的,总是亮点。不过,应该指出,当圆屏较大时,由于从圆屏边缘开始做的第一半波带对 P_0 点的作用已经很小,所以 P_0 点的强度实际上接近于零,一般很难看出是个亮点。至于衍射条纹,也可用分析菲涅耳圆孔衍射类似的方法讨论,这里不再赘述。

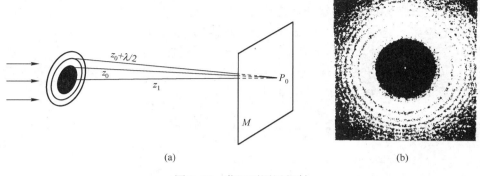

图 3.10　菲涅耳圆屏衍射

3.3.3　菲涅耳波带片

从上面的讨论可知,以 P_0 点为中心对波面划分的半波带中,奇数半波带(或偶数半波带)在 P_0 点产生的复振幅是同位相的。因此,如果设想制成一个特殊的光阑,使得奇数半波带畅通无阻,而偶数半波带完全被阻挡,或者使奇数半波带被阻挡而偶数半波带畅通,那么各通光半波带在 P_0 点产生的复振幅将同位相叠加,P_0 点的振幅和光强会大大增加。例如,设这种光阑包含 20 个半波带,让 $1,3,5,\cdots,19$ 等奇数半波带通光,而偶数半波带不通光,则 P_0 点的振幅为

$$E = a_1 + a_3 + \cdots + a_{19} \approx 10a_1 = 20a$$

式中,a 是光阑不存在时(光波自由传播时)P_0 点的振幅。光强为

$$I_{20} \approx (20a)^2 = 400I$$

即光强约为光阑不存在时的 400 倍。

这种将奇数半波带或偶数半波带挡住的特殊光阑称为**菲涅耳波带片**。它的聚光作用类似一个普通透镜。图 3.11(a)和(b)分别是将奇数半波带和偶数半波带挡住(涂黑)的两块菲涅耳波带片。

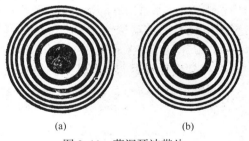

图 3.11　菲涅耳波带片

菲涅耳波带片不仅在聚光方面类似普通透镜,而且在成像方面也类似于普通透镜。设图 3.11(a)和(b)所示的波带片是对应于一定的波长 λ 和波带片后距离为 f 的轴上点 P_0 的,那么当用波长 λ 的平行光垂直照射波带片时,将在 P_0 产生极大的光强。类似于普通透镜的作用,P_0 点也称为波带片的**焦点**,而距离 f 就是波带片的**焦距**。显然,波带片的焦点也可以理解为波带片对无穷远的轴上点光源所成的像,而 f 则是对应于物距无穷大的像距。

据式(3.3-1),波带片第 j 个半波带的外圆半径为 $r_j = \sqrt{jz_1\lambda}$,因此波带片焦距为

$$f = z_1 = \frac{r_j^2}{j\lambda} \tag{3.3-6}$$

波带片除了对无穷远的点光源有类似普通透镜的成像关系,对有限远的轴上点光源也有一个与普通薄透镜成像公式类似的成像关系式(参见例题 5.3):

$$\frac{1}{R}+\frac{1}{z_1}=\frac{1}{f} \tag{3.3-7}$$

式中, R 和 z_1 分别是波带片的物距和像距。

应该指出, 波带片和普通透镜的成像也有不同之处。主要是波带片不仅有上述的一个焦点 P_0 (也称**主焦点**), 还有一系列光强较弱的**次焦点** $P_1, P_2, P_3, \cdots$, 它们距离波带片分别为 $f/3, f/5, f/7, \cdots$。波带片具有多个焦点的事实, 不难利用半波带法来说明。此外, 从波带片作为一个类似光栅的衍射屏来考虑(见 3.8 节), 波带片除有上述实焦点外, 还应有一系列与实焦点位置对称的虚焦点 $P_0', P_1', P_2', \cdots$(见图 3.12)。

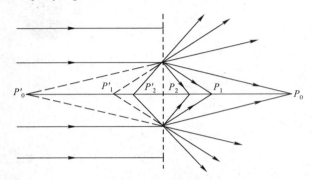

图 3.12　波带片的实焦点和虚焦点

其次, 由式(3.3-6)可见, 波带片的焦距 f 和波长 λ 成反比, 正好与普通透镜的焦距色差相反。色差较大是波带片的重要缺点。但波带片的优点是, 它适用的波段范围广。比如用金属薄片制作的波带片, 由于透明环带没有任何材料, 它可以在从紫外线到软 X 射线的波段内做透镜用, 而普通玻璃透镜只能在可见光区内使用。另外, 还有声波和微波的波带片。

波带片可以用照相复制法制作。先在一张白纸上画出放大的波带片图案, 再用照相方法精缩, 得到底片后翻印在胶片或玻璃感光板上, 也可以在金属薄片上蚀刻出空心环带。

例题 3.2　如图 3.13 所示, 光源 S 和考察点 P_0 在通过圆孔中心的轴线上, S 和 P_0 到圆孔中心的距离分别为 R 和 z_1。圆孔的半径为 r, 试导出圆孔包含的菲涅耳半波带数的表达式。如果光波波长 $\lambda = 500$ nm, 圆孔半径 $r = 0.866$ mm, 圆孔到 S 和 P_0 的距离 $R = z = 1$ m。求圆孔包含多少个半波带? P_0 点光强和没有圆孔屏时的光强之比是多少?

解　由图 3.13, 第 j 个半波带的半径可以表示为

$$r_j^2 = z_j^2 - (z_1 + h)^2 = z_j^2 - z_1^2 - 2z_1 h - h^2$$

式中, h 为弓形高。由于 $h \ll z_1$, 可略去 h^2, 得到

$$r_j^2 = z_j^2 - z_1^2 - 2z_1 h$$

因为 $z_j = z_1 + j\lambda/2$, 所以

$$z_j^2 - z_1^2 = jz_1\lambda + j^2\left(\frac{\lambda}{2}\right)^2 \approx jz_1\lambda$$

又根据图 3.13 的几何关系

$$r_j^2 = R^2 - (R - h)^2 = z_j^2 - (z_1 + h)^2$$

可以得到

$$h = \frac{z_j^2 - z_1^2}{2(R + z_1)} = \frac{jz_1\lambda}{2(R + z_1)}$$

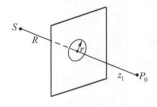

图 3.13　例题 3.2 用图

因此

$$r_j^2 = z_j^2 - z_1^2 - 2z_1 h = jz_1\lambda - j\frac{z_1^2}{R + z_1}\lambda = j\frac{z_1 R}{R + z_1}\lambda$$

可以得到
$$j = \frac{r_j^2(R+z_1)}{z_1 R \lambda}$$

故半径为 r 的圆孔包含的半波带数可表示为
$$j = \frac{r^2(R+z_1)}{z_1 R \lambda}$$

顺便指出,当光源 S 移至无穷远时(相当于平行光照明),上式化为
$$j = \frac{r^2}{z_1 \lambda}$$

与式(3.3-1)完全相同。

当 $\lambda = 500$ nm, $r = 0.866$ mm, $R = z_1 = 1$ m 时,圆孔包含的半波带数为
$$j = \frac{r^2(R+z_1)}{z_1 R \lambda} = \frac{(0.866)^2 \times (1\,000+1\,000)}{(1000)^2 \times (500 \times 10^{-6})} = 3$$

因为相邻两个半波带在 P_0 点干涉的相消作用,所以圆孔在 P_0 点产生的振幅实际上等于一个半波带在 P_0 点产生的振幅,并且近似地等于第一个半波带产生的振幅。没有圆孔屏时 P_0 点的振幅是第一个半波带产生的振幅的 $1/2$,故圆孔在 P_0 点产生的光强是没有圆孔屏时 P_0 点光强的 4 倍。

例题 3.3 证明:(1)波带片有一个类似普通透镜的成像公式;(2)若 f 是波带片的焦距,相应地确定一个主焦点,则在 $f/3, f/5, f/7, \cdots$ 还有一系列次焦点。

证 (1)假定波带片包含 j 个半波带,那么由例题 3.2 的结果,波带片的半径为
$$r^2 = \frac{j z_1 R \lambda}{R+z_1}$$

把上式改写为
$$\frac{1}{R} + \frac{1}{z_1} = \frac{j \lambda}{r^2}$$

令 $f = \dfrac{r^2}{j \lambda}$,便可得到一个类似普通透镜的成像公式:
$$\frac{1}{R} + \frac{1}{z_1} = \frac{1}{f}$$

式中,R 和 z_1 分别是波带片物距和像距,f 是焦距。

(2)对于主焦点而言,波带片包含 j 个半波带 $[j = r^2/(f\lambda)]$,而在 $z = f/3, f/5, f/7, \cdots$ 位置,相应的半波带序数要增加。例如在 $z_1 = f/3$ 处,对应的序数为
$$j' = r^2 \bigg/ \left(\frac{f}{3}\lambda\right) = 3j$$

即对主焦点而言的一个半波带,对 $z_1 = f/3$ 处的点而言就是 3 个半波带。其中两个相邻半波带的干涉互相抵消,只剩下一个半波带对 $z_1 = f/3$ 的点起作用,从而使这一点的光强比主焦点弱,称为次焦点。在 $z_1 = f/5, f/7, \cdots$ 各点,对应的半波带数分别为 $5j, 7j, \cdots$ 它们是一些更弱的次焦点。

例题 3.4 波长 $\lambda = 563.3$ nm 的平行光垂直射向直径 $D = 2.6$ mm 的圆孔,与圆孔相距 $z_1 = 1$ m 处放一屏幕,问:(1)屏幕上正对圆孔中心的 P_0 点是亮点还是暗点?(2)要使 P_0 点变成与(1)相反的情况,至少要把屏幕向前(同时求出向后)移动多少距离?

解 (1)P_0 点的亮暗取决于圆孔所包含的半波带数是奇数还是偶数。在平行光入射时,圆孔包含的半波带数为

$$j = \frac{r^2}{z_1 \lambda} = \frac{1.3^2}{10^3 \times 563.3 \times 10^{-6}} = 3$$

故 P_0 点是亮点。

（2）当 P_0 点向前移近圆孔时，圆孔所包含的半波带数增加，当半波带数增大为 4 时，P_0 变为暗点。这时 P_0 点到圆孔的距离为

$$z_1' = \frac{r^2}{j\lambda} = \frac{1.3^2}{4 \times 563.3 \times 10^{-6}} \text{ mm} = 750 \text{ mm}$$

故 P_0 点移动的距离为 $z - z_1' = 1\,000 \text{ mm} - 750 \text{ mm} = 250 \text{ mm}$

当 P_0 点向后移远圆孔时，半波带数减少，当减少为 2 时，P_0 点也为暗点。与此对应的 P_0 点到圆孔的距离为

$$z_1' = \frac{r^2}{j\lambda} = \frac{1.3^2}{2 \times 563.3 \times 10^{-6}} \text{ mm} = 1\,500 \text{ mm}$$

那么 P_0 点后移的距离为 $z_1' - z_1 = 1\,500 \text{ mm} - 1\,000 \text{ mm} = 500 \text{ mm}$

3.4　夫琅禾费单缝衍射

从这一节开始，我们用几节的篇幅讨论夫琅禾费衍射。夫琅禾费衍射的计算比较简单，特别是对于具有简单形状开孔的衍射屏，通常能够以解析形式求出衍射积分。夫琅禾费衍射又是光学仪器中最常见的衍射现象，在现代光学中有许多重要的应用，所以这几节的讨论是很有实际意义的，也是本章内容的重点。

3.4.1　夫琅禾费衍射实验装置

如前所述，夫琅禾费衍射是光源和观察屏距离衍射屏都相当于无限远的衍射。实际上，夫琅禾费衍射条件一般很难实现，所以只好使用透镜来缩短距离。如图 3.14 所示，在衍射屏的前后分别放置透镜 L_1 和 L_2，并将点光源置于 L_1 的前焦点，观察屏置于 L_2 的后焦面，即可在观察屏上获得衍射屏的夫琅禾费衍射图样。所观察到的衍射图样与没有透镜 L_2 时在远场观察到的衍射图样相似，只是大小比例缩小为 f/z_1，其中 f 是透镜 L_2 的焦距，z_1 是远场距离。这对于我们只关心衍射图样的相对强度分布来说，并无任何影响。

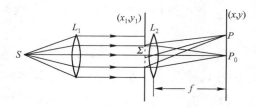

图 3.14　夫琅禾费衍射装置

图 3.14 中的衍射屏如果是一个带狭缝开孔的光屏，即可获得单缝的夫琅禾费衍射（图 3.15(a)）。实验表明，衍射图样基本上只在单缝的宽度方向上扩展，并且形成几个亮斑，中央亮斑光强最大，两侧的亮斑光强依次减小，如图 3.15(b) 所示。

3.4.2　单缝衍射光强分布公式

下面我们来计算衍射图样的光强分布公式，并通过对公式的讨论说明实验结果。

为计算单缝衍射的光强分布，可先计算衍射的复振幅分布。在图 3.15(a) 中，取单缝面为 x_1y_1 平面，观察屏平面为 xy 平面，z 轴为透镜光轴，单缝中点为坐标系 x_1y_1z 的原点。对单缝用夫琅禾费衍射公式(3.2-10)，即可计算出单缝衍射的复振幅分布。注意到单缝衍射只在宽度方向

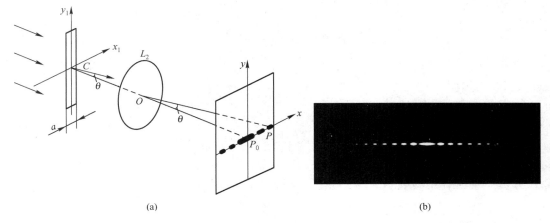

(a)　　　　　　　　　　　　(b)

图 3.15　夫琅禾费单缝衍射

(x 方向)扩展,$y=0$;单缝面的复振幅分布 $\mathscr{E}(x_1)$ 只是 x_1 的函数,因而式(3.2-10)可简化为

$$E(x) = C\int_{-\infty}^{\infty} \mathscr{E}(x_1)\exp(-\mathrm{i}2\pi ux_1)\,\mathrm{d}x_1 \qquad (3.4\text{-}1)$$

式中,C 表示式(3.2-10)积分号前的复指数因子,积分表示单

缝函数 $\mathscr{E}(x_1)$ 的一维傅里叶变换,变换的空间频率为 $u=\dfrac{x}{\lambda f}$。

由于单缝衍射屏的振幅透射函数可以表示为[①]

$$t(x_1)=\begin{cases}1 & |x_1|\leqslant a/2 \\ 0 & |x_1|>a/2\end{cases} \qquad (3.4\text{-}2)$$

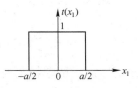

图 3.16　单缝透射
函数图示

式中,a 为单缝宽度(见图 3.16)。平行光垂直照射单缝时,波
面与单缝衍射屏平行,波面上的复振幅分布为常数,可设为 1,故平行光透过单缝时的复振幅
分布为

$$\mathscr{E}(x_1)=t(x_1)=\begin{cases}1 & |x_1|\leqslant a/2 \\ 0 & |x_1|>a/2\end{cases} \qquad (3.4\text{-}3)$$

代入式(3.4-1)得　$E(x) = C\displaystyle\int_{-a/2}^{a/2}\exp(-\mathrm{i}2\pi ux_1)\,\mathrm{d}x_1 = C\left.\dfrac{\exp(-\mathrm{i}2\pi ux_1)}{-\mathrm{i}2\pi u}\right|_{x_1=-a/2}^{x_1=a/2}$

$$= C\left.\dfrac{\sin(\pi ua)}{\pi u}\right|_{u=\frac{x}{\lambda f}} = C\dfrac{\sin\left(\pi a\dfrac{x}{\lambda f}\right)}{\pi\dfrac{x}{\lambda f}} \qquad (3.4\text{-}4)$$

因为 θ 方向的衍射光经透镜 L_2 会聚到后焦面上坐标为 x 的一点(图 3.15(a)),θ 与 x 的
关系为

$$\sin\theta\approx x/f$$

所以,式(3.4-4)可以用衍射角 θ 表示为

---

① 衍射屏的振幅透射函数即透过衍射屏的光波复振幅与入射波复振幅之比。

$$E(\theta) = Ca \frac{\sin\left(\pi a \dfrac{\sin\theta}{\lambda}\right)}{\left(\pi a \dfrac{\sin\theta}{\lambda}\right)} \qquad (3.4\text{-}5)$$

因此，透镜 L_2 焦面上的衍射光强分布为

$$I = E(\theta)\cdot E^*(\theta) = I_0 \frac{\sin^2\left(\pi a \dfrac{\sin\theta}{\lambda}\right)}{\left(\pi a \dfrac{\sin\theta}{\lambda}\right)^2} \qquad (3.4\text{-}6)$$

式中，I_0 是衍射图样中心 $P_0(\theta=0)$ 的光强。若令

$$\alpha = \pi a \frac{\sin\theta}{\lambda} \qquad (3.4\text{-}7)$$

则式(3.4-6)可以简写为

$$I = I_0\left(\frac{\sin\alpha}{\alpha}\right)^2 \qquad (3.4\text{-}8)$$

式(3.4-6)和式(3.4-8)就是单缝夫琅禾费衍射光强分布公式。

3.4.3　单缝衍射公式的讨论

由式(3.4-8)，单缝衍射的相对强度 $\dfrac{I}{I_0}=\left(\dfrac{\sin\alpha}{\alpha}\right)^2$，这个因子通常称为**单缝衍射因子**。按照这个因子画出的单缝衍射光强分布曲线如图 3.17 所示。可见，在 $\alpha=0$ 时(对应于 $\theta=0$ 的 P_0 点)有主极大，$I/I_0=1$；在 $\alpha=\pm\pi, \pm 2\pi, \pm 3\pi, \cdots$ 处，有极小值 $I=0$。因为 $\alpha=\pi a\dfrac{\sin\theta}{\lambda}$，所以极小值满足条件

$$a\sin\theta = n\lambda \qquad n=\pm 1, \pm 2, \cdots \quad (3.4\text{-}9)$$

在相邻两极小值之间均有一个强度次极大点，这些次极大点的位置由下式决定：

$$\frac{\mathrm{d}}{\mathrm{d}\alpha}\left(\frac{\sin\alpha}{\alpha}\right)^2 = 0$$

或

$$\tan\alpha = \alpha \qquad (3.4\text{-}10)$$

这个方程可利用图解法求解。如图 3.18 所示，画曲线 $y=\tan\alpha$ 和直线 $y=\alpha$，它们的交点对应的 α 值即为方程的根。头几个次极大点的位置及相应的强度，见表 3.1。

表 3.1　单缝衍射头几个次极大点的位置和强度

次极大点序号	次极大点位置		相对强度 $I(\theta)/I(0)$
	α	$\sin\theta$	
1	$\pm 1.43\pi$	$\pm 1.43\lambda/a$	0.047
2	$\pm 2.46\pi$	$\pm 2.46\lambda/a$	0.017
3	$\pm 3.47\pi$	$\pm 3.47\lambda/a$	0.008
4	$\pm 4.48\pi$	$\pm 4.48\lambda/a$	0.005

强度曲线的极大值和极小值分别对应于衍射图样中的亮斑和暗斑位置。主极大值对应于中央亮斑，次极大值对应于中央亮斑两侧的一系列光强较弱的亮斑。由表 3.1 可见，中央亮斑的强度，比两侧亮斑的强度要大得多，故单缝衍射的绝大部分能量都集中在中央亮斑内。

类似于干涉条纹，我们把相邻两个暗斑的距离作为其间亮斑的宽度。由图 3.17 可以看出，中央亮斑的宽度比两侧亮斑的大 1 倍。中央亮斑在两侧的第一个暗斑之间，在近轴条件下即处在 $\theta\approx\sin\theta=\pm\lambda/a$ 之间，故中央亮斑的半角宽度为

$$\Delta\theta = \lambda/a \qquad (3.4\text{-}11)$$

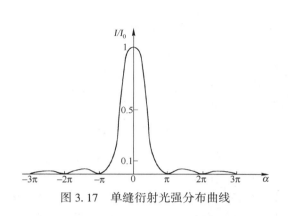

图 3.17　单缝衍射光强分布曲线

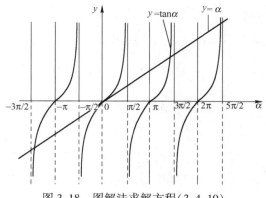

图 3.18　图解法求解方程(3.4-10)

它等于其他亮斑的角宽度。上式表明,对于给定的波长,$\Delta\theta$ 与单缝宽度 a 成反比。a 越小,衍射斑扩展越宽;反之,a 越大,$\Delta\theta$ 越小,各衍射斑向中央收缩,衍射效应越不明显。当缝宽 a 很大时,$\Delta\theta\to 0$,衍射斑收缩到中央的 P_0 点,这相当于单缝衍射屏不存在(光波自由传播)时的几何光学像点。上式还表明,$\Delta\theta$ 与光波波长 λ 成正比,当 $\lambda\ll a$ 时,$\Delta\theta$ 也趋于零,衍射效应可以忽略,所得结果与几何光学的一致。所以,可以把几何光学看成是波长远小于所研究对象的几何尺寸时波动光学的极限情形。

最后要指出,在单缝衍射实验中,常常用取向与单缝平行的线光源(实际是一个被光源照亮的狭缝)来代替点光源,如图 3.19(a)所示。这时,在观察屏得到的夫琅禾费衍射图样是一些与单缝平行的直线条纹,它们是线光源上各个不相干点光源产生的图样的总和。图 3.19(b)所示是衍射条纹的照片。衍射条纹在 x 方向上(与条纹走向相垂直)的光强分布仍由式(3.4-8)表示。

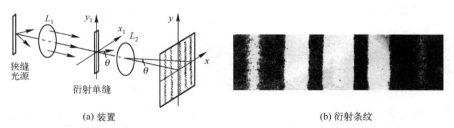

(a) 装置　　　　　　　　　　　　　(b) 衍射条纹

图 3.19　用线光源的夫琅禾费单缝衍射

3.4.4　单缝衍射的应用

1. 狭缝宽度的测量

在科学实验和生产上往往遇到对一些狭缝(如光谱仪的狭缝)的精确测量问题,这些狭缝的宽度太小,或者由于其他原因我们无法直接精确测量。这时,可以通过对狭缝的较宽的夫琅禾费衍射条纹的测量来确定狭缝的宽度。下面举一个典型的例子。

例题 3.5　波长为 0.63 μm 的平行光垂直照射在一狭缝上,以焦距为 50 cm 的会聚透镜将衍射光聚焦于焦面上进行观测,测出中央亮纹的宽度为 10 mm,试确定狭缝的宽度。

解　由式(3.4-11),中央亮纹的半角宽度为

$$\Delta\theta=\lambda/a$$

故狭缝宽度为

$$a = \frac{\lambda}{\Delta\theta} = \frac{\lambda}{e/f}$$

式中, e 为中央条纹半宽度。代入题给数值, 得

$$a = \frac{\lambda f}{e} = \frac{0.63 \times 500}{5} \ \mu m = 63 \ \mu m$$

2. 细丝直径测量

在单缝夫琅禾费衍射装置中, 如用一根不透光的细丝(金属丝或纤维丝)取代单缝, 则可获得细丝的夫琅禾费衍射。利用细丝衍射可以制成一种细丝测径仪来精确测定金属丝或纤维丝的直径。其测量原理如下: 直径为 a 的细丝和不透明屏上的宽度为 a 的单缝可看成一对**互补屏**。所谓互补屏, 是指这样两个衍射屏: 其中一个的通光部分正好对应另一个的不透光部分。根据互补屏的性质, 很容易找到细丝衍射图样和单缝衍射图样的关系。设单缝衍射在观察屏上某点 P 产生的复振幅为 $E_1(P)$, 与之互补的细丝的衍射在同一点产生的复振幅为 $E_2(P)$, 那么 $E_1(P) + E_2(P)$ 应等于单缝衍射屏和细丝都不存在(光波自由传播)时 P 点的复振幅 $E(P)$, 即

$$E_1(P) + E_2(P) = E(P) \tag{3.4-12}$$

这一关系称为**巴俾涅原理**。在夫琅禾费衍射情形下, 观察屏上除轴上的 P_0 点外, 其他点的复振幅 $E(P)$ 为零[①]。所以, 除 P_0 点外, 有

$$E_1(P) = -E_2(P) \tag{3.4-13}$$

和

$$I_1(P) = I_2(P) \tag{3.4-14}$$

式(3.4-14)表明, 除 P_0 点外, 细丝和与之互补的单缝的夫琅禾费衍射图样的强度分布相同, 此结论也适用于夫琅禾费衍射条件下的其他互补屏。因此, 只要测量出细丝衍射条纹的宽度, 便可以由单缝衍射公式(3.4-11)计算细丝的直径。目前, 已把细丝测径仪用于对细丝生产过程进行连续的动态监测。

3.5　夫琅禾费矩形孔衍射

在夫琅禾费衍射装置(图 3.14)中, 若衍射屏是带矩形孔的光屏, 在透镜 L_2 的后焦面上将获得矩形孔的夫琅禾费衍射图样。图 3.20 所示是一张沿 x_1 方向宽度 a 比沿 y_1 方向宽度 b 小的矩形孔的衍射图样照片。它的主要特征是: 衍射亮斑基本分布在互相垂直的 x 轴和 y 轴上; 中央亮斑的光强比其他亮斑的光强要大得多, 中央亮斑的宽度在 x 轴和 y 轴上为其他亮斑的两倍; x 轴上亮斑的宽度比 y 轴上的宽度大, 与矩形孔在两个方向上的宽度关系($a < b$)正好相反。下面我们利用夫琅禾费衍射公式(3.2-10)计算矩形孔衍射的光强分布。

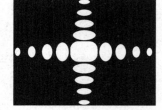

图 3.20　夫琅禾费矩形孔衍射图样

选取矩形孔中心作为坐标原点(图 3.21), 则由式(3.2-10), 观察屏上 P 点(坐标为 x, y)的复振幅为

$$E(x, y) = C \iint_{-\infty}^{\infty} \mathscr{E}(x_1, y_1) \exp[-i2\pi(ux_1 + vy_1)] dx_1 dy_1 \tag{3.5-1}$$

---

① 　当光源为线光源时, 如在图 3.19(a)中, 除了通过 P_0 点的 y 轴上所有点, $E(P) = 0$。

式中,C 代表式(3.2-10)积分号前的复指数因子,$\mathscr{E}(x_1,y_1)$ 为矩形孔面上的复振幅分布,$\mathscr{E}(x_1,y_1)$ 的二维傅里叶变换的空间频率为 $u=\dfrac{x}{\lambda f}$ 和 $v=\dfrac{y}{\lambda f}$。

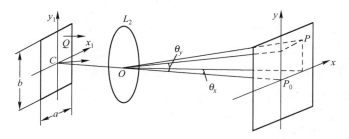

图 3.21　夫琅禾费矩形孔衍射

矩形孔衍射屏的振幅透射函数可以表示为

$$t(x_1,y_1)=\begin{cases}1 & |x_1|\leqslant a/2,\ |y_1|\leqslant b/2 \\ 0 & |x_1|>a/2,\ |y_1|>b/2\end{cases}$$

因此,单色平面光波垂直通过矩形孔衍射屏的复振幅分布为

$$\mathscr{E}(x_1,y_1)=t(x_1,y_1)=\begin{cases}1 & |x_1|\leqslant a/2,\ |y_1|\leqslant b/2 \\ 0 & |x_1|>a/2,\ |y_1|>b/2\end{cases}$$

代入式(3.5-1)得

$$E(x,y)=C\int_{-a/2}^{a/2}\int_{-b/2}^{b/2}\exp[-\mathrm{i}2\pi(ux_1+vy_1)]\,\mathrm{d}x_1\mathrm{d}y_1$$

$$=C\frac{\sin(\pi ua)}{\pi u}\frac{\sin(\pi vb)}{\pi v}=Cab\frac{\sin\left(\pi a\dfrac{x}{\lambda f}\right)}{\left(\pi a\dfrac{x}{\lambda f}\right)}\frac{\sin\left(\pi b\dfrac{y}{\lambda f}\right)}{\left(\pi b\dfrac{y}{\lambda f}\right)}$$

$$(3.5\text{-}2)$$

假设到达 P 点的衍射光的两个方向角的余角为 θ_x 和 θ_y(称为**二维衍射角**),如图 3.21 所示,它们与 P 点的坐标 (x,y) 的关系为

$$\sin\theta_x=x/f,\quad \sin\theta_y=y/f$$

所以,如用二维衍射角表示,则式(3.5-2)可以写为

$$E(\theta_x,\theta_y)=Cab\frac{\sin\left(\pi a\dfrac{\sin\theta_x}{\lambda}\right)}{\pi a\dfrac{\sin\theta_x}{\lambda}}\frac{\sin\left(\pi b\dfrac{\sin\theta_y}{\lambda}\right)}{\pi b\dfrac{\sin\theta_y}{\lambda}}\qquad(3.5\text{-}3)$$

由此得到矩形孔衍射的光强分布为

$$I=E(\theta_x,\theta_y)E^*(\theta_x,\theta_y)=I_0\frac{\left[\sin\left(\pi a\dfrac{\sin\theta_x}{\lambda}\right)\right]^2}{\left(\pi a\dfrac{\sin\theta_x}{\lambda}\right)^2}\frac{\left[\sin\left(\pi b\dfrac{\sin\theta_y}{\lambda}\right)\right]^2}{\left(\pi b\dfrac{\sin\theta_y}{\lambda}\right)^2}=I_0\left(\frac{\sin\alpha}{\alpha}\right)^2\left(\frac{\sin\beta}{\beta}\right)^2\quad(3.5\text{-}4)$$

式中,I_0 是 $\theta_x=0,\theta_y=0$ 的衍射图样中心点 P_0 的光强,而

$$\alpha=\pi a\frac{\sin\theta_x}{\lambda},\quad \beta=\pi b\frac{\sin\theta_y}{\lambda}\qquad(3.5\text{-}5)$$

图 3.22(a)所示是按照式(3.5-4)用计算机绘出的光强分布 3D 图。光强分布式(3.5-4)表

明,矩形孔衍射的相对强度 I/I_0 等于两个单缝衍射因子的乘积。上一节已经指出,$\left(\dfrac{\sin\alpha}{\alpha}\right)^2$ 代表 x 轴上的相对光强分布,类似地 $\left(\dfrac{\sin\beta}{\beta}\right)^2$ 代表 y 轴上的相对光强分布,而坐标为 (x,y) 的点的相对光强则由两个因子的乘积确定。如其中一个因子为零,该点的光强也为零。这样,在矩形孔衍射图样中,将有一系列平行于 x 轴和 y 轴的暗纹,如图 3.22(b) 中虚线所示。在两组正交暗纹形成的一个个矩形格子内,各有一个亮斑。图 3.22(b) 表示了一些亮斑的光强极大点的位置及相对光强值。可以看出,中央亮斑比其他亮斑的光强大得多,因此绝大部分光能集中在中央亮斑内。中央亮斑在 x 方向和 y 方向上的宽度是其他亮斑在相应方向上宽度的两倍。还可以看出,当矩形孔的两个边长不等($a\neq b$)时,若 $b>a$,则衍射图样中亮斑在 x 方向的宽度大于 y 方向的宽度。这表明,光束在哪个方向上受到的限制较大,则衍射斑就在该方向上扩展较宽;反之,光束在哪个方向上受限较小,衍射斑在该方向上的扩展就较小。如果矩形孔的一个边比另一个边长得多,例如 $b\gg a$,则衍射斑在 y 轴方向上扩展很小,基本分布在 x 轴上。这正是上一节讨论的单缝衍射的情形。

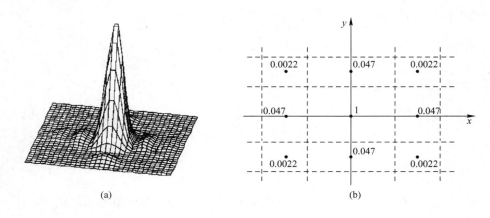

图 3.22　矩形孔衍射图样光强分布

3.6　夫琅禾费圆孔衍射与成像仪器的分辨本领

3.6.1　夫琅禾费圆孔衍射

光学仪器的光瞳通常是圆形的,讨论夫琅禾费圆孔衍射对于分析光学仪器的衍射现象和成像质量具有重要意义。观察圆孔的夫琅禾费衍射,仍使用图 3.14 所示的装置,衍射屏为带圆孔的光屏。夫琅禾费圆孔衍射图样如图 3.23 所示,它由中央亮斑和一些亮暗相间的同心环组成。夫琅禾费圆孔衍射图样的复振幅和光强的计算仍可利用式(3.2-10),只是由于夫琅禾费圆孔衍射的轴对称性,在具体计算时采用极坐标比较方便。假设圆孔的半径为 R,圆孔中心位于光轴上,并为 $x_1 y_1$ 坐标系的原点(见图 3.24)。对于圆孔面上任意点 Q 的位置,用笛卡儿坐标表示时为 (x_1,y_1),用极坐标表示时为 (r_1,ψ_1)。两种坐标有如下关系:

$$x_1 = r_1\cos\psi_1 \qquad y_1 = r_1\sin\psi_1$$

图 3.23 夫琅禾费圆孔衍射图样

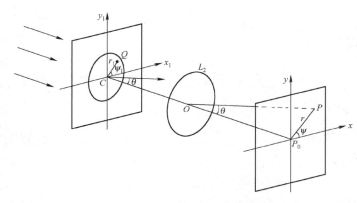

图 3.24 计算夫琅禾费圆孔衍射采用的极坐标系

类似地,也可以将观察面上任意点 P 的位置用极坐标(r,ψ)表示,它们和笛卡儿直角坐标的关系为

$$x = r\cos\psi \qquad y = r\sin\psi$$

圆孔面上的面元 $\mathrm{d}\sigma$,用极坐标表示时应为

$$\mathrm{d}\sigma = r_1\mathrm{d}r_1\mathrm{d}\psi_1$$

并且空间频率

$$u = \frac{x}{\lambda f} = \frac{r\cos\psi}{\lambda f} = \frac{\sin\theta\cos\psi}{\lambda}$$

$$v = \frac{y}{\lambda f} = \frac{r\sin\psi}{\lambda f} = \frac{\sin\theta\sin\psi}{\lambda}$$

式中,$\theta = \arcsin\dfrac{r}{f}$为衍射角。再注意到圆孔屏的振幅透射函数为

$$t(r_1) = \begin{cases} 1 & r_1 \leqslant R \\ 0 & r_1 > R \end{cases}$$

把这些关系代入式(3.2-10),得到夫琅禾费圆孔衍射的复振幅:

$$E(r,\psi) = C\int_0^R\int_0^{2\pi}\exp\left[-\mathrm{i}kr_1\sin\theta(\cos\psi_1\cos\psi + \sin\psi_1\sin\psi)\right]r_1\mathrm{d}r_1\mathrm{d}\psi_1$$

$$= C\int_0^R\int_0^{2\pi}\exp\left[-\mathrm{i}kr_1\sin\theta\cos(\psi_1 - \psi)\right]r_1\mathrm{d}r_1\mathrm{d}\psi_1 \tag{3.6-1}$$

式中,C 代表式(3.2-10)积分号前的复指数因子,$k = 2\pi/\lambda$。按照零阶贝塞尔(Bessel)函数的积分表示式(参见附录 B)

$$\mathrm{J}_0(m) = \frac{1}{2\pi}\int_0^{2\pi}\exp(\mathrm{i}m\cos\psi)\mathrm{d}\psi$$

式(3.6-1)可用零阶贝塞尔函数表示为

$$E(\theta) = C\int_0^R 2\pi\mathrm{J}_0(-kr_1\sin\theta)r_1\mathrm{d}r_1 = 2\pi C\int_0^R\mathrm{J}_0(kr_1\sin\theta)r_1\mathrm{d}r_1$$

这里利用了 $\mathrm{J}_0(kr_1\sin\theta)$ 为偶函数的性质。将上式改写为

$$E(\theta) = \frac{2\pi C}{(k\sin\theta)^2}\int_O^{Rk\sin\theta}(k\sin\theta \cdot r_1)\mathrm{J}_0(k\sin\theta \cdot r_1)\mathrm{d}(k\sin\theta \cdot r_1) \tag{3.6-2}$$

由贝塞尔函数的递推公式

$$\frac{d}{dm}\big[mJ_1(m)\big]=mJ_0(m)$$

式(3.6-2)可用一阶贝塞尔函数表示为

$$E(\theta)=\frac{2\pi C}{(k\sin\theta)^2}\big[(k\sin\theta\cdot r_1)J_1(k\sin\theta\cdot r_1)\big]\bigg|_{r_1=0}^{r_1=R}=\pi R^2C\frac{2J_1(kR\sin\theta)}{kR\sin\theta}$$

因此,夫琅禾费圆孔衍射的光强分布为

$$I=(\pi R^2)^2\,|\,C\,|^2\left[\frac{2J_1(kR\sin\theta)}{kR\sin\theta}\right]^2=I_0\left[\frac{2J_1(m)}{m}\right]^2 \tag{3.6-3}$$

式中,I_0 是衍射图样中心的光强,$m=kR\sin\theta$。一阶贝塞尔函数 $J_1(m)$ 是一个随 m 做振荡变化的函数,其数值可查有关数学手册。表 3.2 列出了其衍射光强分布的头几个极大值和极小值,而图 3.25(a) 是沿径向的光强分布曲线,图 3.25(b) 是用计算机绘出的光强 3D 图。可以看出,夫琅禾费圆孔衍射强度与参数 m 有关,因而与衍射角 θ 有关;或者由于 $\sin\theta=r/f$,也可以说衍射强度只与 r 有关,而与 ψ 无关。这就是说,r 相等处的光强相同,所以衍射图样中央是一个圆形亮斑,外围有一些亮暗同心圆环条纹。中央亮斑的光强比外围亮纹的光强大得多,故绝大部分光能集中在中央亮斑内。中央亮斑通常称为

表 3.2　夫琅禾费圆孔衍射光强分布的头几个极大值和极小值

极大值和极小值	m	$\dfrac{I}{I_0}=\left[\dfrac{2J_1(m)}{m}\right]^2$
主极大值	0	1
第一极小值	$1.22\pi=3.83$	0
第一次极大值	$1.63\pi=5.14$	0.017 5
第二极小值	$2.23\pi=7.02$	0
第二次极大值	$2.68\pi=8.42$	0.004 2
第三极小值	$3.24\pi=10.17$	0
第三次极大值	$3.70\pi=11.62$	0.001 6

爱里(Airy)斑。它的角半径即为第一暗环的角半径 θ_0。从表 3.2 可以看出,它由第一个强度为零的 m 值决定:$m=1.22\pi$。因此

$$\theta_0=0.61\frac{\lambda}{R}\quad\text{或}\quad\theta_0=1.22\frac{\lambda}{D} \tag{3.6-4}$$

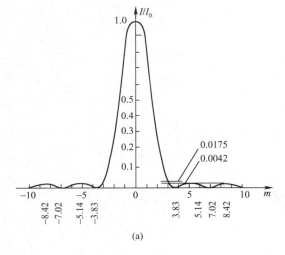

(a)

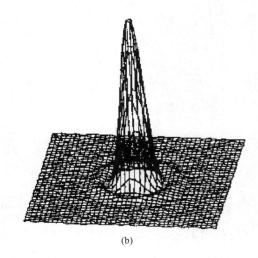

(b)

图 3.25　夫琅禾费圆孔衍射光强分布曲线

式中，D 为圆孔直径。上式表明，夫琅禾费圆孔衍射效应与圆孔直径成反比，而与光波波长成正比。这些关系与单缝和矩形孔衍射规律完全类似。

生活中常见的光盘产品，CD 光盘存储技术应用的激光束波长为 780～830 nm，DVD 光盘对应激光波长为 630～650 nm，蓝光光盘则使用波长更短的蓝绿激光器。可以看出，由于受到衍射极限的限制，从 CD 光盘到 DVD 光盘，再到蓝光光盘，一直沿用通过缩短激光器波长、增大孔径来减小记录光斑尺寸、提高存储容量的技术路线。上世纪八十年代，上海光机所干福熹院士开创了我国数字光盘存储技术的研究，近年来我国在光存储领域取得优秀的创新成果，基于双光束超分辨技术和聚焦诱导发光存储介质，实现单盘等效容量约 1.6 Pb。

3.6.2　光学成像仪器中的衍射现象

考虑图 3.26 所示的成像系统。图中 S 是单色点光源，位于透镜 L_1 的物方焦点；P 是 S 的几何光学像点，处在透镜 L_2 的焦点位置。容易看出，如果在透镜 L_1 和 L_2 之间放置单缝或圆孔衍射屏，这一系统就是图 3.14 所示的夫琅禾费衍射装置，在 L_2 的后焦面上得到单缝或圆孔的衍射图样。当 L_1 和 L_2 之间没有任何衍射屏时，我们曾经把这一情形看成光波的自由传播，并且认为在透镜 L_2 的后焦面上得到 S 的几何光学像点。这样做完全是为了突出所研究的单缝或小圆孔的衍射现象。事实上，由于透镜镜框对光束的限制，即使 L_1 和 L_2 之间没有衍射屏，也会产生衍射，因此在透镜 L_2 的后焦面上所成的物点的像应是一个衍射像斑——透镜镜框的夫琅禾费衍射图样。计算表明，一般情况下这个衍射像斑是很小的，非常接近于点像。例如，透镜镜框直径 $D =$ 30 mm，焦距 $f = 150$ mm，照明光波波长 $\lambda = 500$ nm，衍射像斑的爱里斑半径为

$$r_0 = 1.22\ \frac{\lambda}{D} \cdot f \approx 0.003\ \text{mm}$$

这样小的像斑人眼是无法直接看出它的结构细节的，只有用足够倍数的显微镜来观察时才可以清楚地看到像斑结构。

在光学成像仪器中，望远镜是用来观察远处物体的。根据上述分析，望远物镜的成像可以看作物镜镜框的夫琅禾费衍射。除了望远镜之外，还有一类成像仪器是对近处物体成像的，例如显微镜和照相机，其光路如图 3.27 所示。这时在像画面上形成的衍射像斑是否可以认为是夫琅禾费衍射？答案是肯定的。因为图 3.27 和图 3.26 的不同，仅是以一块透镜的作用代替了图 3.26 中两块透镜的作用，两者在成像本质上并无区别。因此，我们可以说，成像仪器无论对远处还是近处的物点，在其像面上所成的像都是夫琅禾费衍射图样。

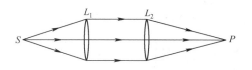

图 3.26　透镜 L_2 对无穷远处物点成像

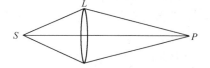

图 3.27　物镜对近处物点成像

3.6.3　成像仪器的分辨本领

成像仪器的**分辨本领**指的是仪器能分辨开两个靠近的物点或物体细节的能力，也称为分辨率、鉴别率。从几何光学的观点看，一个无像差的理想成像系统的分辨本领是无限的，这是因为：即使对于两个非常靠近的物点，系统对它们所成的像也是两个点，绝对可以分辨开。但是，我们已经知道，成像系统对物点所成的像是一个夫琅禾费衍射图样。这样，对于两个非常靠近的物

点,它们的像(衍射图样)就可能分辨不开,因而也无从分辨两个物点。为了说明这个问题,我们来考察图 3.28 所示的成像系统对两个物点所成的像。图中 L 代表成像系统,S_1 和 S_2 是两个发光强相等的物点,S_1' 和 S_2' 分别是 S_1 和 S_2 的像(即衍射图样)。当 S_1 和 S_2 相距较远时(图 3.28(a)),两个衍射图样也相距较远,因此可以毫不费力地看出这是两个物点所成的像。图 3.28(b)和(d)是两个物点比较靠近的情况,从右边的光强曲线可以看出,一个衍射图样的中央极大点和另一衍射图样的第一极小点正好重合。计算表明,这时合光强曲线中央有一个凹点(S_1 和 S_2 发光是非相干的,强度直接相加),其光强约为两侧峰值光强的 75%,一般人的眼睛尚能分辨这种光强差别,从而可以判断是两个物点所成的像。但是,如果 S_1 和 S_2 进一步靠近,如图 3.28(c)和(e)所示,像面上两个衍射图样几乎完全重叠在一起,它们的合光强曲线与单个衍射图样的光强曲线相仿,我们就看不出是两个衍射图样,表示仪器在这种情况下不能分辨两个物点。

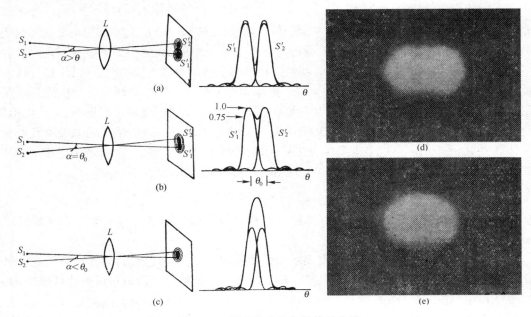

图 3.28　两个物点的衍射像的分辨

瑞利把上述第二种情况(即一个物点衍射图样的中央极大点与另一个物点衍射图样的第一极小点重合)作为成像仪器的分辨极限,认为此时仪器恰好可以分辨开两个物点。这一情形完全类似于 2.8 节中所述的对两条谱线的分辨,也称为**瑞利判据**。请扫二维码观看瑞利判据的实验演示。

不同类型的成像仪器,其分辨本领有不同的表示方法。对于望远镜,用两个恰能分辨的物点对物镜的张角表示,称为**最小分辨角**;而对显微镜,用恰能分辨的两物点的距离表示,称为**最小分辨距离**。

1. 望远镜的最小分辨角

设望远镜的圆形通光口径为 D,则它对远处物点所成像的爱里斑角半径为 $\theta_0 = 1.22 \dfrac{\lambda}{D}$。根据瑞利判据,当远处两物点恰好能被望远镜所分辨时,两物点对望远镜物镜的张角应为(参见图 3.28(b))

$$\alpha = \theta_0 = 1.22\frac{\lambda}{D} \tag{3.6-5}$$

这就是望远镜的最小分辨角公式。它表明，望远物镜的直径 D 越大，最小分辨角越小，分辨本领越高。天文望远镜物镜的直径做得很大[现在已有直径达 10 m 的物镜，凯克(Keck)望远镜；而直径为 30 m 的极端巨大望远镜已开始在夏威夷岛建造]，主要原因就是为了提高分辨本领。

利用式(3.6-5)，也可以计算人眼的最小分辨角。在正常照度下，人眼瞳孔的直径 D_e 约为 2 mm，对人眼最灵敏的光波波长为 $\lambda = 550$ nm，因此人眼的最小分辨角为

$$\alpha_e = 1.22\frac{\lambda}{D_e} = 1.22\times\frac{550\times10^{-6}}{2}\mathrm{rad} \approx 3.3\times10^{-4}\ \mathrm{rad}$$

由实验测得的人眼的最小分辨角约为 $1'(=2.9\times10^{-4}\ \mathrm{rad})$，与上述计算结果基本相符。

因为望远镜的通光口径总是大于人眼的瞳孔，所以用望远镜来观察远处物体，除了望远镜的放大作用，还提高了对物体的分辨本领，所提高的倍数为 D/D_e。在设计望远镜时，为了充分利用望远镜的分辨本领，应使望远镜有足够的放大率，使得望远镜的最小分辨角经望远镜放大后等于眼睛的最小分辨角，显然该放大率为

$$M = \alpha_e/\alpha = D/D_e \tag{3.6-6}$$

天文学领域有众多的望远镜，对于单口径望远镜，人们总是通过设计越来越大口径来提高望远镜性能。例如，2016 年，具有我国自主知识产权、世界上最大、单口径最灵敏的射电望远镜"中国天眼"落成启用。该项目由我国天文学家南仁东于 1994 年提出构想，历时 22 年建成。"中国天眼"的天线口径为 500 米，与号称"地面最大的机器"德国波恩 100 米望远镜相比，其灵敏度提高约 10 倍。

2. 照相物镜的分辨本领

照相物镜一般用于对较远的物体成像，并且所成的像由感光底片记录，底片的位置与照相物镜的焦面大致重合。若照相物镜的孔径为 D，则它能分辨的最靠近的两直线在感光底片上的距离为

$$\varepsilon' = f\theta_0 = 1.22f\frac{\lambda}{D}$$

式中，f 是照相物镜的焦距。照相物镜的分辨本领以像面上每毫米能分辨的直线数 N 来表示，显然

$$N = \frac{1}{\varepsilon'} = \frac{1}{1.22\lambda}\frac{D}{f} \tag{3.6-7}$$

若取 $\lambda = 550$ nm，则

$$N \approx 1490D/f \tag{3.6-8}$$

式中，D/f 是物镜的相对孔径。可见，照相物镜的相对孔径越大，其分辨本领越高。

在照相物镜和感光底片所组成的照相系统中，为了充分利用照相物镜的分辨本领，所使用的感光底片的分辨本领应该大于或等于物镜的分辨本领。

3. 显微镜的最小分辨距离

显微镜物镜的成像如图 3.29 所示。物点 S_1 和 S_2 位于物镜前焦点附近，由于物镜的焦距极短，所以 S_1 和 S_2 发出的光以很大的孔

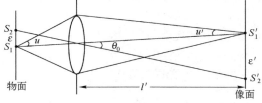

图 3.29　显微镜物镜的成像

径角入射到物镜,而它们的像 S_1' 和 S_2' 则离物镜较远。虽然 S_1 和 S_2 离物镜很近,但它们的像也是物镜镜框的夫琅禾费衍射图样,其爱里斑的半径为

$$r_a = l'\theta_0 = 1.221 \frac{l'\lambda}{D} \tag{3.6-9}$$

式中,l' 是像距,D 是物镜直径。显然,如果两衍射图样中心的距离 $\varepsilon' = r_a$,则按照瑞利判据,两衍射图样刚好可以分辨,这时两物点间的距离 ε 就是物镜的最小分辨距离。

显微镜物镜的成像满足阿贝(Abbe)正弦条件:

$$n\varepsilon\sin u = n'\varepsilon'\sin u'$$

式中,n 和 n' 分别为物方和像方的折射率,u 和 u' 分别为入射孔径角和出射孔径角。对于显微镜,$n' = 1$,并且 $\sin u'$ 可近似表示为(因为 $l' \gg D$)

$$\sin u' \approx u' = \frac{D/2}{l'}$$

所以

$$\varepsilon = \frac{\varepsilon'\sin u'}{n\sin u} = 1.22\frac{l'\lambda}{D}\frac{D/2l'}{n\sin u} = \frac{0.61\lambda}{n\sin u} \tag{3.6-10}$$

式中,$n\sin u$ 称为物镜的**数值孔径**,通常以 NA 表示。由上式可见,提高显微镜的分辨本领(ε 更小)的途径是:(1)增大物镜的数值孔径;(2)减小波长。增大数值孔径有两种方法:一是减小物镜的焦距,使孔径角 u 增大;二是用油浸没物体和物镜(即油浸物镜),以增大物方折射率。不过,这样也只能使数值孔径增大到 1.5 左右。

应用减小波长的方法,如果被观察的物体不是自身发光的,只要用短波长的光照明即可。一般显微镜的照明设备都附加一块紫色滤光片,就是这个原因。进一步使用波长在 250 nm 和 200 nm 之间的紫外光,较之用紫光($\lambda = 450$ nm)可以使分辨本领提高一倍。这种紫外光显微镜的光学元件要用石英、萤石等材料制成,并且只能照相,不能直接观察。近代电子显微镜利用电子束的波动性来成像,由于电子束的波长比光波长要小得多,比如在几百万伏的加速电压下电子束的波长可达 10^{-3} nm 量级,因而电子显微镜的分辨本领比普通光学显微镜要提高千倍以上(电子显微镜的数值孔径较小),其最小分辨距离可达 0.1 nm,使我们能看到单个的原子。

这里介绍另外一个例子。2004 年,荷兰阿斯麦公司的浸没式光刻机就是在光刻胶上方抹一层水,对于 193 nm 光波,水的折射率约为 1.44,做到了当时 40 nm 线程的光刻机。当时尼康等企业选择减小波长的方案,采用 157 nm 的光源,最后都没有成功。阿斯麦公司将 193 nm 浸没式光刻机一路做到了 7 nm 制程工艺,目前已在极紫外 13.5 nm 光源下做到了 3 nm 制程工艺。

4. 棱镜光谱仪的色分辨本领

棱镜光谱仪的光学系统如图 3.30 所示。图中 S 是一个被照亮的狭缝,可视为线光源;S 位于透镜 L_1 的焦面上,方向垂直于图面(棱镜的主截面在图面内)。线光源 S 的像 S' 成于透镜 L_2 的焦面上,方向同样垂直于图面。由于成像光束受到光学系统的限制(光束宽度为 a)[①],因此像 S' 在图面内有一定的衍射增宽,其大小可用单缝衍射图样中央亮纹的半角宽度 θ_0 表示:

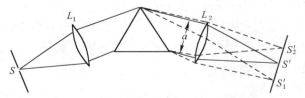

图 3.30 棱镜光谱仪的光学系统

---

① 相当于一个宽度很宽的单缝对光束的限制。

$$\theta_0 = \lambda / a \tag{3.6-11}$$

我们知道,从棱镜光谱仪可以获得狭缝 S 的不同位置的光谱像(通常称其为**光谱线**),如图 3.30 中 S',S_1',S_2' 等。根据瑞利判据,对应于波长分别为 λ 和 $\lambda+\Delta\lambda$ 的两条光谱线,如果其角距离等于由式(3.6-11)决定的 θ_0 角,则这两条光谱线刚好可以分辨。这时的 $\lambda/\Delta\lambda$ 就是光谱仪的色分辨本领,即 $A = \lambda/\Delta\lambda$。

两个波长为 λ 和 $\lambda+\Delta\lambda$ 的光波从棱镜出射时的光路如图 3.31 所示。这里假定光波通过棱镜时处于最小偏向角位置,并以虚线表示波长为 λ 的光波,实线表示波长为 $\lambda+\Delta\lambda$ 的光波。做出未入射棱镜时两个波长的光波的波面 FG,以及经棱镜色散后两个光波的波面 HD 和 CD。易见,对于波长为 λ 的光波有

$$2d = nB \tag{3.6-12}$$

式中,$d = FE = EH$,n 为相对于波长 λ 的棱镜折射率,B 为棱镜底边长度。注意到 $\angle CDH' = \theta_0$(H' 是 DH 延长线与出射光线 EC 的交点),因而 $CH' = \lambda$,故对于波长为 $\lambda+\Delta\lambda$ 的光波有

$$2d - \lambda = (n - \Delta n)B \tag{3.6-13}$$

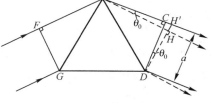

图 3.31 两个波长光波从棱镜出射的光路

式中,$n-\Delta n$ 是相对于波长 $\lambda+\Delta\lambda$ 的棱镜折射率。由式(3.6-12)和式(3.6-13),得到

$$\lambda = \Delta n B$$

因此

$$A = \frac{\lambda}{\Delta\lambda} = B\frac{\Delta n}{\Delta\lambda} \tag{3.6-14}$$

即棱镜的色分辨本领等于它的底边长度和棱镜的色散率的乘积。在大型光谱仪中,常常采用多棱镜组合的色散系统,目的就在于增大 B 以获得高分辨本领。

例题 3.6 一束直径为 2 mm 的氦氖激光($\lambda = 632.8$ nm)自地面射向月球,已知月球到地面的距离为 376×10^3 km,问在月球上接收到的激光光斑有多大? 若把此激光束扩束到直径 0.2 m,再射向月球,月球上接收到的光斑又有多大?

解 激光束的衍射若以爱里斑来估算,则衍射发散角为

$$2\Delta\theta = 2.44\frac{\lambda}{D} = \frac{2.44\times632.8\times10^{-6}}{2}(\text{rad}) = 7.7\times10^{-4}(\text{rad})$$

因此月球上接收到的激光光斑直径为

$$D' = 2\Delta\theta \cdot L = 7.7\times10^{-4}\times376\times10^3\ \text{km} \approx 290\ \text{km}$$

当把激光束扩束到直径为 0.2 m 时,激光束的衍射发散角为

$$2\Delta\theta = \frac{2.44\times632.8\times10^{-6}}{0.2\times10^3}(\text{rad}) = 7.7\times10^{-6}(\text{rad})$$

月球上接收到的激光光斑直径为

$$D' = 7.7\times10^{-6}\times376\times10^3\ \text{km} = 2.9\ \text{km}$$

例题 3.7 一台显微镜的数值孔径为 $\text{NA} = 0.9$。

(1)试求它的最小分辨距离;

(2)使用油浸物镜使数值孔径增大到 1.5,使用紫色滤光片使波长 λ 减小为 400 nm,问它的分辨本领提高多少倍?

(3)为利用(2)中获得的分辨本领,显微镜应有多大的放大率?

解 (1)显微镜的最小分辨距离可利用式(3.6-10)来计算,波长 λ 取可见光平均波

长 $\lambda = 550$ nm。

$$\varepsilon_1 = \frac{0.61\lambda}{n\sin u} = \frac{0.61\times550\times10^{-6}}{0.9}\ mm \approx 3.7\times10^{-4}\ mm$$

（2）当 $\lambda = 400$ nm，NA = 1.5 时

$$\varepsilon_2 = \frac{0.61\times400\times10^{-6}}{1.5}\ mm \approx 1.6\times10^{-4}\ mm$$

则

$$\frac{\varepsilon_1}{\varepsilon_2} \approx \frac{3.7\times10^{-4}}{1.6\times10^{-4}} \approx 2.3\ 倍$$

（3）为充分利用显微镜物镜的分辨本领，显微镜应把最小分辨距离 ε_2 放大到眼睛在明视距离处能够分辨。人眼在明视距离（250 mm）的最小分辨距离为

$$\varepsilon_e = 250\ mm \times \alpha_e = 250\ mm \times 2.9\times10^{-4} = 7.2\times10^{-2}\ mm$$

所以这台显微镜的放大率至少应为

$$M = \frac{\varepsilon_e}{\varepsilon_2} = \frac{7.2\times10^{-2}}{1.6\times10^{-4}} = 450\ 倍$$

实际放大率可以设计得大一些，使眼睛看得更舒适。不过，增大放大率，并不能增大仪器对物体细节的分辨能力。

3.7　多缝的夫琅禾费衍射

在图 3.19 所示的单缝夫琅禾费衍射装置中，将单缝衍射屏换成开有多个平行等宽等间距狭缝的衍射屏，并使狭缝的取向与线光源平行，就成为一个研究多缝夫琅禾费衍射的装置。

为便于说明问题起见，我们在图 3.32 中画出了它的平面图。图中 S 是线光源，位于透镜 L_1 的前焦面上；G 是多缝衍射屏，缝宽为 a，缝距为 d①。线光源和多缝的取向垂直于图面。假定狭缝很长，因此只要透镜足够大，就可以认为入射光波在狭缝的缝长方向上不发生衍射。这样在透镜 L_2 后焦面（xy 面）上的衍射光强分布只沿狭缝的缝宽方向（x 方向）变化，在缝长方向（y 方向）没有变化。这一情形完全类似于单缝衍射。不过，多缝衍射图样与单缝衍射图样却相差甚远：多缝衍射图样是一些在暗背景上的亮线，并随着缝的数目的增加，这些亮线越来越明亮和狭窄。另外，多缝衍射的光强较大（较亮）的亮线集中在单缝衍射图样的中央亮纹范围内。这些特征在图 3.33 的单缝和多缝衍射照片中可以清楚地看到。下面首先计算多缝衍射的光强分布公式，然后讨论如何利用公式去说明多缝衍射现象，以及它的一些规律性。

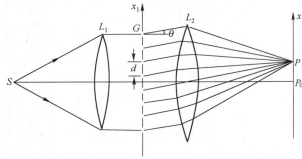

图 3.32　多缝夫琅禾费衍射装置平面图

---

① 缝距是指两相邻狭缝中心的距离。

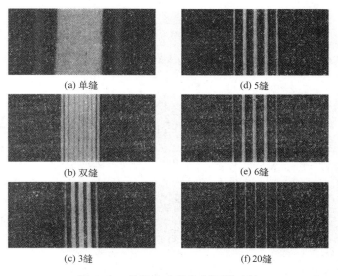

(a) 单缝   (d) 5缝

(b) 双缝   (e) 6缝

(c) 3缝   (f) 20缝

图 3.33   单缝和多缝衍射图样比较

3.7.1 光强分布公式

计算多缝衍射图样的光强分布,有两种可行的方法。其一,直接利用夫琅禾费衍射公式(3.2-10)进行计算,其中的 $\mathscr{E}(x_1, y_1)$ 应为多缝衍射屏平面(x_1y_1 面)上的复振幅分布。因为多缝衍射屏的透射函数很容易写出来,所以入射光波通过衍射屏后在屏平面的复振幅分布 $\mathscr{E}(x_1, y_1)$ 也容易表示出来。这样,由式(3.2-10)求 $\mathscr{E}(x_1, y_1)$ 的傅里叶变换,便可得到多缝衍射图样的复振幅分布和光强分布。其二,由于多缝衍射图样的形成可以看成多个狭缝各自的衍射和这些衍射光之间的干涉的联合效应,因此完全可以利用已经得到的单缝衍射的结果,再考虑多束衍射光的干涉来简化计算。后一种方法不但计算得以简化,物理图像也十分清晰。我们利用此法来导出多缝衍射的光强分布公式。

在 3.4 节里已经计算过,单缝衍射在 θ 方向的衍射光(它们会聚于 P 点,参见图 3.32)的振幅为

$$A(\theta) = A_0 \frac{\sin\alpha}{\alpha} \tag{3.7-1}$$

式中,A_0 是单缝衍射在 $\theta=0$ 方向(会聚于 P_0 点)的振幅,$\alpha = \pi a \dfrac{\sin\theta}{\lambda}$。另外,从图 3.32 还可以看出,相邻狭缝在 θ 方向的衍射光到达 P 点时将有一光程差 $d\sin\theta$,相应的位相差为

$$\delta = \frac{2\pi}{\lambda} d\sin\theta \tag{3.7-2}$$

因此,若选定多缝衍射屏边缘第一个缝在 P 点产生的复振幅的位相为零,即

$$E_1(P) = A_0 \frac{\sin\alpha}{\alpha}$$

那么,第二、第三、……各缝在 P 点产生的复振幅依次为

$$A_0 \frac{\sin\alpha}{\alpha} \exp(\mathrm{i}\delta), \quad A_0 \frac{\sin\alpha}{\alpha} \exp(\mathrm{i}2\delta), \quad \cdots$$

假设缝的数目为 N,则多缝在 P 点产生的复振幅就是 N 个缝产生的复振幅之和,即

$$E(P) = A_0 \frac{\sin\alpha}{\alpha} + A_0 \frac{\sin\alpha}{\alpha}\exp(i\delta) + A_0 \frac{\sin\alpha}{\alpha}\exp(i2\delta) + \cdots + A_0 \frac{\sin\alpha}{\alpha}\exp[i(N-1)\delta]$$

$$= A_0 \frac{\sin\alpha}{\alpha}\{1 + \exp(i\delta) + \exp(i2\delta) + \cdots + \exp[i(N-1)\delta]\}$$

$$= A_0 \frac{\sin\alpha}{\alpha} \frac{[1 - \exp(iN\delta)]}{[1 - \exp(i\delta)]}$$

$$= A_0 \frac{\sin\alpha}{\alpha} \frac{\exp\left(iN\frac{\delta}{2}\right)\left[\exp\left(-iN\frac{\delta}{2}\right) - \exp\left(iN\frac{\delta}{2}\right)\right]}{\exp\left(i\frac{\delta}{2}\right)\left[\exp\left(-i\frac{\delta}{2}\right) - \exp\left(i\frac{\delta}{2}\right)\right]}$$

$$= A_0 \frac{\sin\alpha}{\alpha} \frac{\sin\frac{N\delta}{2}}{\sin\frac{\delta}{2}}\exp\left[i(N-1)\frac{\delta}{2}\right]$$

因此，P 点的光强为
$$I = E(\theta) \cdot E^*(\theta) = I_0\left(\frac{\sin\alpha}{\alpha}\right)^2\left(\frac{\sin\frac{N\delta}{2}}{\sin\frac{\delta}{2}}\right)^2 \tag{3.7-3}$$

式中，$I_0 = A_0^2$ 是单个狭缝在 P_0 点（对应 $\theta = 0$）产生的光强。上式表示光强随 θ 方向的变化，即为所求的光强分布公式。

3.7.2　光强分布公式的讨论

1. 衍射因子和干涉因子

光强分布公式(3.7-3)包含两个因子：$\left(\dfrac{\sin\alpha}{\alpha}\right)^2$ 和 $\left(\dfrac{\sin\frac{N\delta}{2}}{\sin\frac{\delta}{2}}\right)^2$。前者是单缝衍射因子，表示单缝的衍射，在 3.4 节里已经讨论过；后者表示多个衍射光束的干涉，称为**多光束干涉因子**。两个因子相乘表示单缝衍射和多缝干涉两种效应的共同作用。单缝衍射因子只与单缝本身的性质（如缝宽、透射函数）有关；而多光束干涉因子来源于缝的周期性排列，与缝本身的性质无关。因此，可以设想，如有 N 个性质相同的衍射单元（不一定是狭缝）在一个方向上周期性地排列起来，它们的夫琅禾费衍射图样的光强分布公式中就出现这个因子。这样，只要求出这些衍射单元的衍射因子$\left[$对于狭缝，衍射因子是 $\left(\dfrac{\sin\alpha}{\alpha}\right)^2\right]$，再乘以多光束干涉因子，便可以得到这些衍射单元周期排列的衍射图样的光强分布。

2. 极大值和极小值

单缝衍射因子和多光束干涉因子的极大值和极小值，决定多缝衍射图样的亮纹和暗纹。从多光束干涉因子可知，当

$$\delta = \frac{2\pi}{\lambda}d\sin\theta = 2m\pi, \quad m = 0, \pm1, \pm2, \cdots$$

或
$$d\sin\theta = m\lambda, \quad\quad m = 0, \pm1, \pm2, \cdots \tag{3.7-4}$$

时,该因子有极大值 N^2。这些极大值称为**主极大值**,m 是它们的**级**。当 $N\dfrac{\delta}{2}$ 等于 π 的整数倍而 $\dfrac{\delta}{2}$ 不为 π 的整数倍,即

$$\frac{\delta}{2}=\left(m+\frac{m'}{N}\right)\pi, \qquad m=0,\pm1,\pm2,\cdots; \quad m'=1,2,\cdots,N-1$$

或

$$d\sin\theta=\left(m+\frac{m'}{N}\right)\lambda, \qquad m=0,\pm1,\pm2,\cdots; \quad m'=1,2,\cdots,N-1 \qquad (3.7\text{-}5)$$

时,干涉因子为零,有极小值。不难看出,在相邻两个主极大值之间有 $N-1$ 个极小值。由式 (3.7-5),相邻两个极小值($\Delta m'=1$)的角距离为

$$\Delta\theta=\frac{\lambda}{Nd\cos\theta}$$

主极大点与其两侧相邻的极小点之间的角距离也为 $\Delta\theta$,因此主极大点的半角宽度为

$$\Delta\theta=\frac{\lambda}{Nd\cos\theta} \qquad (3.7\text{-}6)$$

上式表明:缝数 N 越大,主极大点的宽度越小,因而多缝衍射亮纹随缝数增加而变得越来越狭窄。

此外,在相邻两个极小值之间还有一个极大值,它们的数值比主极大值要小很多,称为**次极大值**,相邻两个主极大值之间有 $N-2$ 个次极大值。当缝数 N 的数目很大时,两个主极大点之间的极小点和次极大点的数目也很大,它们将混成一片,成为衍射图样中亮线的暗背景。

3. 光强分布曲线和缺级

根据上述讨论绘出的干涉因子的曲线如图 3.34(a)所示,该曲线对应于 $N=4$。可见在两个相邻主极大之间有 3 个极小值(强度为零),2 个次极大值。图 3.34(b)所示是单缝衍射因子的曲线。两个因子相乘的曲线就是 4 缝衍射的光强分布曲线,如图 3.34(c)所示。在图 3.34(c)中,各级干涉主极大点的光强不等,零级主极大点的光强最大,其余各级主极大点的光强要受到衍射因子的调制。根据光强分布公式(3.7-3),各级主极大点的光强为

$$I_m=N^2 I_0\left(\frac{\sin\alpha}{\alpha}\right)^2 \qquad (3.7\text{-}7)$$

表明它们的光强随衍射因子 $\left(\dfrac{\sin\alpha}{\alpha}\right)^2$ 变化。零级主极大点的 $m=0$,$\left(\dfrac{\sin\alpha}{\alpha}\right)^2=1$,光强 $I_0(\theta)=N^2 I_0$,在各级主极大点中其光强最大。

在式(3.7-7)中,如果对应于某一级主极大的位置,$\left(\dfrac{\sin\alpha}{\alpha}\right)^2=0$,那么该级主极大的光强也为零,该级主极大就消失了,这一现象称为**缺级**。在 3.4 节里已经知道,$\left(\dfrac{\sin\alpha}{\alpha}\right)^2=0$ 的条件是

$$a\sin\theta=n\lambda, \quad n=\pm1,\pm2,\cdots$$

对照产生主极大的条件

$$d\sin\theta=m\lambda, \quad m=0,\pm1,\pm2,\cdots$$

不难看出,缺级发生于如下情况:设 $d/a=k$,当 k 为整数时,$\pm k,\pm2k,\cdots$ 各级为缺级。图 3.34(c)是对 $d=3a$ 的情形画出的,故 $\pm3,\pm6,\cdots$ 各级为缺级。

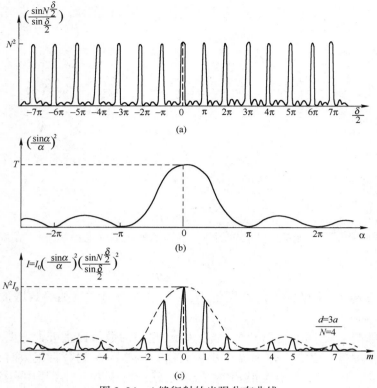

图 3.34　4 缝衍射的光强分布曲线

　　此外,由于衍射因子的调制作用,显然只有包含在单缝衍射中央极大范围内的各级主极大才能有比较大的光强,而落在单缝衍射其他极大范围内的主极大的光强很小。因此,对于多缝衍射一般只考虑单缝衍射中央极大范围内的亮线。请扫二维码观看多缝夫朗禾费衍射的实验演示。

4. 双缝衍射和双缝干涉

　　双缝衍射是衍射屏只包含两个并列狭缝的情况,它的光强分布公式可在式(3.7-3)中取 $N=2$ 得到,即

$$I(\theta) = 4I_0 \left(\frac{\sin\alpha}{\alpha}\right)^2 \cos^2\frac{\delta}{2} \tag{3.7-8}$$

与杨氏双缝干涉的光强公式(2.2-3)对照,可见两者差别仅在于式(2.2-3)中没有衍射因子 $\left(\frac{\sin\alpha}{\alpha}\right)^2$。这并不表明在杨氏双缝干涉实验中,双缝干涉不受狭缝衍射的调制,而是当 $a \ll d$ 时,单缝衍射中央亮纹区域内包含的干涉条纹数目很多,因而条纹的强度随级次的增大而衰减缓慢,即当狭缝极窄时可在一个比较宽的衍射角范围内近似地把衍射因子看成 1,如图 3.35 所示。由此可见,双缝衍射和双缝干涉在物理本质上没有区别,杨氏双缝干涉仅是 $a \ll d$ 时的双缝衍射。

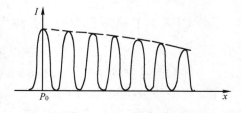

图 3.35　$d \gg a$ 时条纹变化缓慢

例题 3.8　在一个多缝的夫琅禾费衍射实验中,所用光波的波长 $\lambda = 632.8$ nm,透镜焦距 $f = 50$ cm,观察到两相邻亮线之间的距离 $e = 1.5$ mm,并且第 4 级亮线缺级。试求多缝的缝距和缝宽。

解　多缝衍射的亮线条件是

$$d\sin\theta = m\lambda, \quad m = 0, \pm 1, \pm 2, \cdots$$

对上式两边取微分,得到

$$d\cos\theta \cdot \Delta\theta = \lambda \cdot \Delta m$$

当 $\Delta m = 1$ 时,$\Delta\theta$ 就是相邻亮线之间的角距离。并且一般 θ 很小,$\cos\theta \approx 1$,故 $\Delta\theta = \lambda/d$。两相邻亮线距离为 $e = f \cdot \Delta\theta = f\lambda/d$,所以

$$d = f\lambda/e = 50 \text{ cm} \times 632.8 \times 10^{-6}/1.5 = 0.21 \text{ mm}$$

再由第 4 级亮线缺级的条件可知缝宽为

$$a = d/4 = 0.21 \text{ mm}/4 = 0.05 \text{ mm}$$

例题 3.9　计算:(1)例题 3.8 中第 1,2,3 级亮线的相对强度;(2) $d = 10a$ 的多缝的第 1,2,3 级亮线的相对强度。

解　(1)第 1,2,3 级亮线分别对应 $d\sin\theta = \pm\lambda, \pm2\lambda, \pm3\lambda$。由于 $d = 4a$,所以当 $d\sin\theta = \pm\lambda, \pm2\lambda, \pm3\lambda$ 时,分别有 $a\sin\theta = \pm\dfrac{\lambda}{4}, \pm\dfrac{2}{4}\lambda, \pm\dfrac{3}{4}\lambda$。因此,由多缝衍射各级亮线的光强公式(3.7-7),第 1,2,3 级亮线的相对强度为

$$\frac{I_1}{N^2 I_0} = \left(\frac{\sin\alpha}{\alpha}\right)^2 = \left(\frac{\sin\dfrac{\pi a\sin\theta}{\lambda}}{\dfrac{\pi a\sin\theta}{\lambda}}\right)^2 = \left(\frac{\sin\dfrac{\pi}{4}}{\dfrac{\pi}{4}}\right)^2 = 0.811$$

$$\frac{I_2}{N^2 I_0} = \left(\frac{\sin\dfrac{\pi}{2}}{\dfrac{\pi}{2}}\right)^2 = 0.406 \qquad \frac{I_3}{N^2 I_0} = \left(\frac{\sin\dfrac{3\pi}{4}}{\dfrac{3\pi}{4}}\right)^2 = 0.052$$

(2)当 $d = 10a$ 时,第 1,2,3 级亮线分别对应 $a\sin\theta = \pm\dfrac{\lambda}{10}, \pm\dfrac{2\lambda}{10}, \pm\dfrac{3\lambda}{10}$。因此,其相对强度为

$$\frac{I_1}{N^2 I_0} = \left(\frac{\sin\dfrac{\pi}{10}}{\dfrac{\pi}{10}}\right)^2 = 0.968 \qquad \frac{I_2}{N^2 I_0} = \left(\frac{\sin\dfrac{2\pi}{10}}{\dfrac{2\pi}{10}}\right)^2 = 0.876 \qquad \frac{I_3}{N^2 I_0} = \left(\frac{\sin\dfrac{3\pi}{10}}{\dfrac{3\pi}{10}}\right)^2 = 0.424$$

本例说明:(1)各级亮线的**相对强度**与多缝数目 N 无关;(2)缝宽相对于缝距越窄,即 a/d 越小,亮线强度随级数增大而下降得越慢。若把缝看成无限窄,各级亮线强度相等。

3.8　衍射光栅

通常把由大量(数千个乃至数万个)等宽等间距的狭缝构成的光学元件称为**衍射光栅**。但是,近代光栅的种类已经很多,有些光栅的衍射单元已经不是在通常意义下的狭缝。因此,为了使衍射光栅的定义也将这些光栅包括在内,可以把光栅定义为:能使入射光的振幅或位

相,或者两者同时产生周期性空间调制的光学元件。

根据它是用于透射光还是用于反射光来分类,光栅可以分为透射光栅和反射光栅两类。透射光栅是在光学平板玻璃上刻出一道道等宽等间距的刻痕制成的;刻痕处不透光,未刻处则是透光的狭缝。反射光栅是在金属反射镜上刻出一道道刻痕制成的;刻痕上发生漫反射,未刻处在反射光方向发生衍射,相当于一组衍射狭缝。在反射光栅中,按反射镜的形状是平面或凹面的,有平面反射光栅和凹面反射光栅之分。如果按它对入射光的调制作用来分类,光栅又可分为振幅光栅和位相光栅。此外,还有矩形光栅和余弦光栅,一维、二维和三维光栅等。总之,光栅的种类较多,这一节只介绍几种常用光栅。

较精密的光栅每毫米有上千条刻线,如果光栅宽度为几厘米,则狭缝数多达几万条。由3.7节的讨论可知,这时光栅衍射产生的亮线将变得极窄和极为明亮。光栅最主要的应用是作为光栅光谱仪中的分光元件,下面我们来讨论它在这方面的性质。

3.8.1 光栅的分光性能

1. 光栅方程

3.7.2节得到的确定多缝衍射亮线位置的方程(3.7-4)为

$$d\sin\theta = m\lambda, \quad m = 0, \pm 1, \pm 2, \cdots$$

在光栅理论中称为**光栅方程**。从光栅方程可以直接看出光栅的分光原理:除零级外,各级亮线的衍射角 θ 与波长 λ 有关。因此,对于给定缝距 d(又称**光栅常数**)的光栅,当用多色光照明时,除零级外,不同波长的同一级亮线均不重合,即发生"色散"。这就是光栅的分光原理。对应于不同

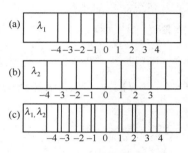

图 3.36 光栅光谱线

波长的各级亮线称为**光栅光谱线**。图 3.36 示出了波长为 λ_1 和 $\lambda_2(\lambda_2 > \lambda_1)$ 的两种光波的光谱线,它们的零级谱线重合,其他级的谱线彼此分开,分开的程度随级次的增大而增加。

应该指出,光栅方程(3.7-4)只适用于入射光垂直照射光栅的情况,对于更普遍的斜入射情形,方程(3.7-4)要加以修正。因为斜入射时相邻狭缝衍射光之间的光程差为 $\mathscr{D} = d(\sin i \pm \sin\theta)$,故方程(3.7-4)应修正为

$$d(\sin i \pm \sin\theta) = m\lambda, \quad m = 0, \pm 1, \pm 2, \cdots$$

$$(3.8\text{-}1)$$

式中,i 为入射角。如衍射光和入射光分别在光栅面法线的两侧,则上式取负号;如衍射光和入射光在光栅面法线同侧,则上式取正号,如图 3.37 所示。

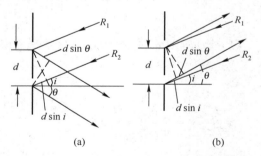

图 3.37 光束斜入射到反射光栅上发生的衍射

2. 光栅的色散本领

光栅的色散本领通常以角色散和线色散表示。波长相差 1Å 的两条谱线分开的角距离称为**角色散**。它与光栅常数 d 和谱线级次 m 的关系可从光栅方程(3.8-1)求得:对光栅方程两边取微分,得到

$$\frac{d\theta}{d\lambda} = \frac{m}{d\cos\theta} \qquad (3.8\text{-}2)$$

可见，光栅的角色散与光栅常数 d 成反比，与级次 m 成正比。

光栅的**线色散**是聚焦透镜焦面上波长相差 1Å 的两条谱线分开的距离，显然有

$$\frac{dl}{d\lambda} = f \cdot \frac{d\theta}{d\lambda} = f \frac{m}{d\cos\theta} \qquad (3.8\text{-}3)$$

式中，f 是透镜的焦距。

角色散和线色散是光谱仪的重要性能指标，光谱仪的色散越大，就能将两条波长相近的谱线分得越开。因为光栅每毫米有上千条刻线，光栅常数很小，所以光栅具有很大的色散本领。这一特性使光栅光谱仪成为一种优良的光谱仪器。

如果我们在 θ 角不大的地方记录光栅光谱，$\cos\theta$ 几乎不随 θ 角而变，因而色散是均匀的，这种光谱称为**匀排光谱**。测定匀排光谱的波长可用线性内插法，这一点也是光栅光谱相对棱镜光谱的优点之一。

3. 光栅的色分辨本领

色分辨本领是光谱仪的另一重要性能指标。色分辨本领表示光谱仪分辨两条波长差很小的谱线的能力。对于两条波长分别为 λ 和 $\lambda+\delta\lambda$ 的谱线，如果它们由于色散所分开的距离正好等于谱线的半宽度（图 3.38），那么根据瑞利判据（参见 3.6 节），这两条谱线刚好可以分辨。这时的波长差 $\delta\lambda$ 就是光栅所能分辨的最小波长差，而光栅的色分辨本领为

$$A = \frac{\lambda}{\delta\lambda}$$

按照式 (3.7-6)，光栅谱线的半角宽度为

$$\delta\theta = \frac{\lambda}{Nd\cos\theta}$$

再由角色散的表达式 (3.8-2)，与角距离 $\delta\theta$ 对应的波长差为

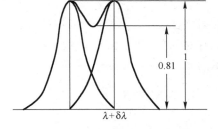

图 3.38　两条谱线刚好分辨

$$\delta\lambda = \left(\frac{d\lambda}{d\theta}\right)\delta\theta = \frac{d\cos\theta}{m} \frac{\lambda}{Nd\cos\theta} = \frac{\lambda}{mN}$$

因此，光栅的色分辨本领 $\qquad A = \dfrac{\lambda}{\delta\lambda} = mN \qquad (3.8\text{-}4)$

表明光栅的色分辨本领正比于光谱级 m 和光栅线数 N，与光栅常数 d 无关。

一般使用的光栅的光谱级不高（$m=1$ 或 2），但光栅线数 N 是一个很大的数，因此光栅的色分辨本领仍然是很高的。例如，对于每毫米 1 200 线的光栅，若光栅宽度为 60 mm，则在 1 级光谱中的色分辨本领为

$$A = mN = 1 \times 60 \times 1\,200 = 72\,000$$

它对于 $\lambda = 600$ nm 的红光所能分辨的最小波长差为

$$\delta\lambda = \lambda/A = 600 \text{ nm}/72\,000 \approx 0.008 \text{ nm}$$

这样高的分辨本领，棱镜光谱仪是达不到的。所以在分辨本领方面，光栅也优于棱镜。

4. 光栅的自由光谱范围

图 3.39 所示是某种白光光源在可见光区的光栅光谱。除零级光谱外,各级光谱都按紫光在里、红光在外排列。可以看出,从 2 级光谱开始发生了邻级光谱之间的重叠现象。这是因为从光栅方程可计算出,2 级光谱中红端极限波长 780 nm 的谱线位置和 3 级光谱中 520 nm 的绿光谱线位置重合;3 级光谱中紫端极限波长 390 nm 的谱线和 2 级光谱中黄光 585 nm 的谱线位置重合,所以两级光谱部分重叠。这种情形在应用光栅进行光谱分析时是不允许的,因此有必要知道光谱的不重叠区,即自由光谱范围。

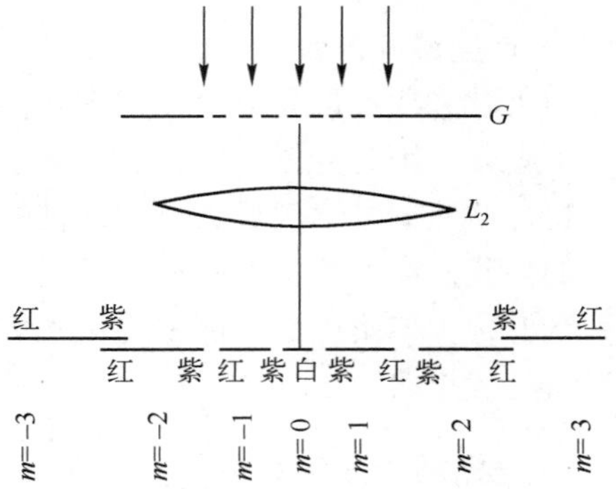

由 2.4 节的讨论可知,在波长 λ 的 $m+1$ 级谱线和波长 $\lambda+\Delta\lambda$ 的 m 级谱线重合前,不会发生 λ 到 $\lambda+\Delta\lambda$ 范围内各波长的不同级谱线的重叠。因此,光谱不重叠区可由下式确定:

$$m(\lambda+\Delta\lambda)=(m+1)\lambda$$

得到

$$\Delta\lambda=\lambda/m \qquad (3.8\text{-}5)$$

一般光栅使用的光谱级 m 很小,所以它的自由光谱范围较大。这一点与 F-P 标准具形成鲜明对照,F-P 标准具只能在很窄的光谱区使用。

图 3.39 可见光区的光栅光谱

3.8.2 其他光栅

上述在玻璃平板上刻线制成的光栅是透射式的,而近代光栅已经发展了多种形式:有透射式的,也有反射式的;有平面的,也有凹面的;有对入射光振幅进行周期性空间调制的,也有对入射光位相或者振幅和位相同时进行周期性调制的。这里,介绍其中三种有重要应用的光栅。

1. 闪耀光栅

我们已经知道,光栅光谱的级次越高,色分辨本领和色散本领也越大。但是,光强分布却是级次越低光强越大,特别是没有色散的零级占了总能量的很大一部分,这对于光栅的应用是很不利的。闪耀光栅可以克服上述缺点,它使光能量几乎全部集中到所需的那一级光谱上。

闪耀光栅是平面反射光栅,它是以磨光的金属板为坯子,用楔形金刚石在其表面刻出一系列等间距的锯齿形槽面制成的,其截面如图 3.40 所示。光栅槽面与光栅平面之间的夹角称为**闪耀角**,以 γ 表示。闪耀光栅通常用金属铝板制造,因为金属铝反射率高,又比较容易加工。

闪耀光栅的巧妙之处是它的刻槽面与光栅平面有一角度 γ,这使得单个槽面衍射的中央极大和诸槽面间干涉的零级主极大分开,从而使光能量从干涉零级主极大转移并集中到某一级光谱上去。为具体说明这个问题,考虑入射光垂直于槽面照明光栅的情形(这是常用的照明方式,见图 3.40)。这时单个槽面衍射的中央极大对应于入射光的反方向,即几何光学的反射方向。但对于光栅平面来说,入射光是以角度 $i=\gamma$ 入射的,根据光栅方程(3.8-1),相邻两个槽面之间在入射光反方向($\theta=\gamma$)上的光程差为

$$\mathscr{D}=d(\sin i+\sin\theta)=d(\sin\gamma+\sin\gamma)=2d\sin\gamma$$

如果 $\mathscr{D}=\lambda_B$，即

$$2d\sin\gamma=\lambda_B \tag{3.8-6}$$

那么波长为 λ_B 的一级谱线就落在入射光反方向上，并与单槽面衍射的中央极大重合（见图 3.41），波长为 λ_B 的一级谱线将获得最大光强。波长 λ_B 称为**闪耀波长**。又因为闪耀光栅的槽面宽度 $a\approx d$，所以波长为 λ_B 的其他级次（包括零级）的谱线都几乎和单槽面衍射的极小位置重合而形成缺级。于是绝大部分光能量都集中到波长为 λ_B 的一级谱线上。

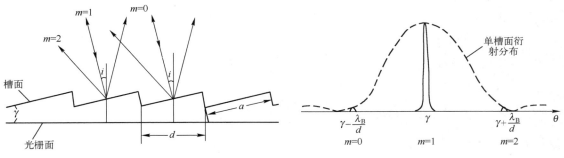

图 3.40　闪耀光栅的截面　　　　图 3.41　λ_B 的一级谱线有最大光强

由中国科学院国家天文台承担研制的我国自主创新的、世界上口径最大的大视场兼大口径及光谱获取率最高的望远镜，即大天区面积多目标光纤光谱天文望远镜（简称"LAMOST"），于 1997 年立项，2001 年动工，2009 年 6 月通过国家验收，2010 年 4 月被冠名为"郭守敬望远镜"，2012 年 9 月启动正式巡天。它视场达 5°，在焦面上放置 4000 根光纤，将遥远天体的光分别传输到多台光谱仪中，同时获得它们的光谱，成为世界上光谱获取率最高的望远镜。该望远镜配置了 16 台低分辨率多目标光纤光谱仪和 1 台高分辨率阶梯光栅光谱仪，这里阶梯光栅实质上是一种粗光栅，具有较大的闪耀角，可以用于很高的干涉级次，通常为 10～100 级，因此可获得极高的分辨率。郭守敬望远镜是我国在大规模光学光谱观测中，在大视场天文学研究上，居于国际领先地位的大科学装置。

2. 正弦光栅

前述的由大量狭缝组成的透射光栅，如果考察它的振幅透射函数，就可以用图 3.42（a）所示的周期性矩形表示。这种光栅对入射光振幅是按矩形函数周期性调制的，所以这种光栅又称为矩形（振幅）光栅。相应地，振幅透射函数按余弦或正弦函数变化的光栅［图 3.42（b）］称为**正弦**（振幅）**光栅**。我们记得，两光束干涉条纹的光强分布具有余弦函数的形式，因此用照相方法把两光束干涉条纹记录下来，就成为一块正弦光栅。下面讨论它的夫琅禾费衍射图样。

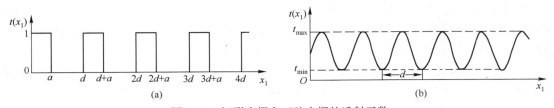

图 3.42　矩形光栅和正弦光栅的透射函数

假设正弦光栅包含 N 个周期,且周期为 d,正弦光栅以单位振幅的单色平面波垂直照明,那么光波透过光栅时的复振幅分布可以写为(设光栅透射函数沿 x_1 方向变化)

$$\mathscr{E}(x_1) = \begin{cases} \dfrac{1}{2} + \dfrac{1}{2}\cos\dfrac{2\pi}{d}x_1 & \text{在光栅范围内} \\ 0 & \text{在光栅范围外} \end{cases} \tag{3.8-7}$$

在 3.7.2 节里已经指出,求 N 个衍射单元的光栅的衍射光强分布,只需求出单元的衍射因子,再乘以多光束干涉因子便可以得到。对于正弦光栅,衍射单元(一个周期)产生的夫琅禾费衍射的复振幅为[利用式(3.2-10)]

$$E_S(x) = C\int_{-\frac{d}{2}}^{\frac{d}{2}} \mathscr{E}(x_1)\exp(-\mathrm{i}2\pi u x_1)\,\mathrm{d}x_1$$

式中,C 表示(3.2-10)积分号前的复指数因子,$u = \dfrac{x}{\lambda f}$ 是傅里叶变换的空间频率。将式(3.8-7)代入上式:

$$E_S(x) = C\int_{-\frac{d}{2}}^{\frac{d}{2}}\left(1 + \cos\frac{2\pi}{d}x_1\right)\exp(-\mathrm{i}2\pi u x_1)\,\mathrm{d}x_1$$

这里 C 已包括了常数 $1/2$。把余弦函数写为两个复数之和,上式又可以写为

$$E_S(x) = C\int_{-\frac{d}{2}}^{\frac{d}{2}}\left[1 + \frac{1}{2}\exp\left(\mathrm{i}\frac{2\pi}{d}x_1\right) + \frac{1}{2}\exp\left(-\mathrm{i}\frac{2\pi}{d}x_2\right)\right]\exp(-\mathrm{i}2\pi u x_1)\,\mathrm{d}x_1$$

$$= C\left[\frac{\sin\alpha}{\alpha} + \frac{1}{2}\frac{\sin(\alpha+\pi)}{\alpha+\pi} + \frac{1}{2}\frac{\sin(\alpha-\pi)}{\alpha-\pi}\right]$$

式中,$\alpha = \dfrac{\pi d}{\lambda}\sin\theta$。因此,正弦光栅夫琅禾费衍射图样的光强分布为

$$I = I_0\left[\frac{\sin\alpha}{\alpha} + \frac{1}{2}\frac{\sin(\alpha+\pi)}{\alpha+\pi} + \frac{1}{2}\frac{\sin(\alpha-\pi)}{\alpha-\pi}\right]^2\left(\frac{\sin\dfrac{N\delta}{2}}{\sin\dfrac{\delta}{2}}\right)^2 \tag{3.8-8}$$

注意到 $\delta = \dfrac{2\pi}{\lambda}d\sin\theta = 2\alpha$,故上式又可以写为

$$I = I_0\left[\frac{\sin\alpha}{\alpha} + \frac{1}{2}\frac{\sin(\alpha+\pi)}{\alpha+\pi} + \frac{1}{2}\frac{\sin(\alpha-\pi)}{\alpha-\pi}\right]^2\left(\frac{\sin N\alpha}{\sin\alpha}\right)^2 \tag{3.8-9}$$

上式中衍射强度包含的项数较多。在图 3.43 中画出了它们的振幅分布图,图 3.43(a)和(b)分别是衍射因子和干涉因子,图 3.43(c)是它们的乘积。可以看出,正弦光栅的衍射图样仅包含零级和 ±1 级谱线。同样,谱线的宽度与光栅的周期数 N 成反比。当 $N \to \infty$ 时,谱线宽度减小到零,在数学上可用三个 Delta 函数表示。

3. 三维超声光栅

当波长为 d 的超声波在均匀介质(比如水、熔融石英)中传播时,会引起介质内的密度周期性变化,从而导致介质的折射率也周期性变化(见图 3.44(a))。于是,这个超声场形成一个以 d 为周期的三维超声光栅。当光波入射到这个三维超声光栅上时,也会发生衍射。图 3.44(b)是三维超声光栅衍射的示意图,其间距为 d 的水平线代替光栅的周期结构。根据光栅方程(3.8-1),显然当入射光的入射角 i 满足下列条件

$$2d\sin i = \lambda_n \tag{3.8-10}$$

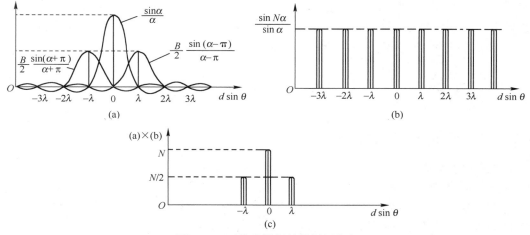

图 3.43　正弦光栅衍射的振幅分布

时,将在 $\theta=i$ 的方向得到衍射极大。式中,λ_n 为光波在介质中波长。这一条件称为**布拉格**(W. L. Bragg,1890—1971)**条件**。为了对超声场衍射的布拉格条件有一个数量上的概念,让我们考虑熔融石英中传播的超声波。设其频率为 4×10^7 Hz,传播速度为 6×10^5 mm/s,因此波长 $d=1.5\times10^{-2}$ mm。当以波长 $\lambda=1.06$ μm 的激光入射时,满足布拉格条件的入射角应为

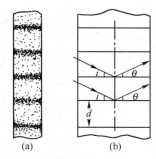

图 3.44　三维超声光栅

$$i=\arcsin\frac{\lambda_n}{2d}=\arcsin\frac{\lambda}{2nd}=1.4°$$

式中,n 为熔融石英的折射率,$n=1.45$。

　　三维超声光栅在激光技术中有着重要的应用,其中最主要的是用作声光偏转器和声光调制器。声光偏转器的结构如图 3.45 所示。电源产生的射频电压加在换能器上,获得射频超声波。换能器由压电材料(如石英、铌酸锂等)制成。换能器产生的超声波耦合到声光介质中,在介质中形成超声场。如果改变加在换能器上的电压的频率,超声波的频率和波长也就随之改变,这时布拉格条件虽不能满足,但衍射光可在满足光栅方程 $d(\sin i+\sin\theta)=\lambda_n$ 的方向上得到极大,因而衍射光从 $\theta=i$ 方向偏转到该方向。这就是声光偏转器的原理。

　　在自然界中,晶体是一种适合于 X 射线的天然三维超声光栅。晶体由有规则排列的微粒(原子、离子或分子)组成,可以想象这些微粒构成一系列平行的层面(称为晶面),如图 3.46 所示。

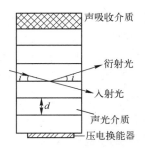

图 3.45　声光偏转器的结构

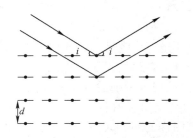

图 3.46　晶体光栅衍射的布拉格条件

晶面之间的距离(晶体间距)为 d,其大小是 10^{-10} m 的数量级,与 X 射线的波长相当。当一束单色的平行 X 射线以 i 角掠射到晶面上时,在各晶面所散射的射线中,只有按反射定律反射的射线的强度为最大,即它适合布拉格条件 $2d\sin i = \lambda$,其中 λ 为 X 射线波长。

3.9　全　息　照　相

3.9.1　什么是全息照相

全息照相是利用干涉和衍射方法来获得物体的完全逼真的立体像的一种成像技术。它是伽柏(D. Gabor,1900—1979)在 1948 年提出来的,由于当时没有相干性很优良的光源,全息照相的进展缓慢。在 20 世纪 60 年代初激光问世后,全息照相才得到了非常迅速的发展。当今,它已成为科学技术的一个十分活跃的领域,在实际中有着广泛的应用。

1.　全息照相和普通照相的区别

普通照相一般通过照相物镜成像,在底片平面上将物体发出的或散射的光波的光强分布记录下来。由于底片上的感光物质只对光强有响应,对位相分布不起作用,所以在照相过程中把光波的位相分布这个重要的光信息丢失了。这样,在所得到的照片中,物体的三维特征不复存在:不再存在视差;改变观察角度时,不能看到像的不同侧面。全息照相则完全不同,它可以记录物体散射的光波(称**物光波**)在一个平面上的复振幅分布,即可以记录物光波的全部信息——振幅和位相。根据惠更斯–菲涅耳原理,光波在传播途中一个平面上的复振幅分布唯一地确定它后面空间的光场,或者说,该平面上的复振幅分布完全代表散射光波对平面后面空间任一点的作用。因此,只要设法将一个平面上的复振幅分布记录下来,并再现出来,这时即使物体不存在,光场中的一切效应,包括对物体的观察,也将完全与物体存在时一样。所以,由全息照相所产生的像是完全逼真的立体像,当以不同的角度观察时,就像观察一个真实的物体一样,能够看到像的不同侧面,也能在不同的距离聚焦。

与普通照相不同,当全息照片大部分被损坏时,我们仍可从残留部分看到原有物体的全貌。此外,一张全息底片可以记录多幅照片,在显示时互不干扰。因此,全息照片能够存储的信息量巨大。

2.　全息照相的过程

全息照相的过程分为两步:第一步记录,第二步再现。记录是利用干涉方法把物光波在某个平面上的复振幅分布记录下来。这是通过将物光波和一个参考光波发生干涉,从而使物光波的位相分布转换成照相底片可以记录的光强分布来实现的。因为我们知道,两个干涉光波的振幅比和位相差完全决定干涉条纹的光强分布,所以在干涉条纹中就包含了物光的振幅和位相信息。典型的全息记录装置如图 3.47(a)所示。由激光器发出的光束经扩束后一部分照明物体,从物体反射或散射后射向照相底片,这就是物光波。另一部分经反射镜反射后射向照相底片,这为参考光波。在照相底片上,物光波和参考光波将发生干涉,形成一定的干涉图样。将记录下干涉图样的照相底片适当曝光与冲洗,就得到一张**全息图**(**全息照片**)。所以全息图不是别的,正是物光波和参考光波的干涉图。图 3.47(b)是全息图的照片,可以看出其上布满了亮暗的干涉条纹。显然,全息图和原物是没有任何相像之处的。

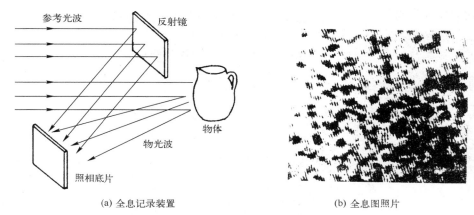

(a) 全息记录装置　　　　　　　　(b) 全息图照片

图 3.47　全息照相的记录

　　全息照相过程的第二步是利用衍射原理进行物光波的再现。如图 3.48 所示,用一个光波(在大多数情况下它与记录全息图时用的参考光波完全相同)再照明全息图,光波在全息图上就好像在一块复杂光栅上一样发生衍射,衍射光波中将包含原来的物光波,因此当观察者迎着物光波方向观察时,便可看到物体的再现像。它是一个虚像,具有原物的一切特征。当观察者移动眼睛通过全息图从不同角度观察它时,就像面对原物一样看到它的不同侧面。另外,还有一个实像,称为**共轭像**,与原物对称地位于全息图前后两边,其三维结构与原物不完全相似。

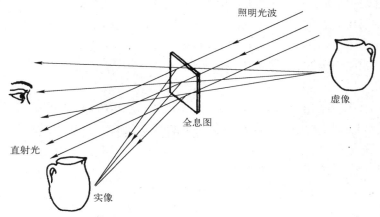

图 3.48　全息图的再现

3. 全息图主要类型

　　由于全息图的记录可以有多种光路安排,所以也有多种类型的全息图。它们主要是菲涅耳全息图、夫琅禾费全息图、像面全息图、彩虹全息图、体全息图等。另外,还有利用计算机绘制的全息图。这里,我们仅讨论菲涅耳全息图和夫琅禾费全息图两类。

　　菲涅耳全息图是对近处物体记录的全息图,因此来自物体上各点的光波为球面波。图 3.47 的记录装置拍摄到的就是菲涅耳全息图。**夫琅禾费全息图**对应于物体和参考光源都等效处在无穷远的情况,其记录装置如图 3.49 所示。将平面物体置于透镜的前焦面,

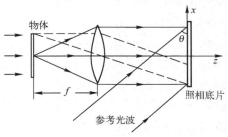

图 3.49　夫琅禾费全息图的记录装置

因此到达照相底片与物上一点对应的光波是平面波。参考光波也是平面波,它与物光波以不同的角度投射到照相底片。通常又把底片放在透镜的后焦面上,这时被记录的物光波是物体面上光波复振幅分布的傅里叶变换,所以这种全息图也称为**傅里叶变换全息图**。

3.9.2 全息照相原理

1. 基本公式

设照相底片平面为 xy 平面,物光波和参考光波在该平面上的复振幅分布分别为

$$E_O(x,y) = O(x,y)\exp[i\varphi_0(x,y)] \tag{3.9-1}$$

和

$$E_R(x,y) = R(x,y)\exp[i\varphi_R(x,y)] \tag{3.9-2}$$

其中 $O(x,y)$ 和 $\varphi_0(x,y)$ 为物光波的振幅分布和位相分布, $R(x,y)$ 和 $\varphi_R(x,y)$ 为参考光波的振幅分布和位相分布。在照相底片平面上两光波干涉产生的光强分布为

$$I(x,y) = (E_O + E_R)(E_O^* + E_R^*) = (E_O E_O^* + E_R E_R^* + E_O E_R^* + E_O^* E_R)$$
$$= O^2 + R^2 + OR\exp[i(\varphi_0 - \varphi_R)] + OR\exp[-i(\varphi_0 - \varphi_R)] \tag{3.9-3}$$

将照相底片适当曝光和冲洗后,便得到一张全息图。所谓适当曝光和冲洗,就是要求冲洗后底片的振幅透射函数与曝光时底片上的光强呈线性关系,即 $t(x,y) = a + bI(x,y)$ 。为简单起见,设 $a=0, b=1$,因此全息图的振幅透射函数为

$$t(x,y) = I(x,y) = O^2 + R^2 + OR\exp[i(\varphi_0 - \varphi_R)] + OR\exp[-i(\varphi_0 - \varphi_R)]$$

当再现物光波时,用一光波照明全息图。假设照明光波在全息图平面上的复振幅分布为

$$E_C = C(x,y)\exp[i\varphi_C(x,y)] \tag{3.9-4}$$

那么,透过全息图的光波在 x,y 平面上的复振幅分布为

$$E_D(x,y) = E_C(x,y) \cdot t(x,y)$$
$$= (O^2 + R^2)C\exp(i\varphi_C) + ORC\exp[i(\varphi_0 + \varphi_C - \varphi_R)] + ORC\exp[i(\varphi_C - \varphi_0 + \varphi_R)] \tag{3.9-5}$$

上式是再现时衍射光波的表达式,也是**全息照相的基本公式**。上式包括的三项代表衍射光波的三个成分。

如果再现时照明光波和参考光波完全相同,即

$$E_C(x,y) = E_R(x,y) = R(x,y)\exp[i\varphi_R(x,y)]$$

那么,式(3.9-5)变为

$$E_D(x,y) = (O^2 + R^2)R\exp(i\varphi_R) + R^2 O\exp(i\varphi_0) + R^2\exp(i2\varphi_R)O\exp(-i\varphi_0) \tag{3.9-6}$$

式中第一项显然是照明光波本身,只是它的振幅受到 $(O^2 + R^2)$ 的调制。如果照明光波是均匀的, R^2 在整个全息图上可认为是常数,那么振幅只受 O^2 的影响。在三部分衍射光波中,这一部分仍沿着照明光波方向传播。上式第二项除常数因子 R^2 外,和物光波的表达式完全相同,故它代表原来的物光波。物光波是发散的,当迎着它观察时,就会看到一个和原物一模一样的虚像。这就是前面所述的全息照相产生的和原物全同的再现像。上式第三项包含波函数 $O\exp(-i\varphi_0)$ 和位相因子 $\exp(i2\varphi_R)$,前者代表物光波的共轭波,它的波面曲率和物光波相反。因为物光波是发散的,所以其共轭波是会聚的。共轭波形成物体的"实像",即前述的共轭像。共轭像与原物的三维结构不同,凹凸相反,这是共轭波的位相与物光波的位相相差 π 的缘故。位相因子 $\exp(i2\varphi_R)$ 对共轭波的影响通常是转动它的传播方向,这样共轭波将沿着不同于物光波和照明光波的方向传播,观察者则可以不受干扰地观察物体的像。

2. 两个特例的讨论

两个特例分别属于傅里叶变换全息和菲涅耳全息,并且为了讨论简单起见,假定物体是一个点。因为复杂物体由许多物点组成,每一物点在全息图记录时都形成各自的全息图,这样许多元全息图的叠加就构成复杂物体的全息图。因此,了解单个物点的记录和再现的原理后,复杂物体的记录和再现也就清楚了。

特例1 物光波和参考光波都是平面波。典型的记录装置如图 3.50 所示,物体是一个点,和针孔同处在透镜的前焦面上。设物光波和参考光波的波矢平行于 xz 平面,并分别与 z 轴成 θ_O 和 θ_R 角,那么它们在照相底片平面(xy 面)上的复振幅分布分别为

$$E_O(x,y) = O(x,y)\exp(ikx\sin\theta_O) \tag{3.9-7}$$

和 $$E_R(x,y) = R(x,y)\exp(ikx\sin\theta_R) \tag{3.9-8}$$

将以上两式代入式(3.9-3),得到底片上两光波干涉光强为

$$I(x,y) = O^2 + R^2 + 2OR\cos\left[kx(\sin\theta_O - \sin\theta_R)\right] \tag{3.9-9}$$

底片曝光和冲洗后,其透射函数 $t(x,y) = I(x,y)$。可见,这个全息图就是上节所述的正弦光栅。

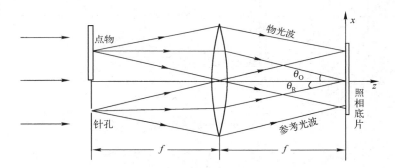

图 3.50　傅里叶变换全息图的记录装置

再现时,若用与参考光波完全相同的光波照明,那么全息图的衍射波为

$$E_D(x,y) = (O^2 + R^2)R\exp(ikx\sin\theta_R) + R^2O\exp(ikx\sin\theta_O) +$$

$$R^2\exp\left[ikx(2\sin\theta_R)\right] \cdot O\exp(-ikx\sin\theta_O) \tag{3.9-10}$$

它包含三个沿不同方向传播的平面波。第一项代表直射的照明光波;第二项是物光波;第三项是共轭波,其传播方向与 z 轴的夹角为 $\arcsin(2\sin\theta_R - \sin\theta_O) \approx 2\theta_R - \theta_O$(见图 3.51(a))。

在参考光波(和照明光波)沿 z 轴传播的特殊情况下,$\theta_R = \theta_C = 0$,因此

$$E_D(x,y) = (O^2 + R^2)E_R(x,y) + R^2O\exp(ikx\sin\theta_O) + R^2O\exp(-ikx\sin\theta_O) \tag{3.9-11}$$

衍射光波包含沿 z 轴传播的直射光,沿与 z 轴成 θ_O 角传播的物光波和与 z 轴成 $-\theta_O$ 角传播的共轭波(图 3.51(b))。这三个光波正是上一节讨论过的正弦光栅的零级和正、负 1 级衍射波。

特例2 物光波是球面波,参考光波为平面波。记录装置如图 3.52(a)所示,单色平面波垂直照射透明片 M,其上只有一物点 S。这时由 S 散射的物光波是球面波,而直接透过 M 的光波(参考光波)是平面波。两光波产生的干涉图样由照相底片记录下来成为物点的全息图。

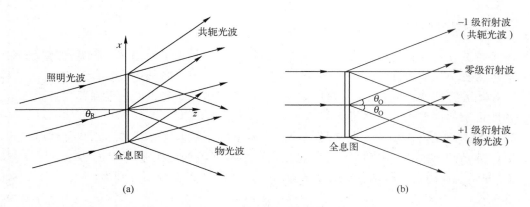

(a)   (b)

图 3.51　平面波全息图的再现

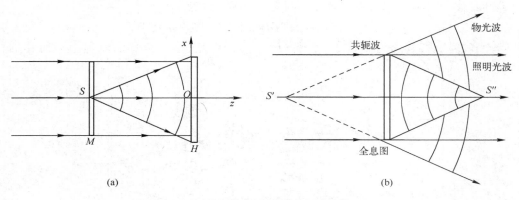

(a)   (b)

图 3.52　球面物光波的记录和再现装置

在底片上取坐标系 $Oxyz$，令 z 轴垂直于底片平面，并假定物点 S 在 z 轴上，离原点 O 的距离为 R。那么，物点散射的球面物光波在底片上的复振幅分布为（取菲涅耳近似，参见 3.2 节）

$$E_O(x,y) = O\exp\left[\mathrm{i}\,\frac{\pi}{\lambda R}(x^2+y^2)\right] \tag{3.9-12}$$

式中，O 可近似地视为常数。参考光波在底片上的复振幅分布为常数，可设为 1，即

$$E_R(x,y) = 1 \tag{3.9-13}$$

因此，底片上的光强分布和冲洗后的透射函数为

$$I(x,y) = t(x,y) = O^2 + O\exp\left[\mathrm{i}\,\frac{\pi}{\lambda R}(x^2+y^2)\right] + O\exp\left[-\mathrm{i}\,\frac{\pi}{\lambda R}(x^2+y^2)\right] \tag{3.9-14}$$

在再现时，若用与参考光波相同的光波照明全息图（图 3.51(b)），那么衍射光波为

$$E_D(x,y) = O^2 + O\exp\left[\mathrm{i}\,\frac{\pi}{\lambda R}(x^2+y^2)\right] + O\exp\left[-\mathrm{i}\,\frac{\pi}{\lambda R}(x^2+y^2)\right] \tag{3.9-15}$$

上式右边第一项代表与全息图垂直的平面波，即直射光波；第二项是物光波，一个发散的球面波，当迎着它观察时，即可看到在原物位置的 S 的虚像 S'；第三项是共轭波，一个球心在 z 轴上距原点为 R 的会聚球面波，在球心形成 S 的实像 S''。

不难看出，本例的全息图的再现与菲涅耳波带片的衍射极为相似。这是因为实际上式(3.9-14)表示的干涉图样类似于菲涅耳波带片的环带。为了说明这一点，把式(3.9-14)改写为

$$I(x,y) = O^2 + 2O\cos\left[\frac{\pi}{\lambda R}(x^2+y^2)\right] \qquad (3.9\text{-}16)$$

可见,全息图上的干涉图样是一些以原点为中心的亮暗圆环,亮环的半径为

$$r_j = \left[\frac{\lambda R}{\pi}2j\pi\right]^{1/2} = \sqrt{2}\sqrt{j\lambda R} \qquad (3.9\text{-}17)$$

对照菲涅耳波带片环带的半径表达式(3.3-1),可见两者是一致的。因此,上述全息图也可以看作一个波带片,但与通常的菲涅耳波带片不同,它的透射函数是余弦变化的,其衍射只出现一对焦点(S' 和 S'')。

3.9.3 全息照相的应用

全息照相已经应用和可能应用的领域是很广阔的。从随处可见的商品和信用卡上的防伪标志到科研、工业部门使用全息方法做信息存储、信息处理、像差校正、干涉计量等,从光学全息到军事上可以应用于探测和监视敌方目标的声全息、微波全息,皆是它的应用例子。不过,限于本书的篇幅,下面只介绍它的一项很成功的应用技术——全息干涉计量。

全息干涉计量具有许多普通干涉计量所不能比拟的优点,例如它可以用于各种材料的无损检验,抛光表面和形状复杂表面的检验,可以研究物体的微小变形、振动和高速运动等。这项技术采用单次曝光(实时法)、二次曝光及多次曝光等方法。

1. 单次曝光法

这种方法可以实时地研究物体状态的变化过程。为此,先拍摄一张物体变形前的全息图(例如利用图3.53所示的装置),后将此全息图放回到原来记录时的位置。如果保持记录光路中所有元件的位置不变,并用原来参考光波照明全息图,那么在原物所在处将出现再现虚像。这时若同时照明物体,并且物体保持原来的状态不变,则再现像与物体完全重合,或者说,再现物光波和实际物光波完全相同,它们的叠加不产生干涉条纹。当物体由于某种原因产生微小的位移或变形时,再现物光波和实际物光波之间就会产生与位移和变形大小相应的位相差,此时两光波的叠加将产生干涉条纹。根据干涉条纹的分布情况,可以推知物体的位移和变形大小。如果物体的状态是渐变的,则干涉条纹也逐步地随之变化,因此物体状态的变化过程可以通过干涉条纹的变化实时地加以研究。

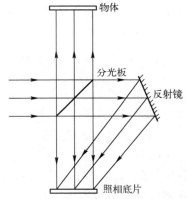

图3.53 一种全息干涉计量装置

2. 二次曝光法

二次曝光法是在同一张照相底片上,先让来自变形前物体的物光波和参考光波曝光一次,然后再让来自变形后物体的物光波和同一参考光波第二次曝光。照相底片经冲洗后形成全息图。当再现这张全息图时,将同时得到两个物光波,它们分别对应于变形前和变形后的物体。由于两个物光波的位相分布已经不同,所以它们叠加后将产生干涉条纹。通过这些干涉条纹便可以研究物体的变形。二次曝光法可避免单次曝光法中要求全息图精确地恢复原位的困难,但是它不能对物体状态的变化进行实时研究。

例题 3.10 在图 3.50 的记录装置中,若物光波和参考光波与 z 轴的夹角为 15°,波长 $\lambda = 632.8$ nm(氦氖激光),试求照相底片上干涉条纹的间距和底片应有的分辨本领。

解 按式(3.9-9)照相底片上干涉条纹的光强分布为

$$I = O^2 + R^2 + 2OR\cos\left[kx\left(\sin\theta_O - \sin\theta_R\right)\right]$$

这是平行于 x 轴的一些明暗条纹。按题给条件 $\theta_R = -\theta_O = 15°$,故

$$I = O^2 + R^2 + 2OR\cos\left(2kx\sin15°\right)$$

由于相邻亮纹(位置分别设为 x_1, x_2)对应的物光波与参考光波位相差之差为 2π,所以

$$2k\left(x_2 - x_1\right)\sin15° = 2\pi$$

得到条纹间距

$$e = x_2 - x_1 = \frac{2\pi}{2k\sin15°} = \frac{\lambda}{2\sin15°} = 1.22 \times 10^{-3} \text{ mm}$$

为了记录这组干涉条纹,底片的分辨本领应为

$$A > 1/e = 0.82 \times 10^3 / \text{mm}$$

3.10 光信息处理

如同全息照相一样,光信息处理也是现代光学的一个应用领域,同样与光的衍射有着密切关系。光信息处理的理论和方法的提出,一直可以追溯到 1873 年阿贝(E. Abbe,1840—1906)的显微镜成像理论和 1906 年的阿贝–波特(A. B. Porter)实验。阿贝成像理论和阿贝–波特实验可以看作是傅里叶光学的开端。阿贝–波特实验使我们清楚地看到,物的频谱对于它所成的像是何等重要:如果使用某些方法改变物的频谱,物体所成的像也随之变化。下面就让我们从阿贝成像理论和阿贝–波特实验开始讨论。

3.10.1 阿贝成像理论和阿贝–波特实验

阿贝成像理论是阿贝在研究如何提高显微镜的分辨本领时提出来的,它与传统几何光学的成像概念完全不同。这个理论的核心是,**相干成像过程是二次衍射成像**。因此,阿贝成像理论又称为**二次衍射成像理论**。

按照阿贝成像理论,被观察的物体可以视为一个复杂的二维衍射光栅,当用单色平面波照明该物体时(这时整个系统成为相干成像系统),发生夫琅禾费衍射,在显微镜的后焦面上形成物体的夫琅禾费衍射图样。在图 3.54 中,为简单起见,假定物体是一个一维衍射光栅,因而在显微镜后焦面上的衍射图样是一些分离的亮点 $M_0, M_{+1}, M_{-1}, M_{+2}, M_{-2}$ 等,它们分别是物体的零级、±1 级和±2 级谱。由物面到物镜后焦面的这一次衍射是成像过程的第一次衍射;第二次衍射则是从后焦面到像面的衍射。我们知道,显微镜的像距比物镜焦距和置于后焦面的孔径光阑要大得多,所以第二次衍射可以视为再一次夫琅禾费衍射。

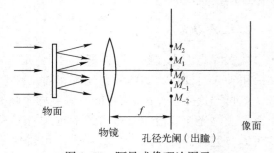

图 3.54 阿贝成像理论图示

从傅里叶变换(频谱)的观点来看,两次夫琅禾费衍射就是物体面上复振幅分布的相继两次傅里叶变换。根据傅里叶变换的性质,两次变换的结果,物体复振幅分布函数复原,自变量加负号,也就是得到物体的倒像。对于图 3.54 所示的一维衍射光栅成像,第一次变换得到物的频谱 $M_0, M_{\pm 1}, \cdots$,第二次变换是这些频谱综合成像。显然,为使像和物完全相似,两次变换必须是准确的,这就要求物镜和孔径光阑足够大,以至于物频谱中的所有成分都能够通过物镜和光阑参与成像。相反地,如果物镜和孔径光阑很小,使物频谱中过多的成分受阻而不能参与成像,这时像的结构将发生重大变化。

波特从实验上演示了物的频谱对它的成像的重要影响,为今天进行光信息处理——用改变频谱的方法来处理光信息(光学图像)提供了理论和实验基础。下面让我们用激光和典型的光信息处理系统来重复阿贝-波特实验的一些结果。如图 3.55 所示,平行激光束垂直照明一个细丝网格,经第一次傅里叶变换在透镜 L_1 的后焦面上得到网格的频谱,第二次傅里叶变换是这些频谱的综合形成像面上网格的像。透镜 L_1 的后焦面通常称为**频谱面**,在其上可以放置不同结构的光阑,例如狭缝、圆孔、圆环或小圆屏等,以此来直接改变物的频谱,从而达到改变物所成的像的目的。在频谱面上放置的改变物的空间频谱的器件统称为**空间滤波器**。

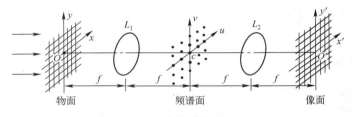

图 3.55　光信息处理系统

图 3.56(a)和(b)分别是未放置空间滤波器前网格的频谱和像的照片。当在频谱面上放置一个水平方向的狭缝,只允许水平方向的一排频谱成分通过时,像只包含网格的垂直结构,而没有水平结构(见图 3.57(a)和(b))。这表明,对像的垂直结构有贡献的是频谱成分的水平组合。当把水平方向的狭缝旋转 90°成为垂直方向的狭缝,并只让一列垂直方向的频谱成分通过时,则所成像只有水平结构(见图 3.58(a)和(b)),说明对像的水平结构有贡献的是频谱成分的垂直组合。其次,在频谱面上放置一个可变圆孔光阑,当光阑很小,并只允许中央亮

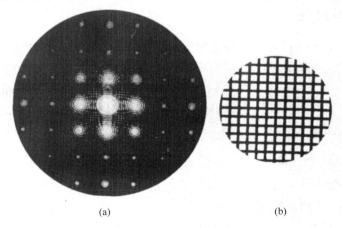

(a)　　　　　　　　(b)

图 3.56　网格的频谱及像

斑这一频谱成分通过时，在像面上只看到一片均匀亮度，没有网格的像。当光阑逐渐增大，通过的频谱成分不断增多时，便可以看到网格的像由模糊逐渐变得清晰。此外，如果在频谱面内用一个小圆屏挡住中央亮点的频谱分量，让其余频谱分量都通过，我们将会看到一个对比度反转的网格像，如图 3. 59 所示。还可以使用其他空间滤波器来进一步改变像的结构，例如，在使用水平狭缝时，如果又用光屏挡住奇数级频谱，只让偶数级频谱通过，那么将看到像的垂直结构比原来密集一倍。这些实验可以使我们看到网格清晰的像是怎样由各频谱分量一步步综合出来的。

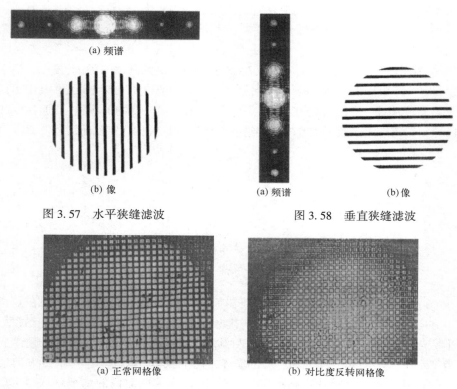

(a) 频谱

(b) 像

图 3. 57　水平狭缝滤波

(a) 频谱

(b) 像

图 3. 58　垂直狭缝滤波

(a) 正常网格像

(b) 对比度反转网格像

图 3. 59　对比度反转现象

3. 10. 2　光信息处理举例

前面已经提到，在相干成像系统中进行光信息处理，基本的做法是通过改变空间频谱来处理光信息（光学图像）。典型的处理系统如图 3. 55 所示，在这一系统中，物（光学图像）和频谱面到透镜 L_1 的距离以及频谱面和像面到透镜 L_2 的距离都等于透镜焦距，故这一系统通常简称为 4f 系统。除上述的网格实验外，下面再举几个利用 4f 系统进行信息处理的例子。

1. 位相物体的观察

有些物体，如一些透明生物切片、光学玻璃片等，对光的吸收很小，当光通过时其上各处的振幅透射函数的模值近似为 1。但由于厚度或折射率的不均匀，透射光的位相是物面上坐标 x,y 的函数，故物体的透射函数应表示为

$$t(x,y)=\exp[\mathrm{i}\varphi(x,y)] \tag{3.10-1}$$

这些物体称为**位相物体**。直接观察位相物体时不能看清其轮廓及结构（厚度或折射率的变

化),因为人眼只能辨别物体透射光强的一定的差别,并不能辨别物体引入的位相差别。为看清物体,必须设法把物体引入的位相变化变为光强变化。1935 年,泽尼克(F. Zernike,1888— 1966)借助空间滤波概念提出了**相衬法**,实现了上述转变,从而使我们可以看清位相物体。

把位相物体置于 4f 系统中的物面位置,当激光束通过物体时,其复振幅分布为

$$\mathscr{E}(x,y)=t(x,y)=\exp\left[\,\mathrm{i}\varphi(x,y)\,\right] \tag{3.10-2}$$

对弱位相物体(显微术中观察的生物切片多属此类),$\varphi(x,y)\ll 1\ \mathrm{rad}$,上式可近似写为

$$\mathscr{E}(x,y)=1+\mathrm{i}\varphi(x,y)$$

因此,在频谱面上得到 $\mathscr{E}(x,y)$ 的频谱为

$$E(u,v)=\mathscr{F}\{1+\mathrm{i}\varphi(x,y)\}=\delta(u,v)+\mathrm{i}\Phi(u,v) \tag{3.10-3}$$

式中,符号 $\mathscr{F}\{\}$ 表示括号内函数的傅里叶变换,$\delta(u,v)$ 是 1 的傅里叶变换,对应于零级谱(L_1焦点上的亮点)。若在频谱面上加入一个滤波器,如图 3.60(a)所示,其振幅透射函数为

$$t(u,v)=\begin{cases}\exp(\mathrm{i}\pi/2) & u=v=0\\ 1 & 其他\end{cases}$$

即对零级谱引入 $\pi/2$ 的位相变化,那么滤波后的频谱为

$$E(u,v)\cdot t(u,v)=\mathrm{i}\delta(u,v)+\mathrm{i}\Phi(u,v)$$

像面上的复振幅分布是它的傅里叶变换,即

$$E(x',y')=\mathrm{i}\mathscr{F}\{\delta(u,v)\}+\mathrm{i}\mathscr{F}\{\Phi(u,v)\}=\mathrm{i}+\mathrm{i}\varphi(-x',-y')$$

若反向选取像面坐标,上式可写为

$$E(x',y')=\mathrm{i}+\mathrm{i}\varphi(x',y')$$

这样一来,像面的光强分布为

$$I(x',y')=E(x',y')\cdot E^*(x',y')\approx 1+2\varphi(x',y') \tag{3.10-4}$$

可见,光强的变化对应于物体引入的位相的变化。这就是说,物体引入的位相变化已转变为光强变化。图 3.60(b)是一块透镜的相衬照片,透镜引入的位相不规则变化可以清楚地看出来。

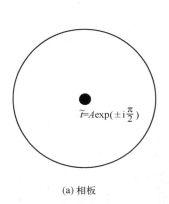

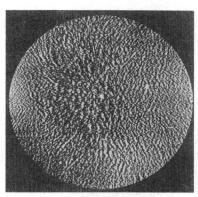

(a) 相板

(b) 透镜的相衬照片

图 3.60 相板及透镜的相衬照片

2. 图像识别

它是指用光信息处理方法从许多图像中检查出某一特征图像或从给定的图像中检查出某一特征信息。为方便起见,我们只讨论前一种情况。后一种情况的原理与前一种情况完全相同。

图像识别处理需要使用匹配滤波器。这是一个透射函数与特征图像的频谱成复数共轭关系的滤波器。设图像 $\mathscr{E}_A(x,y)$ 的频谱为 $E_A(u,v)$，那么它的匹配滤波器的透射函数就是

$$t(u,v)=E_A^*(u,v) \tag{3.10-5}$$

当图像 $\mathscr{E}_A(x,y)$ 和匹配滤波器分别置于 $4f$ 系统的物面和频谱面时，经滤波后的频谱为

$$E_A(u,v)\cdot E_A^*(u,v)=某个实数$$

这表示透过滤波器后光波在横截面上的位相相同，即光波变成了平面波（见图 3.61）。这样，在像面上将形成一个亮点。如果换用不同的图像放置于物面，则透过滤波器的光波不能成为平面波，在像面上将产生一个弥散的图形。这样，我们便可以从众多不同的图像中识别出特征图像 $\mathscr{E}_A(x,y)$，例如从许多人的指纹照片中识别出某人的指纹照片。

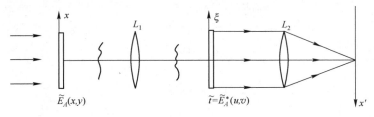

图 3.61　图像识别

匹配滤波器的制备需要利用傅里叶变换全息装置（图 3.50），其原理如下所述。设把针孔置于物平面的坐标原点，图像 $\mathscr{E}_A$ 的中心在 x 轴上与原点相距为 b（换用本节符号，物面为 x,y 平面）。因此，激光束通过针孔和图像的复振幅分别为 $\delta(x,y)$ 和 $\mathscr{E}_A(x-b,y)$，它们的频谱则分别为

$$\mathscr{F}\{\delta(x,y)\}=1$$

和

$$\mathscr{F}\{\mathscr{E}_A(x-b,y)\}=E_A(u,v)\exp(-\mathrm{i}2\pi ub)$$

在全息底片上它们的叠加产生的干涉强度为

$$\begin{aligned}I(u,v)&=\left[1+E_A(u,v)\exp(-\mathrm{i}2\pi ub)\right]\left[1+E_A^*(u,v)\exp(\mathrm{i}2\pi ub)\right]\\&=1+E_A(u,v)E_A^*(u,v)+E_A(u,v)\exp(-\mathrm{i}2\pi ub)+E_A^*(u,v)\exp(\mathrm{i}2\pi ub)\end{aligned}$$

上式最后一项得到了 $\mathscr{E}_A(x,y)$ 频谱的复数共轭函数 $E_A^*(u,v)$。因此，记录了这一强度分布的全息图就是一张识别图像 $\mathscr{E}_A(x,y)$ 的匹配滤波器。

3. 用黑白感光片记录和存储彩色图像

彩色胶片的资料存储是胶片工业中长期没有得到解决的问题，其原因是彩色胶片所用的染料不稳定而造成逐渐褪色。1980 年杨振寰（F. T. S. Yu）等人利用黑白感光片完成了记录和存储彩色图像的工作，从而解决了彩色胶片的资料存储问题。图 3.62 示意了彩色图像的记录过程，将彩色胶片通过伦奇（Ronchi）光栅（即矩形光栅）分三次记录在黑白感光片上，每次记录时通过不同的基色滤光片（即红、绿、蓝三色），而对应的光栅方位角也不相同。第一次曝光用红色滤光片，第二次和第三次分别用绿色和蓝色滤光片，而对应的光栅方位角分别旋转了 60°和 120°。如此记录了彩色图像的黑白感光片，经冲洗后就是一张空间编码的黑白透明片，可以长期保存。为了从编码的黑白透明片中再现逼真的彩色像（即解码），可采用白光处理技

术。如图 3.63 所示,将透明片放置在白光信息处理系统(即白光照明的 $4f$ 系统)的物面位置,则在傅里叶频谱面上就得到透明片的傅里叶频谱,取平行于光栅方位的三个方向上的正一级频谱并以红、绿、蓝滤光片滤波,在系统的像平面上即得到复原的彩色图像。

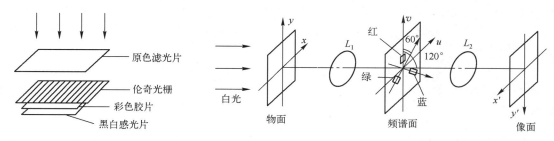

图 3.62　用黑白感光片记录彩色图像　　　　图 3.63　白光信息处理系统

上述工作虽然解决了彩色胶片的资料存储问题,但是由于需要三次图像位置准确的记录,使得它不能用于普通摄影。我国著名光学家母国光院士提出把三次彩色图像的分解和光栅编码用一块三色光栅来代替,从而一次曝光即可完成黑白感光片对彩色图像的记录。这种方法因此也能够为普通摄影所采用。三色光栅如图 3.64 所示,由取向不同的红黑相间、绿黑相间和蓝黑相间的光栅相加而成。将三色光栅与黑白感光片叠合,放置于普通照相机的像面上对实际景物或彩色照片进行拍摄,即可使黑白感光片一次记录下彩色图像。而从黑白底片复原彩色图像,同样可利用上述白光处理技术来完成。这项成果,目前已得到实际的应用。

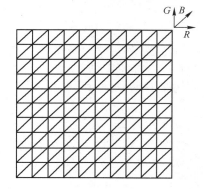

图 3.64　三色光栅

3.11　本章小结

与光的干涉一样,光的衍射标志着光具有波动性。

1. 本章学习要求

(1) 认识光的衍射现象;了解衍射与干涉的联系和区别。

(2) 阐明从惠更斯原理如何发展为菲涅耳原理,理解菲涅耳–基尔霍夫衍射公式的意义;掌握菲涅尔衍射与夫琅禾费衍射的近似条件,理解傅里叶变换与夫琅禾费衍射的关系。

(3) 掌握分析衍射光强分布问题的复振幅积分法、振幅矢量图解法和半波带法。

(4) 掌握单缝夫琅禾费衍射光强分布规律。

(5) 掌握圆孔夫琅禾费衍射光强分布规律,理解光学仪器的分辨本领及有关计算。

(6) 掌握光栅方程,理解光栅分光性能,色散本领和分辨本领;了解闪耀光栅的工作原理。

(7) 理解半波带法,掌握圆孔的菲涅耳衍射规律,认识菲涅耳波带片。

2. 光的衍射基本理论

研究衍射问题的波动理论有:

（1）惠更斯原理：它能定性解释光在传播过程中可以绕到障碍物几何影区内，但不能说明光绕过障碍物后如何形成不均匀的光强分布。

（2）惠更斯–菲涅耳原理：它在惠更斯原理基础上补充了子波相干叠加思想，该理论物理图像清晰，但不完整。惠更斯–菲涅耳原理的数学表达式中，不仅比例常数是未知的，而且倾斜因子也是猜想出来没有理论依据的，具体的表达式也是未知的，因此，严格来说，不能用该理论解决一个实际的衍射问题。

（3）菲涅耳–基尔霍夫衍射公式：为克服惠更斯–菲涅耳原理的不足，运用数学方法导出了菲涅耳–基尔霍夫衍射公式，该公式适合用于解决标量波的衍射问题，所以称为标量衍射理论。

3. 衍射的分类及处理方法

光的衍射分为两类：菲涅耳衍射和夫琅禾费衍射。

（1）菲涅耳衍射是近场衍射。虽然可以借助计算机程序由菲涅耳–基尔霍夫衍射公式的近似表达式(3.2.5)对这类衍射进行计算，但一般来说比较复杂。解决这类衍射的一种有效方法是定性和半定量的方法——半波带法。不过，对于偏离衍射图样中心的观察点，用半波带法精确计算仍比较困难。

利用半波带法，得到菲涅耳圆孔衍射图样中心的复振幅为

$$E(P_0) = \begin{cases} \dfrac{a_1}{2} + \dfrac{a_n}{2} & （n \text{ 为奇数}） \\[2ex] \dfrac{a_1}{2} - \dfrac{a_n}{2} & （n \text{ 为偶数}） \end{cases}$$

当光波垂直入射圆孔时，半径为 r 的圆孔包含的波带数 $n = \dfrac{r^2}{z_1 \lambda}$

可见，当光源和衍射圆孔确定后，波带数取决于衍射圆孔与观察屏幕之间的距离 z_1，而观察点 P 的复振幅与波带数 n 的奇偶性有关。据此可以解释：当观察屏沿光轴前后移动时，菲涅耳圆孔衍射图样中心会明暗交替变化；小圆屏的衍射图样中心总是亮点；只有一个半波带时，在衍射中心产生的光强是光自由传播时光强的 4 倍，这是典型的衍射现象。

（2）夫琅禾费衍射是远场衍射。利用菲涅耳–基尔霍夫公式的近似表达式(3.2-10)可以对这类衍射进行计算。本章讨论的这类衍射的例子有：单缝、双缝、多缝、矩孔、圆孔的夫琅禾费衍射和光栅衍射。

用来计算夫琅禾费衍射的式(3.2-10)与数学上的傅里叶变换式一致，因此该式具有重要意义：它表明不仅可以用傅里叶变换的方法来计算夫琅禾费衍射问题，而且，傅里叶变换的数学模拟运算也可以利用光学方法来实现。式(3.2-10)对于沟通传统光学与现代光学的内在联系起特殊作用。

① 在单缝的夫琅禾费衍射图样中，暗纹满足 $a\sin\theta = n\lambda$，$n = \pm 1, \pm 2, \cdots$。因此，中央亮纹的半角宽度与两侧亮纹的角宽度相等，大小为 $\Delta\theta = \lambda/a$。可见，当波长一定时，衍射缝宽 a 越窄，衍射角 $\Delta\theta$ 越大，衍射越明显，与几何光学的光直线传播的规律偏离越大；相反，当 $a \gg \lambda$ 时，衍射角 $\Delta\theta$ 趋于零，衍射效应可以忽略，与几何光学的结果一致；波长越大，衍射越明显。此式可用于计算具有方形光瞳的光学仪器的分辨本领。

② 圆孔的夫琅禾费衍射图样的中央亮斑称为爱里斑，其角半径 $\theta_0 = 0.61\lambda/R$，可见与单缝

的夫琅禾费衍射规律相同,即衍射明显程度与圆孔的半径成反比,与波长成正比。此式可用于决定具有圆形光瞳,如望远镜、照相机和显微镜的光学仪器的分辨本领。

③ 双缝(或多缝)的夫琅禾费衍射光强分布公式包含单缝衍射和多缝干涉两个因子,因此双缝(多缝)衍射是单缝衍射和双缝(或多缝)干涉共同作用的结果。在强度图样中,单缝的数目很大时(如光栅),单缝衍射中央极大范围内的干涉主极大是非常狭窄和明亮的;当缝宽极窄时,单缝衍射中央极大扩展到很大的范围。因此,在比较宽的观察范围内,认为衍射因子等于1,这时,双缝(多缝)衍射与干涉的图样一致;当干涉因子的主极大与衍射因子零光强位置重合时,总光强为零,这种现象称为缺级。缺级产生的条件为 $d/a = k$,k 为整数;干涉主极大的位置与波长有关,因此,如果使用复色光照明,将形成不同波长的光谱线。光栅衍射最重要的应用是光栅光谱仪。

4. 光衍射的应用

(1)菲涅耳波带片

在透明薄板上对应某一轴上某一点 P_0,画出一系列半波带,把奇数或偶数半波带涂黑所得的光阑称为菲涅耳波带片,因其具有透镜的功能,又称为菲涅耳透镜。若第 j 个半波带外圆半径为 r_j,则其焦距为 $f = \dfrac{r_j^2}{j\lambda}$。

(2)衍射光栅

衍射亮纹位置由光栅方程确定: $d(\sin i \pm \sin\theta) = m\lambda$;特别是,当入射光垂直入射时,$d\sin\theta = m\lambda$,$m = 0, \pm 1, \pm 2, \pm 3, \cdots$。

几种有重要应用的光栅:闪耀光栅、正弦光栅、三维超声光栅。

光栅的重要参量:

自由光谱范围 $\Delta\lambda = \lambda/m$,光栅使用的光谱级很低,其自由光谱范围较宽,而 F-P 标准具则只能在很窄的光谱范围内使用。

色散本领:角色散 $\dfrac{\mathrm{d}\theta}{\mathrm{d}\lambda} = \dfrac{m}{d\cos\theta}$,线色散 $\dfrac{\mathrm{d}l}{\mathrm{d}\lambda} = f \cdot \dfrac{m}{f\cos\theta}$

分辨本领 $A = \dfrac{\lambda}{\delta\lambda} = mN$,光栅光谱级 m 不高,但光栅线数 N 很大,因此,光栅光谱仪的分辨本领还是很高的。

(3)成像仪器的分辨本领

成像仪器的分辨本领依据瑞利判据确定。望远镜的最小分辨角为 $\alpha = 1.22\dfrac{\lambda}{D}$,显微镜的最小分辨距离为 $\varepsilon = \dfrac{0.61\lambda}{NA}$,照相物镜的分辨本领,即像面上每毫米能分辨的直线数 $N = \dfrac{1}{1.22\lambda}\dfrac{D}{f}$。

(4)全息照相

它是利用干涉记录和衍射重现获得物体逼真立体像的一种成像技术。全息照相与普通照相相比,有立体性、可部分损坏、多次记录等特点。

(5)光信息处理

在光的衍射基础上,依据阿贝成像理论,利用空间频谱概念分析光的信息,通过空间滤波改变空间频谱的手段进行光信息处理。

思考题

3.1 菲涅耳衍射和夫琅禾费衍射有何区别？

3.2 在菲涅耳圆孔衍射中，用平行光束垂直入射，当观察屏到衍射孔间距连续变化时，观察屏的轴上点的光强如何变化？为什么？

3.3 波带片与透镜有何区别与联系？

3.4 单缝夫琅禾费衍射装置如图3.65所示，如有以下变动时，简要分析衍射图样会发生怎样的变化？

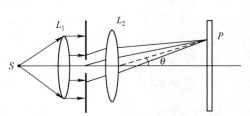

图3.65 单缝夫琅禾费衍射装置

(1) 增大透镜 L_2 的焦距；

(2) 减小透镜 L_2 的口径；

(3) 增大入射光波长；

(4) 增大缝宽；

(5) 单缝做垂直于透镜光轴的向上或向下移动；

(6) 光源做垂直于透镜光轴的向上或向下移动；

(7) 衍射屏做垂直于透镜光轴的移动（不超出入射光束照明范围）；

(8) 光源 S 逐渐加宽。

3.5 若单缝夫琅禾费衍射观察屏的某一点 P 满足：$a\sin\theta = 1.5\lambda$，试分析 P 点是亮纹还是暗纹。

3.6 为何讨论单缝衍射时只考虑缝宽方向的衍射而不考虑缝长方向的衍射？

3.7 平行光的双缝衍射实验中，若挡住一缝，原来亮条纹处的光强有何变化？为什么？

3.8 比较单缝、双缝、多缝的平行光衍射的光强分布，并说明这些光强分布不同的原因。

3.9 提高显微镜分辨率的主要途径是什么？能否用增加目镜放大倍数的办法来缩小显微镜的最小分辨距离？

3.10 光栅衍射和单缝衍射有何区别？为何光栅衍射的明纹特别明亮？

3.11 为什么电子显微镜的放大率比光学显微镜的大？

3.12 试分析两全同小圆孔的夫琅禾费衍射的特征。

3.13 夫琅禾费多缝衍射的光强分布特点是什么？

3.14 什么是光栅的缺级？

3.15 如何提高光栅仪器的分辨本领？

3.16 光谱仪的分辨率与显微镜、望远镜的分辨率有何区别？

3.17 瑞利判据的内容是什么？望远镜、显微镜和照相物镜的分辨本领各由什么因素决定？

3.18 什么是全息照相？有什么特点？

习题

3.1 波长 $\lambda = 500$ nm 的单色光垂直入射到边长为 3 cm 的方孔，在光轴（它通过方孔中心并垂直方孔平面）附近离孔 z 处观察衍射，试求出夫琅禾费衍射区的大致范围。

3.2 一个波带片的工作波长 $\lambda = 550$ nm，第 8 个半波带的直径为 5 mm，求此波带片的焦距，并求出离主焦点最近的两个较弱的焦点到波带片的距离。

3.3 某波带片主焦点的强度约为入射光强的 10^3 倍，在 400 nm 的紫光照明下的主焦距为 80 cm。问：(1) 波带片应有几个开带；(2) 波带片的半径是多少？

3.4 在白光形成的单缝的夫琅禾费衍射图样中，某色光的第 3 极大与 600 nm 的第 2 极大重合，问该色光的波长是多少？

3.5 在不透明细丝的夫琅禾费衍射图样中，测得暗条纹的间距为 1.5 mm，所用透镜的焦距为 300 mm，光波波长为 632.8 nm。问细丝直径是多少？

3.6 边长为 a 和 b 的矩孔的中心有一个边长为 a_0 和 b_0 的不透明屏,如图 3.66 所示,试导出这种光阑的夫琅禾费衍射光强公式。

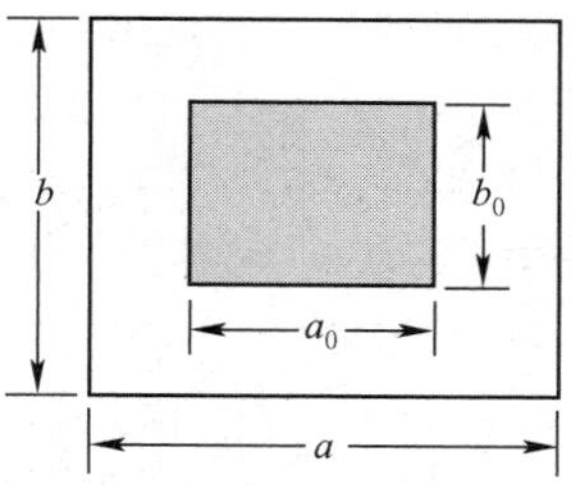

3.7 迎面开来的汽车,其两车灯相距 $d = 1$ m,汽车离人多远时,两车灯刚能为人眼所分辨?（假定人眼瞳孔直径 $D = 2$ mm,光在空气中的有效波长 $\lambda = 500$ nm）。

3.8 在通常的亮度下,人眼瞳孔直径约为 2 mm,若视觉感受最灵敏的光波长为 550 nm,问:

（1）人眼最小分辨角是多大?

（2）在教室的黑板上,画的等号的两横线相距 2 mm,坐在距黑板 10 m 处的同学能否看清?

3.9 人造卫星上的宇航员声称,他恰好能够分辨离他 100 km 地面上的两个点光源。设光波的波长为 550 nm,宇航员眼瞳孔直径为 4 mm,这两个点光源的距离是多大?

3.10 在一些大型的天文望远镜中,把通光圆孔做成环孔。若环孔外径和内径分别为 a 和 $a/2$,问环孔的分辨本领比半径为 a 的圆孔的分辨本领提高了多少?

3.11 若望远镜能分辨角距离为 3×10^{-7} rad 的两颗星,它的物镜的最小直径是多少?为了充分利用望远镜的分辨本领,望远镜应有多大的放大率?

3.12 若要使照相机感光胶片能分辨 2 μm 的线距,求:

（1）感光胶片的分辨本领至少是每毫米多少线?

（2）照相机镜头的最小相对孔径 D/f。（设光波波长为 550 nm。）

3.13 一块光学玻璃对谱线 435.8 nm 和 546.1 nm 的折射率分别为 1.6525 和 1.6245。试计算用这种玻璃制造的棱镜刚好能分辨钠 D 双线时底边的长度。钠 D 双线的波长分别为 589.0 nm 和 589.6 nm。

3.14 在双缝夫琅禾费衍射实验中,所用光波波长 $\lambda = 632.8$ nm,透镜焦距 $f = 50$ cm,观察到两相邻亮条纹之间的距离 $e = 1.5$ mm,并且第 4 级亮纹缺级。试求:（1）双缝的缝距和缝宽;（2）第 1,2,3 级亮纹的相对强度。

3.15 计算光栅常数是缝宽 5 倍的光栅的第 0、1 级亮纹的相对强度。

3.16 一块宽度为 5 cm 的光栅,在 2 级光谱中可分辨 500 nm 附近的波长差 0.01 nm 的两条谱线,试求该光栅的栅距和 500 nm 的 2 级谱线处的角色散。

3.17 为在一块每毫米 1200 条刻线的光栅的 1 级光谱中分辨波长为 632.8 nm 的一束氦氖激光的模结构（两个模之间的频率差为 450 MHz）,光栅需要有多宽?

3.18 用复色光垂直照射在平面透射光栅上,在 30° 的衍射方向上能观察到 600 nm 的第二级主极大,并能在该处分辨 $\lambda = 0.005$ nm 的两条谱线,但却观察不到 600 nm 的第三级主极大。求:

（1）光栅常数 d,每一缝宽 a;（2）光栅的总宽度 L 至少为多大?

3.19 一束波长 $\lambda = 600$ nm 的平行光,垂直射到一平面透射光栅上,在与光栅法线成 45° 的方向观察到该光的第二级光谱,求此光栅的光栅常数。

3.20 一块每毫米 500 条缝的光栅,用钠黄光正入射,观察衍射光谱。钠黄光包含两条谱线,其波长分别为 589.6 nm 和 589.0 nm。求在第二级光谱中这两条谱线互相分离的角度。

3.21 一光栅宽为 50 mm,缝宽为 0.001 mm,不透光部分宽为 0.002 mm,用波长为 550 nm 的光垂直照明,试求:（1）光栅常数 d;（2）能看到几级条纹?有没有缺级?

3.22 按以下要求设计一块光栅:① 使波长 600 nm 的第二级谱线的衍射角小于 30°,并能分辨其 0.02 nm 的波长差;② 色散尽可能大;③ 第三级谱线缺级。则该光栅的缝数、光栅常数、缝宽和总宽度分别是多少?用这块光栅总共能看到 600 nm 的几条谱线?

3.23 一块闪耀光栅宽 260 mm,每毫米有 300 个刻槽,闪耀角为 77°12′。（1）求光束垂直于槽面入射时,对于波长 $\lambda = 500$ nm 的光的分辨本领;（2）求光栅的自由光谱范围。

3.24 如图 3.67 所示的三个互成 120° 角的正弦光栅分别表示图像中的房顶、墙壁和天空,将此图像置于

图 3.66 习题 3.6 用图

一块玻璃片上,并把此片放在4f系统的物平面上。试用白光信息处理方法使原来没有颜色的房顶、墙壁和天空分别变成红色、黄色和蓝色。

3.25 在阿贝-波特实验中,若物体是图3.68(a)所示的图形,经过空间滤波后,在像面得到的输出图像变为图3.68(b)所示的图形,试描述空间滤波器的形状,并解释它是怎样产生这个输出图像的。

图 3.67 习题 3.24 用图

(a)　　　　　　　(b)

图 3.68 习题 3.25 用图

第4章　光的偏振和偏振器件

光的干涉现象和衍射现象充分显示了光的波动性质,但是这些现象不能告诉我们光是横波还是纵波,因为这两种波都能产生干涉和衍射现象。光的偏振现象则证实了光波是横波。我们知道,这正是麦克斯韦电磁理论所预言的结果。

本章将讨论获得偏振光的方法,以及根据这些方法制成的偏振器件;重点讨论利用各向异性晶体的双折射现象产生的偏振光和由晶体制成的偏振器件,这是因为现代应用的偏振器件大部分是由晶体制成的。

如同光的干涉和衍射现象一样,光的偏振现象在科学技术的许多领域(特别是激光技术、光信息处理、光通信等领域)都有重要的应用,所以关于偏振光的应用也是本章讨论的重点。

4.1　从自然光获得线偏振光

4.1.1　自然光与偏振光

在第 1 章里已经指出:光是一种波长很短的电磁波;根据麦克斯韦电磁波理论,各种电磁波均为横波。即电磁波的电矢量(和磁矢量)在传播过程中始终与传播方向垂直,因此光波也为横波。在 1.3 节里还指出,当光波只包含单个振动方向时,该光波称为**线偏振光**。线偏振光中电矢量振动方向与传播方向构成的平面称为**振动面**。图 4.1 是一种简谐变化的线偏振光的图示。

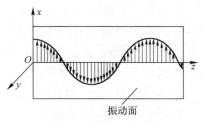

图 4.1　线偏振光图示

线偏振光是偏振光的一种,此外还有**圆偏振光**和**椭圆偏振光**。圆偏振光的特点是,在传播过程中,它的光矢量(即电矢量)的大小不变,而方向绕传播轴均匀转动,端点的轨迹是一个圆。椭圆偏振光的光矢量的大小和方向在传播过程中都有规律地变化,光矢量端点沿着一个椭圆轨迹转动。

从普通光源发出的光不具有偏振性。这是因为光源中发光原子和分子形成的电偶极子的振动不可能有一个特定的方向。相反,它们的振动方向是杂乱无章的,完全随机的,因此来自普通光源的光波的振动,在垂直于传播方向的平面内的各个方向都是可能存在的,并且各个振动方向上没有一个方向较其他方向更占优势。我们把 这 种 没 有 偏振性 的 光 称 为 **自 然 光**。图 4.2(a)是自然光的光矢量的图示,光的传播方向垂直于图面。

自然光在传播过程中,如果受到某种作用造成各个振动方向上的强度不等,使某一方向的振

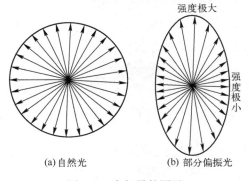

(a)自然光　　　　(b)部分偏振光

图 4.2　光矢量的图示

动比其他方向占优势,那么这种光叫作**部分偏振光**。图 4.2(b)是部分偏振光的光矢量的图示,可见,它的光矢量沿竖直方向的振动比其他方向占优势,其光强以 I_{max} 表示;光矢量沿水平方向的振动较其他方向处于劣势,其光强以 I_{min} 表示。部分偏振光可以看作是由一束线偏振光和一束自然光混合组成的,其中线偏振光的光强为 $I_p = I_{max} - I_{min}$,它在部分偏振光的总强度 $I_t = I_{max} + I_{min}$ 中所占的比率 P 叫作**偏振度**,即

$$P = \frac{I_p}{I_t} = \frac{I_{max} - I_{min}}{I_{max} + I_{min}} \tag{4.1-1}$$

对于自然光,在垂直于光传播方向的平面内各方向的振动强度相等,即 $I_{max} = I_{min}$,故 $P=0$。对于线偏振光,$I_{min} = 0$,偏振度 $P=1$。部分偏振光的偏振度 P 则介于 0 与 1 之间,P 越接近于 1,部分偏振光的偏振化程度就越高。

4.1.2 从自然光获得线偏振光的方法

既然线偏振光不能从光源直接获取,就只能通过某些途径从光源发出的自然光中获取。从自然光获取线偏振光的方法,归纳起来有以下四种:(1) 利用反射和折射;(2) 利用二向色性;(3) 利用晶体的双折射;(4) 利用散射。其中第(4)种方法已在 1.7 节里阐述过。本节只讨论前两种方法,第(3)种方法将在 4.2 节讨论。

1. 利用反射和折射方法获得线偏振光

在研究自然光在介质分界面上的反射和折射时,我们曾经把它分解为光矢量平行于入射面的 p 波和光矢量垂直于入射面的 s 波两部分分别予以讨论(见 1.4 节)。结果表明,这两个波的反射系数不同,在任何入射角下 s 波的反射都强于 p 波,而 s 波的折射弱于 p 波,因此反射光和折射光一般为部分偏振光。当入射角等于布儒斯特角时,p 波的反射为零,反射光成为光矢量振动垂直于入射面的线偏振光。

根据这一原理,可利用单块玻璃片获得线偏振光。在激光技术中,已应用了这一方法。例如,在外腔式气体激光器中(见图 4.3),激光管两端的透明窗片(通常称为布儒斯特窗)B_1、B_2 就被安置成使入射角成为布儒斯特角。在这种情况下,光矢量垂直于入射面的 s 波(图中以黑点表示),在一个窗上的一次反射损失约为 15%,虽然 s 波在激光管内会得到能量补充,但由于损失大于增益,所以激光器谐振腔(反射镜 M_1 和 M_2 之间的腔体)不能对 s 波产生振荡。而光矢量平行于入射面的 p 波(图中以短线表示)在布儒斯特窗上没有反射损失,可在腔内形成稳定的振荡,并从反射镜 M_2 射出。因此,外腔式气体激光器输出的激光是线偏振的。

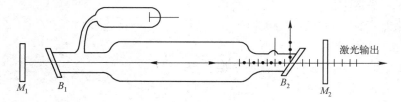

图 4.3　激光器的布儒斯特窗

一般情况下,同一块玻璃片在布儒斯特角下对光的反射产生的线偏振光强太小,难以利用。从玻璃片透射的光强虽大,但不是线偏振的,是部分偏振光,并且偏振度很小。为解决这一矛盾,可以让光通过一个由多片玻璃叠合成的片堆(见图 4.4),并使入射角等于布儒斯特

角。自然光经过玻璃片多次的反射和折射,使折射光有很高的偏振度,并且折射线偏振光的强度也比较大。

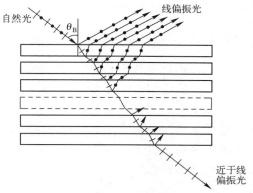

按照玻璃片堆的原理,人们已制成一种叫作**偏振分光镜**的器件。偏振分光镜如图 4.5(a)所示,将一块立方棱镜沿对角面切开,在两个切面上交替地镀上多层的高折射率膜层(如 ZnS)和低折射率膜层(如冰晶石),再胶合成立方棱镜。其中,高折射率膜层相当于图 4.4 中的玻璃片,低折射率膜层则相当于玻璃间的空气层[膜层放大图见图 4.5(b)]。为了使透射光获得最大的偏振度,应适当选择膜层的折射率,使光线在膜层界面上的入射角等于布儒斯特角。

图 4.4　用玻璃片堆获得线偏振光

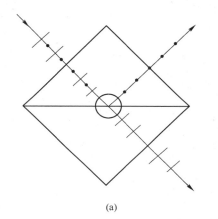

(a)

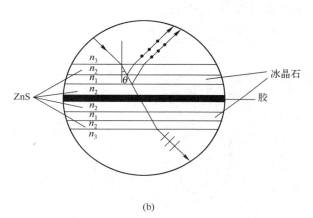

(b)

图 4.5　偏振分光镜(a)及膜层放大图(b)

2. 利用二向色性产生线偏振光

二向色性是指某些各向异性晶体对不同方向的光振动具有不同吸收本领的性质。在天然晶体中,电气石具有最强的二向色性(见图 4.6)。天然电气石晶体呈六角形片状,它对平行于它的长对角线方向的光振动吸收较少,而对与之垂直的光振动吸收较多,因此当自然光通过一定厚度(约 1 mm)的电气石后,透射光成为振动方向与电气石长对角线方向平行的线偏振光。

现在广泛使用的人造**偏振片**,就是利用二向色性获得线偏振光的。人造偏振片的制作方法是,把聚乙烯醇薄膜在碘溶液中浸泡后,在较高温度下拉伸,使碘-聚乙烯醇分子沿拉伸方向规则地排列起来,形成一条条导电的长链。碘中具有导电能力的电子能够沿着长链方向运动。入射光电场沿长链方向的分量施力于电子,并对电子做功,因而被强烈地吸收;而垂直于长链方向的分量不对电子做功,能够透过薄膜。这样,透射光就成为线偏振光。

偏振片(或其他偏振器件)的允许透过电矢量的方向称为它的**透光轴**。偏振片的透光轴垂直于聚乙烯醇薄膜的拉伸方向,而电气石的透光轴平行于它的长对角线方向。

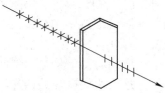

图 4.6　电气石的二向色性

人造偏振片的面积可以做得很大、厚度很薄,允许的入射角范围非常大,而且造价低廉,性能稳定,能耐高温。因此,尽管透射率较低且随波长改变,它还是获得了广泛的应用。

4.1.3　马吕斯定律和消光比

　　前面介绍了一些产生线偏振光的器件,如何来检验这些器件的质量?或者说,当自然光通过这些器件后是否产生线偏振光?我们可以再取一个同样的偏振器件,让光相继通过两个器件。在图 4.7 中,P_1 和 P_2 是两片偏振片(也可以是其他产生线偏振光的器件),前者用来产生线偏振光,后者用于检验。当它们相对转动时,透过两片偏振片的光强就会随着两偏振片的透光轴的夹角 θ 而变。如果偏振片是理想的,即自然光通过偏振片后成为完的线偏振光,那么当它们的透光轴互相垂直时,透射光强应该为零;当夹角 θ 为其他值时,透射光强由下式决定:

$$I = I_0 \cos^2\theta \tag{4.1-2}$$

式中,I_0 是两偏振片透光轴平行($\theta = 0$)时的透射光强。上式表示的关系称为**马吕斯**(E. L. Malus,1775—1812)**定律**。

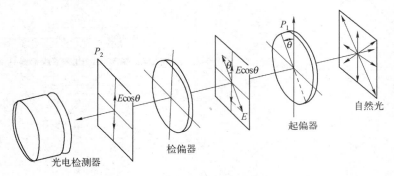

图 4.7　验证马吕斯定律和测定消光比的实验装置

　　实际的偏振器件往往不是理想的,自然光透过器件后并不是完的线偏振光,而是部分偏振光。因此,即使两个偏振器的透光轴互相垂直,透射光强也不为零。我们把这时的最小透射光强与两偏振器透光轴互相平行时的最大透射光强之比称为**消光比**,它是衡量偏振器件质量的重要参数。消光比越小,偏振器件产生的偏振光的偏振度越大。人造偏振片的消光比约为 10^{-3}。

　　从上述实验可以看到,用来产生偏振光的器件都可以用来检验偏振光。通常把产生偏振光这一步叫作"起偏",把产生偏振光的器件叫作**起偏器**;而把检验偏振光叫作"检偏",检验偏振光的器件叫作**检偏器**。上述实验不但可以检验偏振器的质量,而且它还清楚地说明光波确实是横波。如果光波是纵波,那么不管检偏器和起偏器的相对取向如何,都不会发生透射光强变化的现象。

　　马吕斯定律揭示了利用一对偏振器做光开关和光调制的原理:当一对偏振器的透光轴平行时,光路畅通;当它们互相垂直时,光路关闭;调节它们的相对取向,则透射光强随之变化。利用一对偏振器做光开关,在实际中已有许多应用。例如,在观看立体电影时要戴上一副偏振眼镜,这副眼镜就起着光开关的作用。因为立体电影在拍摄时是用两台摄影机如人眼那样从两个角度同时摄下景物的像的,在放映时是由两台放映机分别通过一块偏振片放到同一银幕上的。这两块偏振片的透光轴互相垂直,比如左边放映机的偏振片透光轴沿竖直方向,右边放映机的偏振片透光轴沿水平方向。观众所戴的偏振眼镜也是两块偏振片,并且左眼偏振片的透光轴沿竖直方向,右眼偏振片的透光轴沿水平方向。这样一来,观众左眼只能看到左边放映机放出的景物,右眼只能看到右边放映机放出的景物,从而达到如两眼直接看景物时的立体感。

4.2 晶体的双折射

当一束单色自然光在各向同性介质的分界面折射时,按照折射定律,折射光只有一束,这是我们所熟知的。但是,当一束单色自然光在各向异性晶体的分界面折射时,一般产生两束折射光,它们都是线偏振光。这种现象称为**双折射**。下面以方解石晶体为例,讨论晶体的双折射现象。

4.2.1 双折射现象的规律

方解石也称冰洲石,其化学成分是碳酸钙($CaCO_3$)。天然方解石晶体的外形为平行六面体(见图4.8),每个表面都是锐角为78°8′、钝角为101°52′的平行四边形。六面体共有八个顶角,其中两个由三面钝角组成,称为**钝隅**。其余六个顶角由一个钝角和两个锐角组成。方解石

有较显著的双折射现象,所以若透过它去看纸上的一行字,每个字都会变成互相错开的两个字。

方解石双折射现象请扫二维码。

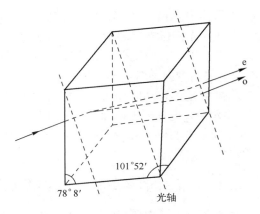

图4.8　天然方解石晶体

1. 寻常光和非常光

对方解石双折射现象的进一步观测表明,两束折射光中有一束总遵守折射定律,即不论入射光束的方向如何,这束折射光总是在入射面内,并且折射角的正弦与入射角的正弦之比等于常数。这束折射光称为**寻常光**,或 **o 光**。另一束折射光一般情况下不遵守折射定律:一般不在入射面内,折射角的正弦与入射角的正弦之比不为常数。这束折射光称为**非常光**,或 **e 光**。如图4.9所示,光束垂直于方解石表面入射,不偏折地穿过方解石的一束光即为 o 光,而在晶体内偏离入射方向(违背折射定律)的一束光就是 e 光。

如果用检偏器检验晶体双折射的 o 光和 e 光的偏振状态,就会发现 o 光和 e 光都是线偏振光。它们的偏振方向与晶体内的一个特殊方向——晶体光轴有关。

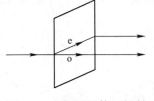

图4.9　方解石晶体双折射

2. 晶体光轴

方解石晶体有一个重要特性,就是存在一个特殊的方向,当光在晶体中沿着这个方向传播时不发生双折射。晶体内的这个特殊方向称为**晶体光轴**。

实验证明,方解石晶体的光轴方向就是从它的一个钝隅所做的等分角线方向,即与钝隅的

三条棱成相等角度的那个方向。当方解石晶体的各棱都等长时,钝隅的等分角线刚好就是相对的两个钝隅的连线(见图4.8)。因此,如果把方解石这两个钝隅磨平,形成一个平表面,并使平表面与两个钝隅连线(光轴方向)垂直,那么当平行光垂直于这个平表面入射时,光在晶体中将沿光轴方向传播,不发生双折射(见图4.10)。应该强调指出,光轴并不是晶体中的某一条线,而是晶体中一个特定的方向。

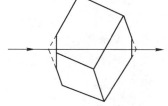

方解石、石英、KDP(磷酸二氢钾)等晶体只有一个光轴,称为**单轴晶体**。自然界的大多数晶体有两个光轴(如云母、石膏、蓝宝石等),称为**双轴晶体**。另外,像岩盐、萤石这类晶体是各向同性的,不产生双折射。本书仅讨论单轴晶体,下面在提到晶体时,都是指单轴晶体。

图4.10　晶体光轴演示

3. 主平面和主截面

在晶体中,由 o 光和光轴组成的面称为 **o 主平面**;由 e 光和光轴组成的面称为 **e 主平面**。对 o 光和 e 光偏振方向的检查表明,o 光的电矢量与 o 主平面垂直,而 e 光的电矢量在 e 主平面内。由于在一般情况下 o 主平面和 e 主平面并不重合,它们有一个很小的夹角,所以 o 光和 e 光的电矢量方向通常也不互相垂直。

晶体中光轴和晶体表面法线构成的平面称为**主截面**。当光束以主截面为入射面入射到晶体时,o 光和 e 光都在主截面内,即这时主截面也是 o 光和 e 光的共同主平面,并且在这一情况下,o 光和 e 光的电矢量方向互相垂直。实际中都有意选择入射面与主截面重合,以使所研究的双折射现象简化。

4.2.2　晶体的各向异性与电磁理论

晶体的双折射现象,从光的电磁理论的观点看,是入射光电磁场与晶体相互作用的各向异性所引起的。我们已经知道(见第1章),物质在外界电磁场的作用下将发生极化。如果物质的结构本身呈现各向异性,物质的极化也将是各向异性的。比如方解石晶体的分子结构中,三个氧离子排列成三角形,碳离子在其中央位置,钙离子离氧离子集团比较远(见图4.11)。因为碳原子和钙原子失去了价电子而呈正离子状态,可以不考虑它们在光波电磁场作用下的极化(光波电磁场只对原子中外层的束缚电子起作用)。这样,方解石的极化就取决于氧离子集团的极化状况。在光波场的作用下,三个氧离子都将产生一个电偶极矩,和一个附加的电偶极矩(另外两个氧离子极化作用所产生)。显然,对于不同的外电场方向,这个附加的电偶极矩

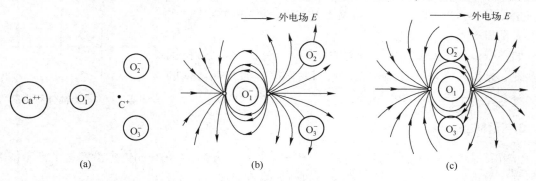

图4.11　方解石分子结构和各向异性

是不同的,因此氧离子集团(方解石)的极化也与外电场方向有关。

有许多非晶体物质,其分子、原子也具有不对称的方向性,但由于它们在物质中的无规则排列和运动,在整体上仍呈现出宏观的各向同性;只是在外界一定方向的力(电磁力和应力)的作用下,它们的取向可能出现一定的规则性,从而呈现出各向异性,这就是应力和电场产生的各向异性(见4.6节)。

在麦克斯韦电磁理论中,用介电常数 ε 表征物质的极化。对于各向同性物质,ε 是一个标量常数,并且电感强度 D 和电场强度 E 的关系为

$$D = \varepsilon E \qquad (4.2\text{-}1)$$

这表示 D 和 E 两个矢量的方向是一致的。但是,在各向异性晶体中,极化与场方向有关,因而导致 D 和 E 有比较复杂的关系。形式上,两者的关系仍可写为

$$D = [\varepsilon] E \qquad (4.2\text{-}2)$$

不过 $[\varepsilon]$ 是一个张量,称为**介电张量**。在晶体中可以找到 x, y, z 三个互相垂直的方向(称**晶体主轴方向**)建立坐标系,使介电张量 $[\varepsilon]$ 可以用对角矩阵表示为

$$[\varepsilon] = \begin{bmatrix} \varepsilon_x & 0 & 0 \\ 0 & \varepsilon_y & 0 \\ 0 & 0 & \varepsilon_z \end{bmatrix} \qquad (4.2\text{-}3)$$

因此,式(4.2-2)可写为

$$\begin{bmatrix} D_x \\ D_y \\ D_z \end{bmatrix} = \begin{bmatrix} \varepsilon_x & 0 & 0 \\ 0 & \varepsilon_y & 0 \\ 0 & 0 & \varepsilon_z \end{bmatrix} \begin{bmatrix} E_x \\ E_y \\ E_z \end{bmatrix} \qquad (4.2\text{-}4)$$

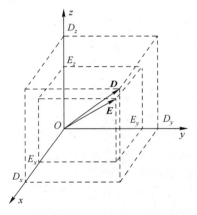

图 4.12　晶体内光束的
D 和 E 的方向

式(4.2-4)表明,若 $\varepsilon_x \neq \varepsilon_y \neq \varepsilon_z$,则只有当电场 E 的方向平行于晶体主轴时,D 和 E 才有相同的方向。一般晶体内光束的 D 和 E 有不同的方向(见图4.12)

晶体的三个主轴方向的介电常数都不相等的情形,即 $\varepsilon_x \neq \varepsilon_y \neq \varepsilon_z$,对应于双轴晶体。$\varepsilon_x = \varepsilon_y \neq \varepsilon_z$ 的情形,对应于单轴晶体,其光轴平行于 z 方向。当 $\varepsilon_x = \varepsilon_y = \varepsilon_z$ 时,晶体是各向同性的,这时在晶体内任一方向上,D 和 E 都同向。

光波在晶体中的传播可以用麦克斯韦方程组和式(4.2-4)来描述。对单轴晶体求解这些方程可以得到如下结论:

(1) 在晶体中,光线方向与波面传播方向(波矢方向)一般不重合。图4.13示意了这一结果,D、E、波矢 k 和坡印廷矢量 S(方向为光线方向)共面,并垂直于磁矢量 H;D 垂直于 k,E 垂直于 S,由于 D 和 E 一般不同向,因此 k 和 S 一般也不同向。设 k 和 S 的夹角为 α,则波面速度 v_k 和光线速度 v_s 有如下关系:

$$v_s = v_k / \cos\alpha \qquad (4.2\text{-}5)$$

只有当光波沿 z 轴方向或垂直于 z 轴方向传播时,光线速度才与波面速度方向相同,数值相等。

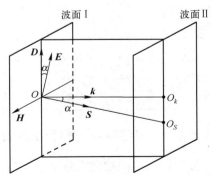

图 4.13　晶体中单色平面波
的各矢量关系

（2）当光波沿 z 轴方向传播时,不管电矢量（E 或 D)方向如何,光的传播速度都相同,同为 v_o。z 轴即为晶体光轴。

（3）对于晶体内的其他方向,允许两束电矢量（E)互相垂直的线偏振光以不同的光线速度传播。其中一束光（o 光)沿各方向传播的速度相同,均为 v_o,所以 o 光的波面（即从晶体内一点出发,经过同一时间 o 光在各个方向上到达的位置)是球面。另一束光（e 光)沿各个方向传播的速度不同,其波面是一个在光轴方向上与 o 光波面相切的回转椭球面,即光轴方向为其回转轴（见图 4.14)。e 光沿垂直于光轴方向传播的速度为 v_e。

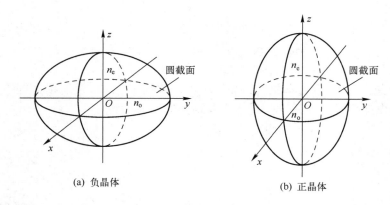

(a) 负晶体　　　　　　　　　(b) 正晶体

图 4.14　单轴晶体的波面

根据 v_o 和 v_e 的相对大小,单轴晶体分为两类。一类晶体（如方解石)$v_e > v_o$,e 光波面在 o 光波面之外,这类晶体称为**负晶体**。另一类晶体（如石英)$v_e < v_o$,e 光波面在 o 光波面之内,这类晶体称为**正晶体**。

我们知道,真空中光速 c 与介质中光速 v 之比等于该介质的折射率 n。对于 o 光,晶体的折射率 $n_o = c/v_o$。对于 e 光,在两个主方向（光轴方向和垂直于光轴方向)上,晶体的折射率分别为 $n_o = c/v_o$ 和 $n_e = c/v_e$,它们合称为晶体的**主折射率**。几种单轴晶体的主折射率如表 4.1 所示。

表 4.1　几种单轴晶体的主折射率

方解石			KDP（负晶体)			石英		
波长/mm	n_o	n_e	波长/mm	n_o	n_e	波长/mm	n_o	n_e
656.3	1.654 4	1.484 6	1 500	1.482	1.458	1 946	1.521 8	1.530 0
589.3	1.658 4	1.486 6	1 000	1.498	1.463	589.3	1.544 2	1.553 3
486.1	1.667 9	1.490 8	546.1	1.512	1.47	340	1.567 5	1.577 4
404.7	1.686 4	1.496 9	365.3	1.529	1.484	185	1.657 5	1.689 9

4.2.3　用惠更斯原理说明双折射现象

知道晶体中波面的形状后,就可以利用惠更斯原理（见 3.1 节)求出晶体中的折射光线。如图 4.15 所示,设有一束平行光垂直入射到晶体（设为负晶体)的表面;晶体光轴在图面内,并与晶面成某一角度。根据惠更斯原理,波面上的每一点都可视为一个子波源。我们就在平行光束到达晶面时选取 A 和 A' 两点代表波面上的子波源,并以 AA' 表示入射光束波面。经过一小段时间间隔后,从 A 和 A' 两点射入晶体内的子波如图 4.15 所示。其中的圆代表 o 光的子波波面(球面)与图面的截线,椭圆代表 e 光的子波波面(椭球面)与图面的截线。如果作出 A 和 A' 间所有点的子波波面,那么所有球面子波的包络面(图中由公切线 OO' 表示)就是入射光束在晶体内的 o 光的新波面,而所有椭球面子波的包络面(图中由公切线 EE' 表示)就是晶体内 e 光的新波面。将 A 点分别与切点 O 和 E,A' 分别与切点 O' 和 E' 连接起来,便得到晶体内 o 光和 e 光的方向。

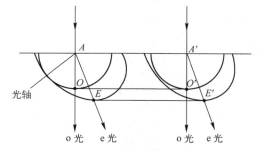

图 4.15 惠更斯作图法:光束垂直入射

由上述作图法可以看出,垂直入射的光束在晶体内也分成了两束,其中 o 光束 OO' 仍沿着原来的方向传播,遵守折射定律,而 e 光束 EE' 则偏离原方向,违背折射定律。不过,它们的波面都与入射波面平行,即波矢 $\boldsymbol{k}$ 方向不变;因此,对于 e 光束,光线方向和波矢 $\boldsymbol{k}$ 方向不再同向。

对于平行光垂直入射晶面,有两种很有实际意义的特殊情形,如图 4.16 所示。图 4.16(a) 表示晶体表面切成与光轴垂直,这时光束沿光轴方向传播,不发生双折射,晶体内没有 o 光和 e 光之分。图 4.16(b) 和(c)表示晶体表面切成与光轴平行,该情形的折射光束也只有一束,但却包含 o 光和 e 光,它们的传播速度不同,电矢量方向互相垂直,o 光电矢量垂直于图面(主平面),e 光电矢量平行于图面。o 光、e 光透过晶体后,它们有一个固定的位相差。这种晶体的应用将在后面讨论。

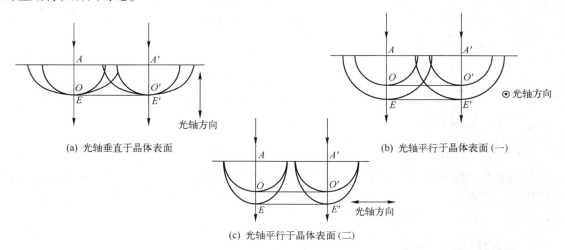

(a) 光轴垂直于晶体表面

(b) 光轴平行于晶体表面(一)

(c) 光轴平行于晶体表面(二)

图 4.16 光束垂直入射晶体的两种特殊情形

如果平行光是倾斜入射的,同样可以利用惠更斯作图法求出它的两束折射光。如图 4.17(a)所示,设晶体光轴在入射面内,从晶面上光波 AA' 最先到达的 A 点画出 o 波面(在图面内用半圆表示),即它的半径为 $A'O'/n_o$,再画出 e 波面(在图面内用椭圆表示),使它和 o 波面在光轴方向相切。从 O' 点向圆和椭圆分别作切线,定出切点 O 和 E,那么 OO' 和 EO' 分别就是晶体内 o 光束和 e 光束的波面,而 AO 和 AE 则分别是 o 光束和 e 光束的方向。一般地,e 光波矢方向和 e 光光束方向不一致。o 光电矢量方向垂直于入射面,e 光电矢量方向则平行于入射面。

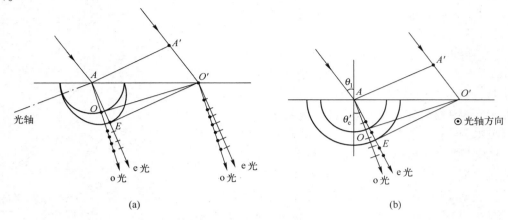

图 4.17　惠更斯作图法:光波斜入射

图 4.17(b)所示是晶体光轴垂直于入射面的情形。这时,从光束 AA' 最先到达晶体表面的 A 点画出的 o 波面和 e 波面在图面上的截线都是圆,半径分别为 $A'O'/n_o$ 和 $A'O'/n_e$。从 O' 点向两个圆作的切线 OO' 和 EO' 就是晶体内 o 光束和 e 光束的波面。由于 e 光束 AE 垂直于波面 EO',所以 e 光波矢和 e 光光束方向一致,并且 e 光的折射角 i'_e 满足下式:

$$\frac{\sin i_1}{\sin i'_e} = n_e \tag{4.2-6}$$

n_e 是常数,故这时 e 光光束方向可由上式表示的折射定律计算。

在更一般的情况下,光轴不与入射面平行也不与入射面垂直,这时 e 光光束不在入射面内,只在一个平面上作图已不够了。

4.3　晶体光学器件

4.3.1　偏振棱镜

入射到各向异性晶体的自然光会因双折射分离成 o 光和 e 光,它们都是线偏振光。但是,一般这两束光出射晶体时靠得很近,互相重叠,不便于分开应用。本节讨论的以晶体制成的偏振棱镜则可以将 o 光和 e 光分开,从而得到完全的线偏振光。偏振棱镜的种类很多,这里只介绍较常用的几种。

1. 尼科耳(Nicol)棱镜

如图 4.18(a)所示,取一块长度约为宽度三倍的方解石晶体,将两端磨去约 3°,使其主截面的角度由 70°53′变为 68°[见图 4.18(b)]。然后将晶体沿垂直于主截面及两端面的平面 $ABCD$ 切开,把切面磨成光学平面,再用加拿大树胶胶合起来,即成为**尼科耳棱镜**。加拿大树胶的折射率 n_c 比晶体内 o 光的折射率小,但比 e 光的折射率要大。例如对于 $\lambda = 589.3$ nm 的钠黄光来说,$n_o = 1.658\ 4$,$n_c = 1.55$,$n'_e = 1.515\ 9$(n'_e 是 e 光沿晶体长度方向传播时的折射率)。因此,o 光和 e 光在胶合层反射的情况是不同的。对于 o 光,它由光密介质(方解石)射到光疏介质(胶层),如入射角大于临界角即会发生全反射。计算表明,o 光在胶层发生全反射的临界角约为 69°。当自然光沿棱镜长度方向入射棱镜时,在棱镜表面入射角为 22°。o 光折射角约为 13°,这样 o 光在胶层的入射角就是 77°,比全反射临界角大,故 o 光在胶层表面发生全反射,被棱镜壁的黑色涂料吸收。至于 e 光,由于 $n'_e < n_c$,不发生全反射,可以透过胶层从棱镜另一端射出。e 光的电矢量方向与入射面平行。

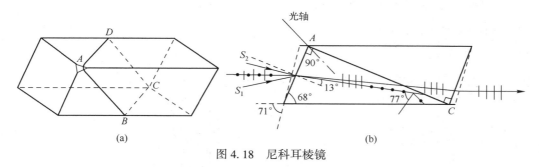

图 4.18 尼科耳棱镜

尼科耳棱镜的孔径角约为 ±14°。如图 4.18(b)所示,虚线表示未磨之前的端面位置,当入射光在 S_1 一侧超过 14°时,o 光在胶层上的入射角就小于临界角,不发生全反射;当入射光在 S_2 一侧超过 14°时,由于 e 光折射率增大而与 o 光同时发生全反射,结果没有光从棱镜射出。因此,尼科耳棱镜不适用于高度会聚或发散的光束。再说,晶莹纯粹的方解石天然晶体都比较小,制成的尼科耳棱镜的有效使用截面都很小,而价格却十分昂贵。尼科耳棱镜的另一缺点是,出射光束和入射光束不在一条直线上,这在使用中会带来不便。例如,当尼科耳棱镜作为检偏器绕光传播方向旋转时,出射光束也在打圈子。由于它对可见光的透明度很高,并且能产生完善的线偏振光,所以尽管有上述缺点,对于可见的平行光束(特别是激光)来说,尼科耳棱镜仍然是一种比较优良的偏振器。

2. 格兰(Glan)棱镜

格兰棱镜是为改进尼科耳棱镜的缺点而设计的。它由两个直角方解石棱镜黏合而成[见图 4.19(a)],晶体光轴平行于直角棱镜的端面和斜面。当光束垂直于端面入射时,o 光和 e 光均不发生偏折,它们在斜面上的入射角就等于棱镜斜面与端面的夹角 θ[见棱镜截面图 4.19(b)]。可选取适当的 θ 角使对于 o 光入射角大于临界角,对于 e 光入射角小于临界角,从而 o 光发生全反射被棱镜壁上的涂层吸收,e 光通过斜面并从棱镜射出。

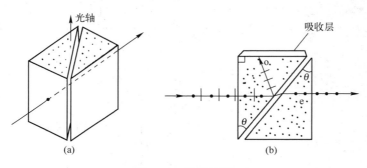

图 4.19 格兰棱镜

格兰棱镜的两块直角棱镜可用加拿大树胶胶合,这时 θ 角约为 76°30′,孔径角约为 ±13°。用加拿大树胶胶合有两个缺点,一是加拿大树胶对紫外光吸收严重,二是胶层容易被大功率的激光束破坏。在这种情况下往往用空气层来代替胶合层。这时 θ 角约为 38°,孔径角约为 ±7°30′。空气层棱镜能透过波长短到 210 nm 的紫外光。

3. 渥拉斯顿(Wollaston)棱镜

它也由两块直角方解石棱镜胶合而成,它们的光轴互相垂直,并且都平行于各自的表面,如图 4.20(a)所示。

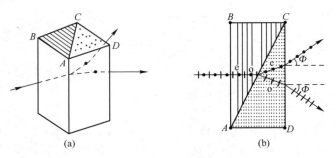

图 4.20　渥拉斯顿棱镜

当一束自然光垂直入射到 AB 面时,由第一块棱镜产生的 o 光和 e 光不分开,但它们有不同的传播速度。由于第二块棱镜的光轴相对于第一块棱镜转过了 90°,因此在界面 AC 处,o 光与 e 光发生了转化。对于电矢量垂直于图面的一束偏振光[见图 4.20(b)],它在第一块棱镜里是 o 光,而在第二块棱镜里却成了 e 光。由于方解石的 $n_o > n_e$,这束光在通过 AC 界面后将远离界面法线方向。而对于电矢量平行于图面的另一束偏振光,它在第一块棱镜里是 e 光,在第二块棱镜里是 o 光,因此它在通过 AC 界面后将靠近法线方向。这样,从渥拉斯顿棱镜射出的是两束彼此分开的振动方向互相垂直的线偏振光。可以证明,当该棱镜顶角 θ 不很大时,出射的两束光差不多对称地分开,它们与出射面法线的夹角为

$$\Phi = \arcsin\left[(n_o - n_e)\tan\theta\right] \tag{4.3-1}$$

制造渥拉斯顿棱镜的材料也可以用水晶(即石英)。水晶比方解石容易加工成完善的光学平面,但分出的两束光的夹角要小得多。

4.3.2　波片

波片是从单轴晶体切出的平行平面薄片,其光轴与表面平行。在图 4.21 中,设波片光轴平行于 x 轴方向,当由起偏器获得的线偏振光垂直入射到波片时,如果线偏振光的电矢量

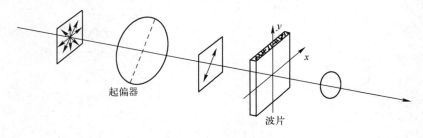

图 4.21　线偏振光通过波片

不是平行于 x 方向或 y 方向的,它将在波片内分解为 o 光和 e 光,两束光的传播方向相同,而电矢量方向互相垂直,o 光电矢量取 y 轴方向,e 光电矢量取 x 轴方向。习惯上把两轴中的一个称为**快轴**,另一个称为**慢轴**,即电矢量沿快轴的那束光传播得快,电矢量沿慢轴的那束光传播得慢。例如,对于负晶体波片,e 光比 o 光速度快,所以光轴方向是快轴,与之垂直的方向是慢轴。由于 o 光和 e 光在波片中速度不同,它们通过波片后将产生一定的位相差。设波片厚度为 d,则 o 光和 e 光通过波片的光程分别为 $n_o d$ 和 $n_e d$,两者的光程差为 $\mathscr{D} = |n_o - n_e| d$,而位相差为

$$\delta = \frac{2\pi}{\lambda} |n_o - n_e| d \tag{4.3-2}$$

由上式可见,适当地选择波片的厚度 d,可以使 o 光和 e 光有任意数值的光程差和位相差。光程差为

$$\mathscr{D} = |n_o - n_e| d = \left(m + \frac{1}{4}\right)\lambda \tag{4.3-3}$$

的波片(位相差 $\delta = 2m\pi + \dfrac{\pi}{2}$,$m$ 为零或正整数)称为 **$\lambda/4$ 波片**,它是最常用的一种波片。其次是 **$\lambda/2$ 波片(半波片)** 和**全波片**,它们对应的 o 光和 e 光的光程差分别为 $\mathscr{D} = \left(m + \dfrac{1}{2}\right)\lambda$ 和 $\mathscr{D} = m\lambda$。请扫二维码观看 $\lambda/2$ 波片与 $\lambda/4$ 波片的实验演示。

例题 4.1 构成渥拉斯顿棱镜的直角方解石棱镜的顶角 $\theta = 30°$,试求当一束自然光垂直入射时,从透镜出射的 o 光和 e 光的夹角。

解 如图 4.22 所示,光束通过第一块直角棱镜时,o 光和 e 光不分开,但传播速度不同。o 光振动垂直于图面,e 光振动平行于图面。振动垂直于图面的 o 光进入第二块棱镜后为 e 光,传播速度与在第一块棱镜内不同,因而在界面上发生折射,折射角可由折射定律求出(注意只有在第二块棱镜的光轴垂直于入射面的特殊情形下,才可应用普通的折射定律):

$$\frac{\sin i_1}{\sin i_{2e}} = \frac{n_e}{n_o}$$

得 $\quad i_{2e} = \arcsin\left(\dfrac{n_o \sin i_1}{n_e}\right) = \arcsin\left(\dfrac{1.658 \times \sin 30°}{1.486}\right)$

$\qquad = 33°55'$

这束光在渥拉斯顿棱镜后表面的折射角为

$$\Phi_2 = \arcsin\left(\frac{n_e \sin \Phi_1}{n_a}\right)$$

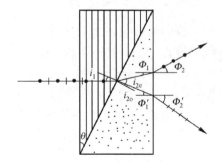

图 4.22　渥拉斯顿棱镜的计算

式中,n_a 为空气折射率,Φ_1 为入射角。由图易见 $\Phi_1 = i_{2e} - i_1 = 3°55'$,因此

$$\Phi_2 = \arcsin(1.486 \times \sin 3°55') = 5°49'$$

再看振动方向平行于图面的一束光。它在第一块棱镜内是 e 光,进入第二块棱镜后为 o 光,在两块棱镜界面上的折射角由下式决定:

$$\frac{\sin i_1}{\sin i_{2o}} = \frac{n_o}{n_e}$$

得到
$$i_{2o} = \arcsin\left(\frac{n_e \sin i_1}{n_o}\right) = \arcsin\left(\frac{1.486 \times \sin 30°}{1.658}\right) = 26°37'$$

这束光在渥拉斯顿棱镜后表面的折射角为

$$\Phi_2' = \arcsin\left(\frac{n_o \sin \Phi_1'}{n_a}\right) = \arcsin\left[\frac{n_o \sin(i_1 - i_{2o})}{n_a}\right] = \arcsin(1.658 \times \sin 3°23') = 5°37'$$

因此,由该棱镜出射的 o 光和 e 光的夹角为

$$\Phi = \Phi_2 + \Phi_2' = 5°49' + 5°37' = 11°26'$$

例题 4.2　如果组成格兰棱镜的两个直角方解石棱镜斜面间的间隙是空气层,问当自然光正入射到格兰棱镜时,为获得一束透射的线偏振光,两个直角方解石棱镜的顶角至少要多大?

解　自然光正入射格兰棱镜时,在第一个直角方解石棱镜内被分解为 o 光和 e 光。若直角方解石棱镜的顶角大到使 o 光在斜面上发生全反射,e 光通过空气层时,便可获得一束透射线偏振光。o 光在斜面上发生全反射的临界角 i_c 由下式决定:

$$n_o \sin i_c = \sin 90° = 1$$

故

$$i_c = \arcsin\left(\frac{1}{n_o}\right) = \arcsin\left(\frac{1}{1.658}\right) = 37°6'$$

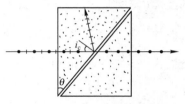

由图 4.23 可见,在直角方解石棱镜斜面上的入射角等于两个直角方解石棱镜的顶角 θ,因此 θ 至少应为 37°6'。

θ 亦不可太大,当 $\theta > 42°18'$ 时,e 光也在斜面上发生全反射,得不到透射的线偏振光。

图 4.23　格兰棱镜的计算

4.4　椭圆偏振光和圆偏振光

4.4.1　振动互相垂直的线偏振光的叠加

让我们考察频率相同、位相差恒定而振动方向互相垂直的两个线偏振光的叠加。这样两个线偏振光的获得并不困难。事实上,当一束线偏振光正入射到波片时,若其电矢量方向与波片光轴成 θ 角,$\theta \neq 0°$ 和 90°,那么入射光将在波片内分解为振动方向互相垂直的 o 光和 e 光。o 光、e 光从波片射出后具有恒定的位相差 δ,并且传播速度相同。假设两个线偏振光的振动分别沿 x 轴和 y 轴,那么在传播路程上某一点 P 的振动方程可以表示为

$$E_x = A_x \cos(\varphi_x - \omega t) \tag{4.4-1}$$
$$E_y = A_y \cos(\varphi_y - \omega t) \tag{4.4-2}$$

式中,φ_x 和 φ_y 分别是沿 x 轴和 y 轴振动的线偏振光在 P 点的初位相,并且 $\delta = \varphi_y - \varphi_x$,$A_x$ 和 A_y 则是两偏振光的振幅。根据叠加原理,两个线偏振光在 P 点的合振动可用矢量表示为

$$\boldsymbol{E} = \boldsymbol{x}_0 E_x + \boldsymbol{y}_0 E_y = \boldsymbol{x}_0 A_x \cos(\varphi_x - \omega t) + \boldsymbol{y}_0 A_y \cos(\varphi_y - \omega t) \tag{4.4-3}$$

式中,$\boldsymbol{x}_0$ 和 $\boldsymbol{y}_0$ 分别是 x 方向和 y 方向的单位矢量。一般地,合振动矢量端点的运动轨迹可由式(4.4-1)和式(4.4-2)消去参数 t 求得。这个轨迹方程为

$$\frac{E_x^2}{A_x^2} + \frac{E_y^2}{A_y^2} - 2\frac{E_x E_y}{A_x A_y}\cos\delta = \sin^2\delta \tag{4.4-4}$$

一般来说它是个椭圆方程,表示合振动矢量端点的轨迹为一个椭圆,该椭圆与以 $E_x = \pm A_x$, $E_y = \pm A_y$ 为界的矩形相内切。椭圆的主轴一般也是倾斜于坐标轴的,如图 4.24 所示。动态图见二维码内容。

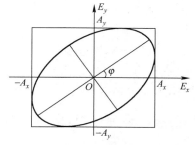

图 4.24　合振动矢量端点的椭圆轨迹

由于叠加的两个线偏振光的角频率同为 ω,合振动矢量沿椭圆旋转的角频率也为 ω。我们把光矢量周期性地旋转,末端点的运动描成一个椭圆的这种光称为**椭圆偏振光**。

4.4.2　几种特殊情况的讨论

图 4.25 是根据式(4.4-4)画出的与几种不同位相差对应的椭圆轨迹,可见椭圆的形状和取向与叠加的两线偏振光的位相差 $\delta = \varphi_y - \varphi_x$ 和振幅比 A_y/A_x 有关。以下几种情况值得特别注意:

(1) $\delta = 0$ 或 $\pm 2\pi$ 的整数倍。这时式(4.4-4)简化为

$$E_y = \frac{A_y}{A_x} E_x \tag{4.4-5}$$

这是直线方程,表示合矢量端点的运动沿一条直线进行,这条直线就是以 $E_x = \pm A_x$, $E_y = \pm A_y$ 为界的矩形在第一、三象限的对角线方向,如图 4.25(a)所示。在这种情况下,椭圆退化为直线,合成光波仍为线偏振光。

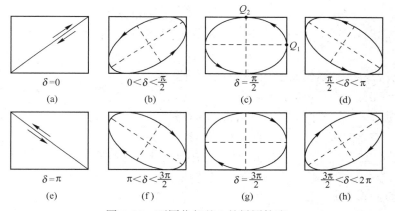

图 4.25　不同位相差 δ 的椭圆轨迹

(2) $\delta = \pm 2\pi$ 的半整数倍。这时式(4.4-4)简化为

$$E_y = -\frac{A_y}{A_x} E_x \tag{4.4-6}$$

合矢量端点的运动轨迹仍为直线,但直线的取向改变,取上述矩形在第二、四象限的对角线方向,如图 4.25(e)所示。在这种情况下合成光也为线偏振光。

(3) $\delta = \pm \pi/2$ 及其奇数倍。这时式(4.4-4)简化为

$$\frac{E_x^2}{A_x^2} + \frac{E_y^2}{A_y^2} = 1 \tag{4.4-7}$$

这是一个标准椭圆方程,椭圆的主轴 A_x、A_y 与坐标轴重合[见图 4.25(c)和(g)]。若在这种情况下同时有 $A_x=A_y=A$,即两叠加线偏振光的振幅相等,则由式(4.4-7)得到

$$E_x^2+E_y^2=A^2 \tag{4.4-8}$$

合矢量端点的运动轨迹是一个圆,表示此时合成光是**圆偏振光**。

我们知道,线偏振光正入射到一块 1/4 波片时,若线偏振光的振动方向与波片光轴成 45° 角,则由 1/4 波片射出的 o 光、e 光振幅相等,位相差为 $\pi/2$,它们的叠加将得到圆偏振光。

4.4.3 椭圆(圆)偏振光的旋向

按照合矢量旋转方向的不同,可以将椭圆(或圆)偏振光分为右旋和左旋两类。通常规定当对着光传播方向看去,合矢量是顺时针方向旋转时,偏振光是右旋的,反之是左旋的。只要分析一下式(4.4-1)和式(4.4-2)在相隔 1/4 周期的两个时刻的值,即可看出右旋情况下 $\sin\delta<0$,而在左旋情况下 $\sin\delta>0$。例如,$\delta=\varphi_y-\varphi_x=\pi/2$,$\sin\delta>0$,此时式(4.4-1)和式(4.4-2)可以分别写成

$$E_x=A_x\cos(\varphi_x-\omega t)$$

$$E_y=A_y\cos\left(\varphi_x-\omega t+\frac{\pi}{2}\right)$$

若在 $t=t_0$ 时刻,$\varphi_x-\omega t=0$,则 $E_x=A_x$,$E_y=0$,合矢量的端点在图 4.25(c)的 Q_1 点处。当 $t=t_0+T/4$ 时(T 为周期)

$$E_x=A_x\cos\left(\varphi_x-\omega t_0-\frac{\pi}{2}\right)=0$$

$$E_y=A_y\cos\left(\varphi_x-\omega t_0-\frac{\pi}{2}+\frac{\pi}{2}\right)=A_y$$

合矢量的端点在图 4.25(c)的 Q_2 点处。可见,合矢量的端点是逆时针方向旋转的,故该偏振光为左旋椭圆偏振光。

以上讨论的是两个线偏振光在传播路径上某一点 P 的合矢量运动情况。如果要考察传播路径上其他点的合矢量运动,容易看出同一时刻各点合矢量的端点构成一条螺旋线,它们在与传播方向垂直的平面上的投影为一个椭圆[1],如图 4.26 所示。在左旋椭圆偏振光的情形下,各点合矢量的端点构成的螺旋线的旋向与光传播方向呈右手螺旋关系;而在右旋椭圆偏振光的情形下,螺旋线的旋向与光传播方向呈左手螺旋关系。

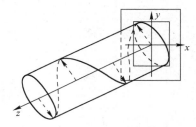

图 4.26 左旋椭圆偏振光
电矢量的空间变化

4.4.4 利用全反射产生椭圆偏振光和圆偏振光

不仅利用线偏振光从一块波片的透射可以产生椭圆偏振光和圆偏振光,利用线偏振光在两个各向同性介质界面上的全反射也可以产生椭圆和圆偏振光。其原理是,线偏振光全反射后垂直于入射面振动的 s 波和平行于入射面振动的 p 波之间有一个位相差 δ(参见 1.5 节),两个波合成的结果一般将使反射光成为椭圆偏振光。在特殊情况下,对于玻璃-空气分界面,

---

① 对于圆偏振光,各点合矢量的大小相等,合矢量的端点在与传播方向垂直的平面上的投影是一个圆。

若玻璃折射 $n=1.51$，当入射角 $i_1=54°37'$ 或 $48°37'$ 时，全反射后 s 波和 p 波的位相差 $\delta=45°$ ［由式（1.5-10）算出］。在其中一个角度下连续反射两次，位相差为 $\pi/2$。此时，若入射线偏振光的振动方向与入射面成 $45°$ 角，则全反射后 s 波和 p 波的振幅相等，两波合成为圆偏振光。

图 4.27 所示的玻璃块就是为此目的设计的，称为**菲涅耳菱体**。如果入射线偏振光的振动方向与菱体的主截面（图面）成 $45°$，经过菱体在 $54°37'$ 下全反射两次后，出射光就是圆偏振光。

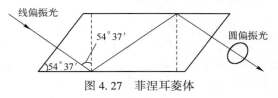

图 4.27 菲涅耳菱体

例题 4.3 一束线偏振的钠黄光（$\lambda=589.3$ nm）垂直通过一块厚度为 1.618×10^{-2} nm 的石英波片。波片折射率为 $n_o=1.54424$，$n_e=1.55335$，光轴方向平行于 x 轴（见图 4.28）。问当入射线偏振光的振动方向与 x 轴夹角 $\theta=30°$ 和 $\theta=45°$ 时，出射光的偏振态怎样？

解 入射线偏振光在波片内产生的 e 光和 o 光的振动分别沿 x 轴方向和 y 轴方向。当 $\theta=30°$ 时，e 光和 o 光的振幅分别为

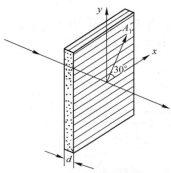

$$A_x=A_1\cos\theta=\frac{\sqrt{3}}{2}A_1 \qquad A_y=A_1\sin\theta=\frac{1}{2}A_1$$

式中，A_1 为入射线偏振光的振幅。当 $\theta=45°$ 时，e 光和 o 光的振幅相等，即

$$A_x=A_y=A_1\cos45°=A_1/\sqrt{2}$$

图 4.28 线偏振光通过光轴平行于 x 轴的石英波片

在波片内，e 光比 o 光传播的速度慢，因此，从波片出射时，e 光对 o 光的位相延迟（位相差）为

$$\delta=\varphi_x-\varphi_y=\frac{2\pi}{\lambda}(n_e-n_o)\mathrm{d}=\frac{2\pi\times(1.55335-1.54424)\times1.618\times10^{-2}\mathrm{mm}}{589.3\times10^{-6}\mathrm{mm}}=\frac{\pi}{2}$$

故当 $\theta=30°$ 时，出射光为右旋椭圆偏振光，椭圆长轴沿 x 轴；当 $\theta=45°$ 时，出射光为右旋圆偏振光。

例题 4.4 一束左旋圆偏振光垂直入射到一块由方解石构成的 $\lambda/4$ 波片，波片光轴平行于 x 轴，试求透射光的偏振态。如果圆偏振光垂直入射到一块 $\lambda/8$ 波片，透射光的偏振态又如何？

解 左旋圆偏振光可视为光矢量沿 y 轴的线偏振光和与之位相差为 $\pi/2$ 的光矢量沿 x 轴的线偏振光的叠加。

（1）左旋圆偏振光入射到 $\lambda/4$ 波片并从 $\lambda/4$ 波片出射时，光矢量沿 y 轴的线偏振光（o 光）与光矢量沿 x 轴的线偏振光（e 光）的位相差应为 $\delta=\frac{\pi}{2}+\frac{\pi}{2}=\pi$，故透射光为线偏振光，光矢量方向与 x 轴成 $-45°$。

（2）圆偏振光通过 $\lambda/8$ 波片时，o 光对 e 光的位相差为 $\delta=\frac{\pi}{2}+\frac{\pi}{4}=\frac{3}{4}\pi$，透射光为左旋椭圆偏振光。

4.5　偏振光和偏振器件的矩阵表示

偏振光和偏振器件可以简单地用一个矩阵表示，这对于讨论偏振光通过偏振器件后偏振

态变化的问题特别简便。将偏振光和偏振器件以矩阵表示,有几种表示方法,这里只介绍较常用的琼斯(Jones)表示法。

4.5.1 琼斯矢量

由上一节的讨论我们知道,两个振动方向互相正交的线偏振光的叠加,取决于它们的振幅比和位相差,结果可以是椭圆偏振光、圆偏振光或线偏振光。反之,任一种偏振光都可以看作振动在两个正交方向(x 和 y 方向)的线偏振光的叠加,其光矢量都可以用沿 x 轴和 y 轴的两个分量来表示:

$$\left. \begin{array}{l} E_x = A_x \exp[\,\mathrm{i}(\varphi_x - \omega t)\,] \\ E_y = A_y \exp[\,\mathrm{i}(\varphi_y - \omega t)\,] \end{array} \right\} \tag{4.5-1}$$

上式实际上就是式(4.4-1)和式(4.4-2),只是改用了复指数式表示。当省去上式中的公共位相因子 $\exp(-\mathrm{i}\omega t)$ 时,上式可用复振幅表示为

$$\left. \begin{array}{l} E_x = A_x \exp(\mathrm{i}\varphi_x) \\ E_y = A_y \exp(\mathrm{i}\varphi_y) \end{array} \right\} \tag{4.5-2}$$

琼斯表示法就是用一个称为**琼斯矢量**的列矩阵来表示上式:

$$\boldsymbol{E} = \begin{bmatrix} E_x \\ E_y \end{bmatrix} = \begin{bmatrix} A_x \exp(\mathrm{i}\varphi_x) \\ A_y \exp(\mathrm{i}\varphi_y) \end{bmatrix} \tag{4.5-3}$$

琼斯矢量的归一化形式是以偏振光强 $A_x^2 + A_y^2$ 的平方根(振幅)去除上式中的两个分量,即

$$\boldsymbol{E} = \frac{1}{\sqrt{A_x^2 + A_y^2}} \begin{bmatrix} A_x \exp(\mathrm{i}\varphi_x) \\ A_y \exp(\mathrm{i}\varphi_y) \end{bmatrix}$$

此外,为了使琼斯矢量突出地表示两个分量的振幅比和位相差,可以将这两个分量的共同因子提到矩阵外,即

$$\boldsymbol{E} = \frac{A_x \exp(\mathrm{i}\varphi_x)}{\sqrt{A_x^2 + A_y^2}} \begin{bmatrix} 1 \\ \dfrac{A_y}{A_x} \exp[\,\mathrm{i}(\varphi_y - \varphi_x)\,] \end{bmatrix} = \frac{A_x \exp(\mathrm{i}\varphi_x)}{\sqrt{A_x^2 + A_y^2}} \begin{bmatrix} 1 \\ \tan\alpha \cdot \exp(\mathrm{i}\delta) \end{bmatrix}$$

式中,$\tan\alpha = A_y/A_x$,$\delta = \varphi_y - \varphi_x$。通常我们只关心相对位相(位相差),因而上式中公共位相因子 $\exp(\mathrm{i}\varphi_x)$ 可以略去不写。于是,得到归一化形式的琼斯矢量为

$$\boldsymbol{E} = \frac{A_x}{\sqrt{A_x^2 + A_y^2}} \begin{bmatrix} 1 \\ \tan\alpha \cdot \exp(\mathrm{i}\delta) \end{bmatrix} \tag{4.5-4}$$

下面举几个求偏振光的归一化琼斯矢量的例子。

(1)光矢量沿 x 轴,振幅为 A 的线偏振光

$$E_x = A, \quad E_y = 0$$

归一化琼斯矢量为
$$\boldsymbol{E} = \frac{1}{A} \begin{bmatrix} A \\ 0 \end{bmatrix} = \begin{bmatrix} 1 \\ 0 \end{bmatrix}$$

(2)光矢量与 x 轴成 θ 角,振幅为 A 的线偏振光为

$$E_x = A\cos\theta, \quad E_y = A\sin\theta$$

归一化琼斯矢量为
$$\boldsymbol{E} = \frac{1}{A} \begin{bmatrix} A\cos\theta \\ A\sin\theta \end{bmatrix} = \begin{bmatrix} \cos\theta \\ \sin\theta \end{bmatrix}$$

（3）左旋圆偏振光 $\qquad$ $E_x = A,\ E_y = A\exp\left(\mathrm{i}\,\dfrac{\pi}{2}\right)$

归一化琼斯矢量为 $\boldsymbol{E} = \dfrac{1}{\sqrt{2}\,A}\begin{bmatrix} A \\ A\exp\left(\mathrm{i}\,\dfrac{\pi}{2}\right) \end{bmatrix} = \dfrac{1}{\sqrt{2}}\begin{bmatrix} 1 \\ \mathrm{i} \end{bmatrix}$

用同样的方法可以求出表示其他偏振态的琼斯矢量，结果列于表 4.2。

偏振光用琼斯矢量表示，特别便于计算两个或多个线偏振光叠加的结果。将琼斯矢量简单相加便得到这种结果。例如，两个振幅和位相相同，光矢量分别沿 x 轴和 y 轴的线偏振光的叠加，用琼斯矢量计算就是

表 4.2　一些偏振态的琼斯矢量

偏　振　态		琼斯矢量
线偏振光	光矢量沿 x 轴	$\begin{bmatrix} 1 \\ 0 \end{bmatrix}$
	光矢量沿 y 轴	$\begin{bmatrix} 0 \\ 1 \end{bmatrix}$
	光矢量与 x 轴成 $\pm45°$ 角	$\dfrac{1}{\sqrt{2}}\begin{bmatrix} 1 \\ \pm 1 \end{bmatrix}$
	光矢量与 x 轴成 θ 角	$\begin{bmatrix} \cos\theta \\ \pm\sin\theta \end{bmatrix}$
圆偏振光	右旋	$\dfrac{1}{\sqrt{2}}\begin{bmatrix} 1 \\ -\mathrm{i} \end{bmatrix}$
	左旋	$\dfrac{1}{\sqrt{2}}\begin{bmatrix} 1 \\ \mathrm{i} \end{bmatrix}$

$$\begin{bmatrix} 1 \\ 0 \end{bmatrix} + \begin{bmatrix} 0 \\ 1 \end{bmatrix} = \begin{bmatrix} 1 \\ 1 \end{bmatrix}$$

表明叠加的结果是一个光矢量与 x 轴成 45° 角的线偏振光，其振幅是单个光振幅的 $\sqrt{2}$ 倍。又如，两个振幅相等的右旋和左旋圆偏振光的叠加，可以计算为

$$\frac{1}{\sqrt{2}}\begin{bmatrix} 1 \\ -\mathrm{i} \end{bmatrix} + \frac{1}{\sqrt{2}}\begin{bmatrix} 1 \\ \mathrm{i} \end{bmatrix} = \sqrt{2}\begin{bmatrix} 1 \\ 0 \end{bmatrix}$$

立即可以看出，结果是光矢量沿 x 轴的线偏振光，其振幅与圆偏振光的振幅相等。

4.5.2　偏振器件的矩阵表示

偏振光通过偏振器件后，偏振态一般会发生变化。如图 4.29 所示，入射光的偏振态用 $\boldsymbol{E}_i = \begin{bmatrix} A_1 \\ B_1 \end{bmatrix}$ 表示，透射光的偏振态用 $\boldsymbol{E}_t = \begin{bmatrix} A_2 \\ B_2 \end{bmatrix}$ 表示，偏振器件 G 起着 $\boldsymbol{E}_i$ 和 $\boldsymbol{E}_t$ 之间的变换作用。假定这种变换是线性的，即透射光的两个分量 A_2 和 B_2 是入射光两个分量 A_1 和 B_1 的线性组合（在线性光学范围内可以满足）：

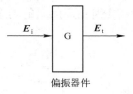

图 4.29　偏振器件对偏振态的变换

$$\left.\begin{aligned} A_2 &= g_{11}A_1 + g_{12}B_1 \\ B_2 &= g_{21}A_1 + g_{22}B_1 \end{aligned}\right\} \tag{4.5-5}$$

式中，$g_{11}, g_{12}, g_{21}, g_{22}$ 是复常数。把上式写成矩阵形式：

$$\begin{bmatrix} A_2 \\ B_2 \end{bmatrix} = \begin{bmatrix} g_{11} & g_{12} \\ g_{21} & g_{22} \end{bmatrix}\begin{bmatrix} A_1 \\ B_1 \end{bmatrix} \tag{4.5-6}$$

或写成 $\qquad\qquad\qquad\qquad \boldsymbol{E}_t = \boldsymbol{G}\boldsymbol{E}_i \tag{4.5-7}$

式中 $\qquad\qquad\qquad\qquad \boldsymbol{G} = \begin{bmatrix} g_{11} & g_{12} \\ g_{21} & g_{22} \end{bmatrix} \tag{4.5-8}$

因此，一个偏振器件的特性可以用矩阵 G 来描述，矩阵 G 称为该器件的**琼斯矩阵**。

下面举例说明如何求取偏振器件的琼斯矩阵。

1. 透光轴与 x 轴成 45°角的线偏振器

设入射光的偏振态为 $\begin{bmatrix} A_1 \\ B_1 \end{bmatrix}$，即入射光在 x 轴和 y 轴上的两个分量分别为 A_1 和 B_1。入射光通过线偏振器后，A_1 和 B_1 透出的部分分别为 $A_1 \cos 45°$ 和 $B_1 \sin 45°$（见图 4.30，设 $\theta = 45°$），它们在 x 轴上和 y 轴上的线性组合就是 A_2 和 B_2，即

$$A_2 = A_1 \cos 45° \cos 45° + B_1 \sin 45° \cos 45° = \frac{1}{2} A_1 + \frac{1}{2} B_1$$

$$B_2 = A_1 \cos 45° \sin 45° + B_1 \sin 45° \sin 45° = \frac{1}{2} A_1 + \frac{1}{2} B_1$$

写成矩阵形式为 $\begin{bmatrix} A_2 \\ B_2 \end{bmatrix} = \begin{bmatrix} 1/2 & 1/2 \\ 1/2 & 1/2 \end{bmatrix} \begin{bmatrix} A_1 \\ B_1 \end{bmatrix}$

所以该线偏振器的矩阵形式为 $G = \dfrac{1}{2} \begin{bmatrix} 1 & 1 \\ 1 & 1 \end{bmatrix}$

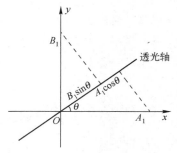

图 4.30　线偏振器琼斯矩阵的求取

2. 快轴在 x 方向的 1/4 波片[①]

这种波片对入射偏振光 $\begin{bmatrix} A_1 \\ B_1 \end{bmatrix}$ 的作用是使其 y 轴分量相对于 x 轴分量产生 $\pi/2$ 的附加位相差，因此透射光的两个分量为

$$A_2 = A_1$$

$$B_2 = B_1 \exp\left(\mathrm{i}\, \frac{\pi}{2}\right) = \mathrm{i} B_1$$

写成矩阵形式 $\begin{bmatrix} A_2 \\ B_2 \end{bmatrix} = \begin{bmatrix} 1 & 0 \\ 0 & \mathrm{i} \end{bmatrix} \begin{bmatrix} A_1 \\ B_1 \end{bmatrix}$

故所求波片的琼斯矩阵为 $G = \begin{bmatrix} 1 & 0 \\ 0 & \mathrm{i} \end{bmatrix}$

3. 快轴与 x 轴成 45°角的 1/4 波片

设入射偏振光为 $\begin{bmatrix} A_1 \\ B_1 \end{bmatrix}$，则 A_1、B_1 在波片快轴和慢轴上的分量和分别为（见图 4.31，设 $\theta = 45°$）

$$A_1' = A_1 \cos 45° + B_1 \sin 45° = \frac{1}{\sqrt{2}} A_1 + \frac{1}{\sqrt{2}} B_1$$

$$B_1' = A_1 \sin 45° - B_1 \cos 45° = \frac{1}{\sqrt{2}} A_1 - \frac{1}{\sqrt{2}} B_1$$

---

① 对于方解石波片，光轴在 x 方向；而对于石英波片，光轴在 y 方向。

写成矩阵形式为

$$\begin{bmatrix} A_1' \\ B_1' \end{bmatrix} = \frac{1}{\sqrt{2}} \begin{bmatrix} 1 & 1 \\ 1 & -1 \end{bmatrix} \begin{bmatrix} A_1 \\ B_1 \end{bmatrix}$$

偏振光通过 1/4 波片后,慢轴分量相对于快轴分量有 $\pi/2$ 的位相差,因此在快轴和慢轴上的复振幅分别为

$$A_1'' = A_1'$$

$$B_1'' = B_1' \exp\left(i\frac{\pi}{2}\right) = iB_1'$$

或者写成

$$\begin{bmatrix} A_1'' \\ B_1'' \end{bmatrix} = \begin{bmatrix} 1 & 0 \\ 0 & i \end{bmatrix} \begin{bmatrix} A_1' \\ B_1' \end{bmatrix} = \frac{1}{\sqrt{2}} \begin{bmatrix} 1 & 0 \\ 0 & i \end{bmatrix} \begin{bmatrix} 1 & 1 \\ 1 & -1 \end{bmatrix} \begin{bmatrix} A_1 \\ B_1 \end{bmatrix}$$

透射光在 x 轴和 y 轴上的分量则分别为

$$A_2 = A_1'' \cos 45° + B_1'' \sin 45° = \frac{1}{\sqrt{2}} A_1'' + \frac{1}{\sqrt{2}} B_1''$$

$$B_2 = A_1'' \sin 45° - B_1'' \cos 45° = \frac{1}{\sqrt{2}} A_1'' - \frac{1}{\sqrt{2}} B_1''$$

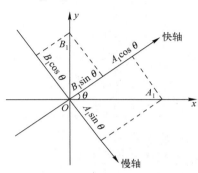

图 4.31　波片琼斯矩阵的求取

写成矩阵形式为

$$\begin{bmatrix} A_2 \\ B_2 \end{bmatrix} = \frac{1}{\sqrt{2}} \begin{bmatrix} 1 & 1 \\ 1 & -1 \end{bmatrix} \begin{bmatrix} A_1'' \\ B_1'' \end{bmatrix}$$

代入列矩阵 $\begin{bmatrix} A_1'' \\ B_1'' \end{bmatrix}$ 的表达式,得到

$$\begin{bmatrix} A_2 \\ B_2 \end{bmatrix} = \frac{1}{2} \begin{bmatrix} 1 & 1 \\ 1 & -1 \end{bmatrix} \begin{bmatrix} 1 & 0 \\ 0 & i \end{bmatrix} \begin{bmatrix} 1 & 1 \\ 1 & -1 \end{bmatrix} \begin{bmatrix} A_1 \\ B_1 \end{bmatrix} = \frac{e^{i\frac{\pi}{4}}}{\sqrt{2}} \begin{bmatrix} 1 & -i \\ -i & 1 \end{bmatrix} \begin{bmatrix} A_1 \\ B_1 \end{bmatrix}$$

这里仅讨论偏振态的变化,对公共位相因子 $\exp\left(i\frac{\pi}{4}\right)$ 无影响,可略去。因此,所求 1/4 波片的琼斯矩阵为

$$G = \frac{1}{\sqrt{2}} \begin{bmatrix} 1 & -i \\ -i & 1 \end{bmatrix}$$

其他偏振器的琼斯矩阵可以用类似方法求出,其结果如表 4.3 所示。

当偏振光相继通过多个偏振器件时,为求得透射光的偏振态,可将入射光的琼斯矢量和多个偏振器件的琼斯矩阵连乘。设琼斯矩阵依次为 $G_1, G_2, G_3, \cdots, G_N$,则透射光的琼斯矩阵为

$$E_t = G_N \cdots G_3 G_2 G_1 E_i \tag{4.5-9}$$

由于矩阵运算不满足交换律,所以矩阵相乘的秩序不能颠倒,如图 4.32 所示。

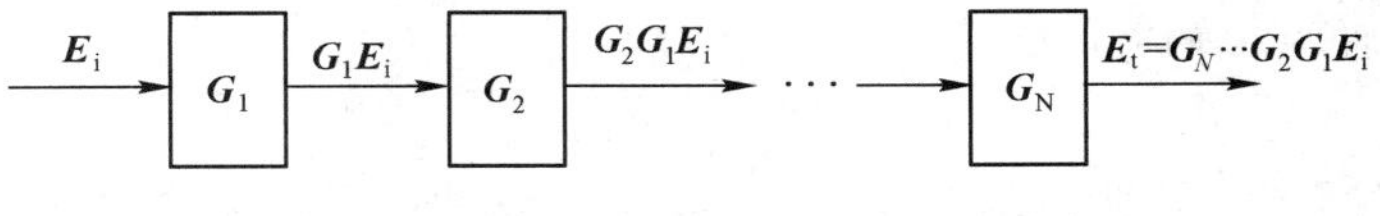

图 4.32　偏振光相继通过 N 个偏振器件

表 4.3　一些偏振器件的琼斯矩阵

器　件		琼斯矩阵	器　件		琼斯矩阵
线偏振器	透光轴在 x 轴方向	$\begin{bmatrix} 1 & 0 \\ 0 & 0 \end{bmatrix}$	一般波片（产生位相差 δ）	快轴在 x 轴方向	$\begin{bmatrix} 1 & 0 \\ 0 & \exp(i\delta) \end{bmatrix}$
	透光轴在 y 轴方向	$\begin{bmatrix} 0 & 0 \\ 0 & 1 \end{bmatrix}$		快轴在 y 轴方向	$\begin{bmatrix} 1 & 0 \\ 0 & \exp(-i\delta) \end{bmatrix}$
	透光轴与 x 轴成 $\pm45°$ 角	$\dfrac{1}{2}\begin{bmatrix} 1 & \pm1 \\ \pm1 & 1 \end{bmatrix}$		快轴与 x 轴成 $\pm45°$ 角	$\cos\dfrac{\delta}{2}\begin{bmatrix} 1 & \mp i\tan\dfrac{\delta}{2} \\ \mp i\tan\dfrac{\delta}{2} & 1 \end{bmatrix}$
	透光轴与 x 轴成 θ 角	$\begin{bmatrix} \cos^2\theta & \dfrac{1}{2}\sin2\theta \\ \dfrac{1}{2}\sin2\theta & \sin^2\theta \end{bmatrix}$	半波片	快轴在 x 轴或 y 轴方向	$\begin{bmatrix} 1 & 0 \\ 0 & -1 \end{bmatrix}$
$\dfrac{1}{4}$ 波片	快轴在 x 轴方向	$\begin{bmatrix} 1 & 0 \\ 0 & i \end{bmatrix}$		快轴与 x 轴成 $\pm45°$ 角	$\begin{bmatrix} 0 & 1 \\ 1 & 0 \end{bmatrix}$
	快轴在 y 轴方向	$\begin{bmatrix} 1 & 0 \\ 0 & -i \end{bmatrix}$	各向同性位相延迟片（产生位相延迟 φ）		$\begin{bmatrix} \exp(i\varphi) & 0 \\ 0 & \exp(i\varphi) \end{bmatrix}$
	快轴与 x 轴成 $\pm45°$ 角	$\dfrac{1}{\sqrt{2}}\begin{bmatrix} 1 & \mp i \\ \mp i & 1 \end{bmatrix}$	圆偏振器	右旋	$\dfrac{1}{2}\begin{bmatrix} 1 & i \\ -i & 1 \end{bmatrix}$
				左旋	$\dfrac{1}{2}\begin{bmatrix} 1 & -i \\ i & 1 \end{bmatrix}$

例题 4.5　计算线偏振光相继通过两个偏振器件的偏振态。设入射线偏振光的光矢量沿 x 轴,相继通过的两个偏振器件分别为快轴与 x 轴成 $45°$ 角的一般波片(位相差为 δ)和快轴在 x 轴的 $1/4$ 波片。

解　据题设,入射线偏振光的琼斯矢量为 $\begin{bmatrix} 1 \\ 0 \end{bmatrix}$。由表 4.3 知道,两个偏振器件的琼斯矩阵分别为

$$\cos\dfrac{\delta}{2}\begin{bmatrix} 1 & -i\tan\dfrac{\delta}{2} \\ -i\tan\dfrac{\delta}{2} & 1 \end{bmatrix} \quad \text{和} \quad \begin{bmatrix} 1 & 0 \\ 0 & i \end{bmatrix}$$

因此,线偏振光通过这两个偏振器件后的偏振态为

$$\boldsymbol{E}_t = \cos\dfrac{\delta}{2}\begin{bmatrix} 1 & 0 \\ 0 & i \end{bmatrix}\begin{bmatrix} 1 & -i\tan\dfrac{\delta}{2} \\ -i\tan\dfrac{\delta}{2} & 1 \end{bmatrix}\begin{bmatrix} 1 \\ 0 \end{bmatrix} = \cos\dfrac{\delta}{2}\begin{bmatrix} 1 & 0 \\ 0 & i \end{bmatrix}\begin{bmatrix} 1 \\ i\tan\dfrac{\delta}{2} \end{bmatrix} = \begin{bmatrix} \cos\dfrac{\delta}{2} \\ \sin\dfrac{\delta}{2} \end{bmatrix}$$

透射光是光矢量与 x 轴夹角 $\theta=\delta/2$ 的线偏振光。本例提供了一种测量一般波片位相差 δ 的方法。

例题 4.6　计算一束线偏振光通过 $\lambda/8$ 波片的偏振态。线偏振光的光矢量与 x 轴夹角为 $30°$, $\lambda/8$ 波片的快轴沿 x 轴方向。

解　入射线偏振光的琼斯矢量为 $\begin{bmatrix} \cos30° \\ \sin30° \end{bmatrix}$,$1/8$ 波片的琼斯矩阵为 $\begin{bmatrix} 1 & 0 \\ 0 & \exp\left(i\dfrac{\pi}{4}\right) \end{bmatrix}$。因此,透射光的偏振态为

$$E_t = \begin{bmatrix} 1 & 0 \\ 0 & \exp\left(\mathrm{i}\,\dfrac{\pi}{4}\right) \end{bmatrix} \begin{bmatrix} \cos 30° \\ \sin 30° \end{bmatrix} = \begin{bmatrix} \sqrt{3}/2 \\ \dfrac{1}{2}\exp\left(\mathrm{i}\,\dfrac{\pi}{4}\right) \end{bmatrix} = \frac{1}{2}\begin{bmatrix} \sqrt{3} \\ \exp\left(\mathrm{i}\,\dfrac{\pi}{4}\right) \end{bmatrix}$$

透射光的 y 分量对 x 分量的位相差为 $\pi/4$,应为左旋椭圆偏振光。

*4.6 光学偏振的斯托克斯参量表示与测量方法

上节讨论光的偏振表示方法中,琼斯矩阵用光的电场强度分量表示偏振态。但光的电场强度频率非常高,目前的探测器无法直接测量如此快的变化,所以琼斯矩阵元通常是不可测量的。1852 年,斯托克斯(George Gabriel Stokes,1819−1903)在关于部分偏振光的研究中提出用一组可测量参数表示光的偏振态,称为光偏振的斯托克斯参量表示。

4.6.1 斯托克斯参量的定义

对于简单情况(如 4.4 节所述),我们考察频率相同、位相差恒定而振动方向互相垂直的两个线偏振光的叠加,这样可以得到合振动矢量端点的运动轨迹方程[式(4.4-4)]。对式(4.4-4)取周期 T 内的平均值可以得到

$$\frac{<E_x^2(t)>}{A_x^2} + \frac{<E_y^2(t)>}{A_y^2} - 2\frac{<E_x(t)E_y(t)>}{A_xA_y}\cos\delta = \sin^2\delta \tag{4.6-1}$$

上式两边乘以 $4A_xA_y$ 并整理为

$$(A_x^2+A_y^2)^2 = (A_x^2-A_y^2)^2 + (2A_xA_y\cos\delta)^2 + (2A_xA_y\sin\delta)^2 \tag{4.6-2}$$

根据上式,我们定义斯托克斯参量

$$\begin{cases} S_0 = A_x^2+A_y^2 \\ S_1 = A_x^2-A_y^2 \\ S_2 = 2A_xA_y\cos\delta \\ S_3 = 2A_xA_y\sin\delta \end{cases} \tag{4.6-3}$$

容易证明 $S_0^2 = S_1^2+S_2^2+S_3^2$。这种情况下,斯托克斯参量 (S_0,S_1,S_2,S_3) 中只有 3 个是独立的。要说明的是,这里讨论的是单色的完全偏振光情况,两个偏振分量的振幅和位相具有固定的关联。

实际上,对于准单色光,振幅或位相随时间变化,式(4.6-3)可推广为

$$\begin{cases} S_0 = <A_x^2(t)>+<A_y^2(t)> \\ S_1 = <A_x^2(t)>-<A_y^2(t)> \\ S_2 = <2A_x(t)A_y(t)\cos\delta(t)> \\ S_3 = <2A_x(t)A_y(t)\sin\delta(t)> \end{cases} \tag{4.6-4}$$

四个参量之间满足 $S_0^2 \geqslant S_1^2+S_2^2+S_3^2$,其中等号只对完全偏振光成立。斯托克斯参量的归一化形式是以 S_0 去除四个参量,后面我们均以归一化的斯托克斯参量来讨论,不再说明。

将斯托克斯参量表示为列矩阵形式,称为斯托克斯矢量。通常可以将列矩阵分解为完全偏振光与完全非偏振光的分量之和,即

$$\begin{bmatrix} S_0 \\ S_1 \\ S_2 \\ S_3 \end{bmatrix} = \begin{bmatrix} \sqrt{S_1^2 + S_2^2 + S_3^2} \\ S_1 \\ S_2 \\ S_3 \end{bmatrix} + \begin{bmatrix} S_0 - \sqrt{S_1^2 + S_2^2 + S_3^2} \\ S_1 \\ S_2 \\ S_3 \end{bmatrix} \qquad (4.6\text{-}5)$$

那么，根据4.1节中偏振度的定义，可以利用斯托克斯参量表示偏振度：

$$P = \sqrt{S_1^2 + S_2^2 + S_3^2} / S_0 \qquad (4.6\text{-}6)$$

1943年，米勒(Hans Miller，1900—1965)引入了一种4×4的矩阵，描述斯托克斯矢量通过光学偏振变换器件的斯托克斯矢量变换，称为米勒矩阵。这里不详细介绍。

4.6.2　斯托克斯参量的测量

观察式(4.6-3)和式(4.6-4)，斯托克斯参量中同样存在不可测量的位相 δ。我们可以通过测量某些光强值，由式(4.6-4)计算出斯托克斯参量。目前，对于光强的测量，通常使用电荷耦合器件(CCD)面阵相机或互补金属氧化物半导体(CMOS)相机获得相对光强分布。如果待测量光束的偏振态空间分布是均匀的，也就是光束横截面不同位置偏振态是处处相同的，则可以使用光功率计来测量斯托克斯参量。下面介绍利用 CCD 或 CMOS 相机测量相对光强分布，并给出测量斯托克斯参量的两种常见方法。

（1）四步测量方法

步骤1：用面阵光强探测器直接测量相对光强 I_0；

步骤2：测量光束经过 x 方向起偏器后的相对光强 $I(0°,0)$，括号中第一项 0° 表示起偏方向与 x 轴夹角为零，第二项 0 表示增加 y 方向偏振分量光束的位相延迟的大小；

步骤3：测量光束经过与 x 方向成+45°角的起偏器后的相对光强 $I(45°,0)$；

步骤4：测量光束经过快轴位于 x 轴的 $\lambda/4$ 波片产生 y 方向偏振分量 $\pi/2$ 位相延迟后，再经过+45°角起偏器后的相对光强 $I(45°,\pi/2)$。

由四步测量得到的四个相对光强结果，可得到对应的斯托克斯参量表示如下：

$$\begin{cases} S_0 = I_0 \\ S_1 = 2I(0°,0) - I_0 \\ S_2 = 2I(45°,0) - I_0 \\ S_3 = 2I(45°,\pi/2) - I_0 \end{cases} \qquad (4.6\text{-}7)$$

（2）六步测量方法

步骤1：测量光束经过 x 方向起偏器后的相对光强 $I(0°,0)$；

步骤2：测量光束经过 y 方向起偏器后的相对光强 $I(90°,0)$；

步骤3：测量光束经过与 x 方向成+45°角的起偏器后的相对光强 $I(45°,0)$；

步骤4：测量光束经过与 x 方向成+135°角(或−45°角)的起偏器后的相对光强 $I(135°,0)$；

步骤5：测量光束经过产生 $\pi/2$ 位相延迟的 $\lambda/4$ 波片，再经过与 x 方向成+45°角的起偏器后的相对光强 $I(45°,\pi/2)$；

步骤6：测量光束经过产生 $\pi/2$ 位相延迟的 $\lambda/4$ 波片，再经过与 x 方向成+135°角(或−45°角)的起偏器后的相对光强 $I(135°,\pi/2)$。

由六步测量得到的六个相对光强结果，可得到对应的斯托克斯参量表示如下：

$$\begin{cases} S_0 = I(0°,0) + I(90°,0) \\ S_1 = I(0°,0) - I(90°,0) \\ S_2 = I(45°,0) - I(135°,0) \\ S_3 = I(45°,\pi/2) - I(135°,\pi/2) \end{cases} \qquad (4.6\text{-}8)$$

比较容易证明两种方法得到的斯托克斯参量是等价的。其中,S_0表示总光强;S_1表示光场中x方向偏振分量相对于y方向偏振分量的大小,$S_1>0$ 和 $S_1<0$ 分别表示光场更倾向于x偏振还是y偏振,$S_1 = 0$ 则表示偏振可能是±45°方向的线偏振光,也可能是圆偏振光或是完全非偏振光;S_2表示光场中+45°方向偏振分量相对于−45°方向偏振分量的大小,$S_2>0$ 和 $S_2<0$ 分别表示光场更倾向于+45°方向偏振还是−45°方向偏振;S_3表示光场中右旋圆偏振分量相对于左旋圆偏振分量的大小(这对应测量方法一步骤中$\lambda/4$波片的设置使+45°方向偏振光可产生右旋圆偏振光),$S_3>0$ 和 $S_3<0$ 分别表示光场更倾向于右旋圆偏振还是左旋圆偏振。

测量斯托克斯参量有很多方法,这里我们只介绍了比较常见的两种方法。各种方法所得到的结果是一致的。这里给出不同偏振态对应的斯托克斯矢量(见表 4.4),读者可以利用上面的方法自行验证。

表 4.4　一些偏振态的斯托克斯矢量

偏　振　态		归一化斯托克斯矢量	偏　振　态		归一化斯托克斯矢量
线偏振光	光矢量沿着x轴	$\begin{bmatrix} 1 \\ 1 \\ 0 \\ 0 \end{bmatrix}$	线偏振光	光矢量与x轴成$\pm\theta$	$\begin{bmatrix} 1 \\ 2\cos^2\theta-1 \\ 2\cos^2(45°\mp\theta)-1 \\ 0 \end{bmatrix}$
线偏振光	光矢量沿着y轴	$\begin{bmatrix} 1 \\ 0 \\ 1 \\ 0 \end{bmatrix}$	圆偏振光	右旋	$\begin{bmatrix} 1 \\ 0 \\ 0 \\ 1 \end{bmatrix}$
线偏振光	光矢量与x轴成$\pm45°$	$\begin{bmatrix} 1 \\ 0 \\ \pm1 \\ 0 \end{bmatrix}$	圆偏振光	左旋	$\begin{bmatrix} 1 \\ 0 \\ 0 \\ -1 \end{bmatrix}$

通过测量斯托克斯参量来确定光束的偏振态是偏振分析仪器设备采用的重要方法,在成像领域的相关应用已发展出较成熟的偏振相机产品,广泛应用于工业、军事和科研等领域。

4.7　偏振光的干涉及其应用

与第 2 章讨论的普通光的干涉现象一样,偏振光也会发生干涉,并且在实际中有许多重要应用。下面我们先说明偏振光干涉的原理,然后简要地讨论它的一些应用。

4.7.1　偏振光干涉原理

两个振动方向互相垂直的线偏振光的叠加,即使它们具有相同的频率、固定的位相差,也不能产生干涉,这是我们所熟知的。但是,如果让这样两束光再通过一个偏振片,则它们在偏振片的透光轴方向上的振动分量就在同一方向上,两束光便可产生干涉。图 4.33 是实现这样两束光干涉的装置。如图中所示,一束平行的自然光经偏振片 P_1 后成为线偏振光,然后入射到波片 W 上。设波片的光轴沿 x 轴方向,偏振片 P_1 的透光轴与 x 轴的夹角为 θ,那么入射线偏振光在波片内将分解为 o 光和 e 光。它们由波片射出后,一般会合成为椭圆偏振光。显然,也可以把它看成两束具有一定位相差的线偏振光,让它们再射向偏振片 P_2 时,只有在偏振片透光轴方向上的振动分量可以通过,因此出射的两束光的振动在

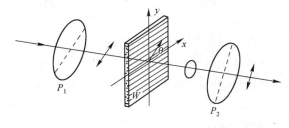

图 4.33　偏振光干涉装置

同一方向上,能够发生干涉,干涉图样可以直接用眼睛观察或投射到屏幕上观察。

　　在常见的偏振光干涉装置中,偏振片 P_1 和 P_2 的透光轴方向放置成互相垂直或互相平行。下面对这两种情况分别予以讨论。

1. P_1、P_2 的透光轴互相垂直(简写为 $P_1 \perp P_2$)

　　如图 4.34 所示,P_1 和 P_2 代表两偏振片的透光轴方向,A_1 是射向波片 W 的线偏振光的振幅,P_1 与波片光轴(x 轴)的夹角为 θ,因此波片内 o 光和 e 光的振幅分别为

$$A_o = A_1 \sin\theta, \qquad A_e = A_1 \cos\theta$$

o 光和 e 光的振动分别沿 y 轴和 x 轴方向。两束光透出波片再通过 P_2 时,只有振动方向平行于 P_2 透光轴方向的分量,它们的振幅才相等:

$$A_{o2} = A_o \cos\theta = A_1 \sin\theta\cos\theta \tag{4.7-1}$$

$$A_{e2} = A_e \sin\theta = A_1 \cos\theta\sin\theta \tag{4.7-2}$$

两束光的振动方向相同,因而可以发生干涉,干涉强度与两束光的位相差有关。两束光由波片射出后具有位相差

$$\delta = \frac{2\pi}{\lambda} \mid n_o - n_e \mid d$$

式中,d 为波片厚度。另外,从图 4.34(a)可见,两束光通过 P_2 时振动矢量在 P_2 轴上投影的方向相反,这表示 P_2 对两束光引入了附加的位相差 π。因此,两束光总的位相差为

$$\delta_\perp = \delta + \pi = \frac{2\pi}{\lambda} \mid n_o - n_e \mid d + \pi \tag{4.7-3}$$

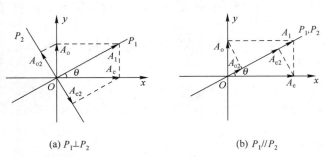

(a) $P_1 \perp P_2$　　　　　　　　(b) $P_1 /\!/ P_2$

图 4.34　$P_1 \perp P_2$ 和 $P_1 /\!/ P_2$ 时入射光振幅的分解

根据双光束干涉的强度公式(2.2-1),上述两束光的干涉强度应为

$$I_\perp = A_{o2}^2 + A_{e2}^2 + 2A_{o2}A_{e2}\cos\delta_\perp = A_1^2\sin^2(2\theta)\sin^2\frac{\delta}{2} \tag{4.7-4}$$

可见,当 $\delta = (2m+1)\pi$ 时($m = 0, \pm 1, \pm 2, \cdots$),干涉强度即图4.33所示系统的出射光强有最大值;而当 $\delta = 2m\pi$ 时,干涉强度最小($I_\perp = 0$),系统出射光强为零。

2. P_1、P_2 的透光轴互相平行,即 $P_1 /\!/ P_2$

这时透过 P_2 的两束光的振幅一般不相等,它们分别为[见图4.34(b)]

$$A_{o2} = A_o\sin\theta = A_1\sin^2\theta \tag{4.7-5}$$
$$A_{e2} = A_e\cos\theta = A_1\cos^2\theta \tag{4.7-6}$$

考虑两束光的位相差时,应注意图4.34(b)显示的两束光通过 P_2 时振动矢量在 P_2 轴上投影的方向相同,因此 P_2 对两束光没有引入附加位相差,故两束光位相差为

$$\delta_{/\!/} = \delta = \frac{2\pi}{\lambda}\,|\,n_o - n_e\,|\,d \tag{4.7-7}$$

依照式(2.2-1),两束光的干涉强度为

$$I_{/\!/} = A_1^2\left[1 - \sin^2 2\theta\sin^2\frac{\delta}{2}\right] \tag{4.7-8}$$

由上式和式(4.7-4),有 $\qquad I_\perp + I_{/\!/} = A_1^2 \tag{4.7-9}$

表明 $P_1 \perp P_2$ 和 $P_1 /\!/ P_2$ 两种情况下系统的输出光强是互补的,在 $P_1 \perp P_2$ 情况下产生干涉强度最大时,在 $P_1 /\!/ P_2$ 情况下产生干涉强度最小,反之亦然。

以上讨论假定波片的厚度是均匀的,并且使用单色光,因此干涉光强也是均匀的。但是,如果波片厚度不均匀,比如使用图4.35(a)所示的楔形晶片,这样从该晶片不同厚度部分通过的光将产生不同的位相差,因而干涉光强依赖于晶片厚度。这是等厚干涉的特征,故屏幕上将出现平行于晶片楔棱的一些等距条纹,如图4.35(b)所示。等厚干涉条纹的计算完全类似于2.6节所介绍的方法。对于上述楔形晶片产生的干涉条纹,容易证明条纹间距为

$$e = \frac{\lambda}{|\,n_o - n_e\,|\,\alpha} \tag{4.7-10}$$

式中,α 为楔角。

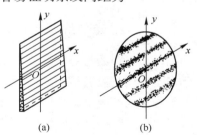

此外,从式(4.7-4)和式(4.7-8)可见,在 $P_1 \perp P_2$ 和 $P_1 /\!/ P_2$ 两种情形下,当 $\theta = 45°$ 时,系统输出光强的最大值都等于入射波片 W 的光强(A_1^2),最小值都为零,因此条纹的对比度最好。这是通常研究晶片时总是使它与两偏振器的相对方位处于上述两种情形的原因。

图4.35 楔形晶片及其干涉条纹

偏振光干涉系统的照明不仅可以使用单色光,也可以使用白光,这时干涉条纹是彩色的。因为位相差不仅与晶片厚度有关,还与波长有关。即便是晶片的厚度均匀,透射光也会带有一定的颜色。另外,由于 $I_\perp + I_{/\!/} = A_1^2$,故在 $P_1 \perp P_2$ 时透射光的颜色与 $P_1 /\!/ P_2$ 时透射光的颜色合起来应为白色,即两种情况下的颜色是互补的。

再由式(4.7-4)[或式(4.7-8)]可知,当用白光照明时,所观察到的晶片的颜色(干涉色)是由光程差 $|\,n_o - n_e\,|\,d$ 决定的。反过来,从干涉色也可以确定光程差 $|\,n_o - n_e\,|\,d$。因此,对于任何单轴晶体,只要测出它的厚度 d 和双折射率 $|\,n_o - n_e\,|$ 中的任一个值,再将它夹在正交的两

偏振器之间,就可观察它的干涉色。这个方法由于简便、灵敏,在地质工作中应用颇多。

4.7.2　光测弹性方法

偏振光干涉的重要应用之一是用来分析和检验一些透明物质(如玻璃、塑料等)在生产过程中或受力作用后存在的内应力分布,这种分析方法称为**光测弹性方法**。通常认为玻璃是各向同性的,其实不然。玻璃在生产过程中,由于冷却不均匀或其他原因,会存在一定的内应力。优质的光学玻璃可以认为是各向同性的,内部没有应力。但是,若它受到外力的作用(如压缩、拉伸),它内部也会产生应力,而内部应力的存在将使玻璃呈现各向异性和产生双折射。研究表明,对于片状物体(如图 4.36 中透明塑料片 C),当受到压缩或拉伸时,物体上每一点都有两个互相垂直的主应力方向。当光入射到物体上时就分解为两束线偏振光,它们的光矢量分别沿着两个主应力方向,它们的折射率之差与主应力之差成正比。因此,若把有应力的物体 C 放在两块正交偏振片 P_1 和 P_2 之间(见图 4.36),就会像把波片放在两正交偏振片之间一样,在屏幕上出现由于偏振光干涉产生的干涉图样。干涉条纹的形状由光程差相等(亦即主应力差相等)的那些点的轨迹决定。物体上应力越集中的地方,主应力差的变化越快,因此干涉条纹越密集。根据干涉图样的这些特征,就可以对物体的应力分布做定性和定量的分析。

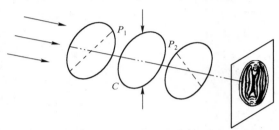

图 4.36　光测弹性装置

上述光测弹性方法已应用于一些大型机械构件、桥梁或水坝的设计上。为此,用透明塑料制成设计的模型,并且模拟它们的实际受力情况加上应力,就可以用上述方法分析其中的应力分布。特别是对于一些形状和结构复杂的构件,在不同负荷下的应力分布是很复杂的,用力学的方法计算往往不可能,但通过光测弹性方法可以迅速做出定性判断,并进行定量计算。因此,这种方法在工程力学中有重要价值。近年来,我国还将光测弹性方法应用于地震预报。

4.7.3　电光效应及光调制

偏振光干涉的另一项重要应用是利用某些物质的电光效应实现光调制和光开关。这项技术已广泛应用于光通信、光信息处理、高速摄影等领域。

某些物质本来是各向同性的,但在强电场的作用下就类似于单轴晶体那样变成了各向异性的,还有一些单轴晶体在强电场作用下变成双轴晶体,这些效应称为**电光效应**。前者又称为**克尔(Kerr)效应**,后者又称为**泡克耳斯效应(Pockels)**。

图 4.37 是观察克尔效应的实验装置。图中 C 是一个密封的玻璃盒(克尔盒),盒内充以硝基苯($C_6H_5NO_2$)液体,并安置一对平行板电板。P_1 和 P_2 是两块透光轴互相垂直的偏振片,它们的透光轴与平板法线成 45°。在两平板电极间未加电场时,没有光从偏振片 P_2 射出;但当在两平板电极间加上强电场时($E \approx 10^4$ V/cm),即有光从偏振片 P_2 射出。这表明盒内硝基苯在强电场作用下已呈现出像单轴晶体那样的性质。研究表明,它的光轴方向与电场方向对应;线偏振光入射到盒内时,被分解为 o 光和 e 光;o 光和 e 光射出盒后的位相差与电场强度的平方成正比:

$$\delta = 2\pi\kappa E^2 d \qquad (4.7\text{-}11)$$

式中,d 是克尔盒长度,κ 是克尔常数。硝基苯在 20℃时对于钠黄光的克尔常数为 2.44×10^{-12} m/V²,

是目前发现的克尔常数最大的物质。

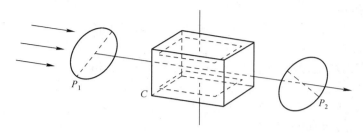

图4.37　克尔效应实验装置

将式(4.7-11)代入式(4.7-4)，得到图4.37中系统的输出光强为

$$I = I_1 \sin^2(\pi \kappa E^2 d) \tag{4.7-12}$$

式中，$I_1 = A_1^2$是入射克尔盒的线偏振光光强。由上式可见，系统输出光强随电场强度而改变。这样一来，若把一个信号电压加在克尔盒的两电极上，系统的输出光强就随信号而变化，或者说，电信号通过上述系统可以转换成受调制的光信号。这就是利用偏振光干涉系统进行光调制的原理。显然，这个系统也可用作电光开关：未加电压时，系统处于关闭状态（没有光输出）；一旦接通电源，系统就处于打开状态。硝基苯克尔盒建立电光效应的时间（弛豫时间）极短，约为10^{-9} s的量级，因此它适于作为高速快门应用于高速摄影等领域。

硝基苯克尔盒的缺点是要加万伏以上的高电压，并且硝基苯有剧毒、易爆炸。近年来，在人工晶体的研究和生产技术方面有很大进展，已经可以产生出一批优质的晶体，它们具有很强的电光效应。克尔盒逐渐为这些晶体所代替，这些晶体中最典型的是KDP（磷酸二氢钾）、ADP（磷酸二氢氨）、SBN（铌酸锶钡）等。图4.38所示是KDP的电光效应（泡克耳斯效应）实验装置，图中P_1和P_2表示两透光轴正交的偏振片，K是被切成长方体的KDP，其长边与光轴平行，两端面为正方形并镀上透明电极。在两电极间未加电压时，透过P_1的线偏振光将沿着KDP的光轴通过，其光矢量与P_2垂直，因而不能透过，视场是暗的。但若在两电极间加上约4 000 V的电压，即可发现P_2的视场变亮。理论和实验研究表明，这时KDP由原来的单轴晶体变成双轴晶体，线偏振光通过晶体时也分解为两束，它们的传播方向相同，而光矢量互相正交，分别平行于晶体端面的两对角线方向。两束光在晶体内有不同的折射率，故通过晶体后有一固定位相差，它与电场强度的一次方成正比[①]：

$$\delta = \frac{2\pi}{\lambda} n_o^3 \gamma E d \tag{4.7-13}$$

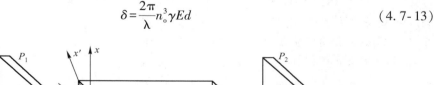

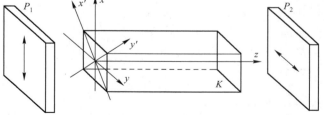

图4.38　泡克耳斯效应实验装置

[①]　据此，泡克耳斯效应也称为线性电光效应。

式中，n_o 是 KDP 的 o 光折射率，d 是晶体长度，γ 是电光系数。由于 δ 与 E 有关，所以系统输出光强可以受电场的调制。

利用晶体的电光效应不仅可以调制光强，还可以调制光的位相、频率、偏振态及传播方向。这些技术在现代光学中有多方面的应用。

例题 4.7　在两块透光轴正交的偏振片之间放置一块方解石晶片，其光轴与偏振片 P_1 的夹角为 $30°$。当以光强为 I_0 的钠黄光（$\lambda = 589.3$ nm）入射到这一系统时，求：（1）为使透过偏振片 P_2 的光强最大，晶片的最小厚度是多大？（2）这时透过 P_2 的光强是多大？

解　（1）由式（4.7-4）可知，当

$$\delta = \frac{2\pi}{\lambda}(n_o - n_e)d = (2m+1)\pi$$

时，透过 P_2 的光强最大。当 $m = 0$ 时得晶片最小厚度为

$$d = \frac{\lambda}{2(n_o - n_e)} = \frac{589.3 \times 10^{-6}}{2(1.658 - 1.486)} \text{ mm} = 0.0017 \text{ mm}$$

（2）设从 P_1 透出的线偏振光振幅为 A_1，光强为 I_1，则 $I_1 = I_0/2$。线偏振光入射晶片后分解为 o 光和 e 光，它们再经 P_2 透出时振幅分别为［见图 4.34（a）］

$$A_{o2} = A_1 \sin 30° \cos 30° = A_1 \frac{\sqrt{3}}{4}$$

$$A_{e2} = A_1 \cos 30° \sin 30° = A_1 \frac{\sqrt{3}}{4}$$

位相差为
$$\delta_\perp = \delta + \pi = 2\pi$$

故透过 P_2 的干涉光强为
$$I_\perp = A_{o2}^2 + A_{e2}^2 + 2A_{o2}A_{e2}\cos 2\pi = \frac{3}{4}A_1^2 = \frac{3}{8}I_0$$

4.8　旋　光

一束线偏振光通过某些物质时，其振动面随着在该物质中传播距离的增大而逐渐旋转的现象称为**旋光**。旋光现象是阿喇果（D. F. Arago，1786—1853）于 1811 年首先在石英晶片中观察到的。他发现，当线偏振光沿石英晶片的光轴方向通过时，出射光仍为线偏振光，但其振动面相对于入射时的振动面转动了一个角度，如图 4.39 所示。继阿喇果在石英晶体中发现旋光现象后不久，毕奥（J. B. Biot，1774－1862）在一些蒸气和液态物质中也观察到同样的现象。

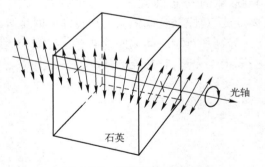

图 4.39　石英晶体的旋光

4.8.1　测量旋光的装置及旋光规律

测量旋光的装置如图 4.40 所示，图中 P_1、P_2 是一对正交偏振片，C 是一块表面与光轴垂直的石英晶片。显然，在 P_1、P_2 之间未插入石英晶片时，入射光不能通过该系统。但当把石英

晶片放置在 P_1、P_2 之间时, 即可见到 P_2 视场是亮的。这表明, 从石英晶片出射的线偏振光的光振动方向相对于入射时的方向已转动了一个角度, 不再与 P_2 的透光轴垂直。旋转 P_2, 使 P_2 视场变为全暗, P_2 转动的角度就是石英晶片的旋光角度。

实验表明, 石英晶体的旋光角度 β 与石英晶片的厚度 d 成正比:

$$\beta = \alpha d \tag{4.8-1}$$

式中, 比例系数 α 称为**旋光率**, 它等于线偏振光通过 1 mm 厚度时振动面转动的角度。旋光率的数值因波长而异, 因此当以白光入射时, 不同波长光波的振动面旋转的角度不同, 这种现象叫作**旋光色散**。图 4.41(a) 示出了一块石英薄片的旋光色散情况, 可见紫光振动面转动的角度比红光大; 图 4.41(b) 则是石英的旋光率随波长变化的曲线。

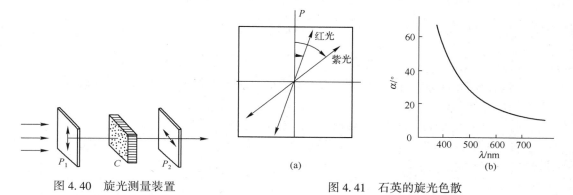

图 4.40 旋光测量装置   图 4.41 石英的旋光色散

对于旋光的溶液, 振动面转动的角度还与溶液的浓度 N 成正比。因此, 旋光角度公式为

$$\beta = [\alpha] N d \tag{4.8-2}$$

式中, 比例系数 $[\alpha]$ 称为溶液的**比旋光率**。溶液的旋光能力比晶体要小很多, 所以通常 d 的单位用 dm(分米), N 的单位用 g/cm^3, 于是 $[\alpha]$ 的单位是 $°/(dm \cdot g \cdot cm^{-3})$。蔗糖的水溶液在 20℃ 的温度下对于钠黄光的比旋光率 $[\alpha] = 66.46°/(dm \cdot g \cdot cm^{-3})$, 因此, 如果测出糖溶液对线偏振光旋转的角度, 就可以确定糖溶液的浓度。这种测定糖浓度的方法在制糖工业中有广泛的应用。除了糖溶液, 许多有机物质(特别是药物)也具有旋光性, 它们的浓度和成分也可以利用式 (4.8-2) 进行分析。

实验还发现, 具有旋光性的物质常常有左旋和右旋之分。当对着光传播方向观察时, 使振动面顺时针旋转的物质叫**右旋物质**, 逆时针旋转的物质叫**左旋物质**。自然界存在的石英晶体既有右旋的, 也有左旋的。它们的旋光角数值相等, 但旋向相反。右旋石英与左旋石英的分子式相同, 都是 SiO_2, 但分子的结构是镜像对称的, 反映在晶体外形上也是镜像对称的, 如图 4.42 所示。

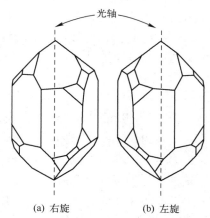

图 4.42 右旋石英与左旋石英

例如第一个人工合成的抗生素——氯霉素, 药用氯霉素为其左旋体, 其右旋体无效, 所以药用氯霉素也称左旋霉素。

4.8.2 旋光现象的解释

1825 年,菲涅耳对旋光现象提出了一种简单的唯象解释。根据他的假设,可以把进入晶片的线偏振光视为左旋圆偏振光(L 光)和右旋圆偏振光(R 光)的叠加。它们在晶片中的传播速度不同,因而折射率也不同,或者由于 $k=k_0 n$(k_0 为光在真空中波数),晶片中 L 光的波数 k_L 和 R 光的波数 k_R 不同。这样,当 L 光和 R 光从晶体射出时,两者将有一固定位相差,不过它们的速度恢复相等,其叠加的结果可以证明仍然是一个线偏振光,只是光振动的方向相对于入射时的方向旋转了某个角度。

从 4.4 节的讨论我们知道,沿 z 方向传播的 L 光和 R 光可以写为

$$\left. \begin{aligned} \boldsymbol{E}_L &= A_0 \boldsymbol{x}_0 \cos(k_L z - \omega t) + A_0 \boldsymbol{y}_0 \cos\left(k_L z - \omega t + \frac{\pi}{2}\right) \\ \boldsymbol{E}_R &= A_0 \boldsymbol{x}_0 \cos(k_R z - \omega t) + A_0 \boldsymbol{y}_0 \cos\left(k_R z - \omega t - \frac{\pi}{2}\right) \end{aligned} \right\} \tag{4.8-3}$$

式中,$\boldsymbol{x}_0$ 和 $\boldsymbol{y}_0$ 分别为 x 方向和 y 方向单位矢量。L 光和 R 光的叠加,经运算后得到

$$\boldsymbol{E} = \boldsymbol{E}_L + \boldsymbol{E}_R = 2A_0 [\boldsymbol{x}_0 \cos(k_R - k_L) z/2 + \boldsymbol{y}_0 \sin(k_R - k_L) z/2] \cos[(k_R + k_L) z/2 - \omega t] \tag{4.8-4}$$

上式表示 L 光和 R 光的叠加仍然是线偏振光,但其振幅矢量的方向取决于 $\boldsymbol{x}_0 \cos(k_R - k_L) z/2 + \boldsymbol{y}_0 \sin(k_R - k_L) z/2$。在线偏振光进入晶体的地方,$z=0$,振幅矢量为

$$\boldsymbol{A} = 2A_0 \boldsymbol{x}_0$$

振幅矢量取 x 轴方向,在线偏振光射出晶体的地方,$z=d$,振幅矢量为

$$\boldsymbol{A} = 2A_0 [\boldsymbol{x}_0 \cos(k_R - k_L) d/2 + \boldsymbol{y}_0 \sin(k_R - k_L) d/2]$$

它与 x 轴的夹角为(见图 4.43)

$$\psi = \arctan\left[\frac{\sin(k_R - k_L) d/2}{\cos(k_R - k_L) d/2}\right] = (k_R - k_L) d/2 \tag{4.8-5}$$

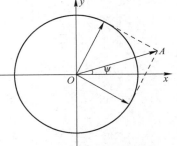

图 4.43　由晶片射出的线偏振光的光矢量方向

这表示出射线偏振光的振动方向相对于入射时的方向转动了 ψ 角。当 ψ 角为正时,旋转是逆时针的;当 ψ 角为负时,旋转是顺时针的。不过在旋光性的研究中,习惯上把顺时针旋转的转角定义为正的,逆时针旋转的旋光角度定义为负的,故旋光角度

$$\beta = -\psi = -(k_R - k_L) d/2 = \frac{\pi d}{\lambda}(n_L - n_R) \tag{4.8-6}$$

在晶片中,如果 R 光比 L 光传播得快,$n_L > n_R$,则 $\beta > 0$,振动面是顺时针方向旋转(右旋)的;如果 L 光传播得快,$n_L < n_R$,则 $\beta < 0$,振动面是逆时针方向旋转(左旋)的。这就说明了左旋物质和右旋物质的区别。另外,式(4.8-6)还指出旋光角度 β 与 d 成正比,β 与波长 λ 有关(旋光色散),这些都是与实验相符的。

为了证实在石英晶体中 L 光和 R 光的速度不同,菲涅耳设计了由右旋石英和左旋石英组合的棱镜(见图 4.44),把合成线偏振光的 L 光和 R 光分离出来。组合棱镜中各块棱镜的光轴都平行于底面,当光射到相邻棱镜的界面上时,例如从右旋棱镜射到左旋棱镜上时,对 R 光来说是从光疏介质射向光密介质,因而向界面的法线方向折射。对 L 光则相反,所以 R 光和 L 光通过每个界面时将逐渐分开,最后从组合棱镜射出夹角较大的 R 光和 L 光。实验证实了菲涅耳的假设。

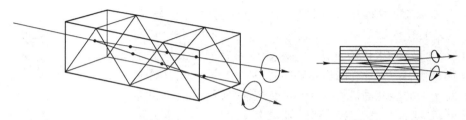

图 4.44　菲涅耳组合棱镜

应该指出,菲涅耳理论未能说明旋光现象的根本原因,不能回答为什么在旋光物质中 R 光和 L 光的传播速度不同。这个问题必须从分子结构去考虑,本书不再赘述。

4.8.3　磁致旋光效应

1845 年,法拉第(M. Faraday,1791—1867)发现:本来不具有旋光性的物质(如玻璃),在磁场的作用下也具有旋光性,即能使通过它的光的振动面发生旋转。这个现象叫作**磁致旋光效应或法拉第旋光效应**。法拉第的发现在物理学史上有重要意义,它是证明光和电磁现象有着紧密联系的最早的实验证据之一。

观测磁致旋光效应可以利用图 4.45 所示的装置。将一根玻璃棒的两端抛光,放进螺线管的磁场中,再加上起偏器 P_1 和检偏器 P_2,让光束通过起偏器后顺着磁场方向通过玻璃棒,其振动面就会发生旋转。转角可以用检偏器 P_2 来测量。

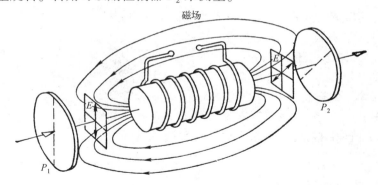

图 4.45　观察磁致旋光效应的装置

实验表明,振动面的转角 β 与光在物质中通过的距离 d 及磁感强度 B 成正比:

$$\beta = VBd \tag{4.8-7}$$

式中,V 为比例常数,称为**维尔德(Verdet)常数**。一般物质的维尔德常数都很小,约为 $0.01'/10^{-4}$ T·cm,但稀土玻璃的维尔德常数要大很多,为 $0.13' \sim 0.27'/10^{-4}$ T·cm,具体数值随玻璃所含稀土元素种类而定。如果图 4.45 实验中的玻璃棒是由稀土玻璃制成的,长度为 10 cm,磁感强度为 0.1 T,则振动面能旋转 $22° \sim 45°$。

实验还表明,磁致旋光的方向与磁场方向有关:当磁场反向或光束逆向时,磁致旋光的左右旋方向相反。这就是说,在图 4.45 中若从 P_1 到 P_2,光束振动面右旋时,则反过来光束从 P_2 到 P_1,其振动面左旋。这一点与自然旋光物质是不同的。对于自然旋光物质,无论线偏振光沿正向或反向通过,其振动面的旋向都是相同的。

磁致旋光效应在科学技术上有许多应用,下面举两个例子。

（1）光隔离器，或称单通光闸。其原理可利用图 4.45 和图 4.46 来说明，让偏振器 P_1 和检偏器 P_2 的透光轴成 45°角，而且从 P_1 经锐角转到 P_2 是顺时针的。再让磁致旋光角恰好等于 45°，光束从 P_1 射向 P_2 时旋向也是顺时针的。这样一来，从磁光物质射出的光束的振动面恰好与 P_2 的透光轴平行，光束可以通过。当光束逆向时（比如光束受到反射），在 P_1 这一边对着光束看，通过 P_2 的线偏振光的振动面应如图 4.46 中虚线所示，线偏振光再通过磁光物质后其振动面左旋 45°。由图可见，此时振动面恰好与 P_1 的透光轴垂直，故不能通过。这样就起到了光隔离的

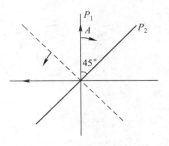

图 4.46　光隔离器原理

作用。在一些使用激光作为光源的光学系统中，安置光隔离器，可以避免反射光对激光器的干扰，提高激光输出的稳定性。

（2）光调制器。式（4.8-7）表明，磁致旋光角 β 随磁场大小的变化而变化，因而从磁光物质射出的线偏振光的振动面与检偏器 P_2 透光轴的夹角 θ 将随磁场大小的变化而变化。根据马吕斯定律 $I = I_0\cos^2\theta$，透出 P_2 的光强与 θ 角有关。这样，通过改变线圈的电流大小（改变磁场）将可以调制从 P_2 输出的光强。

*4.9　矢量光场简介

前面关于光偏振态的内容，主要讨论光的偏振态在空间分布具有相同状态的标量光场，即光束横截面不同位置偏振态是处处相同的。例如，常见的线偏振光、圆偏振光和椭圆偏振光。此外，还有偏振态空间上非均匀分布的矢量光场。图 4.47(a)是光束横截面不同位置处偏振态都相同的线偏振光，是标量光场；图 4.47(b)是光束横截面不同位置偏振态不相同的矢量光场。图中带箭头线条表示偏振方向和状态。

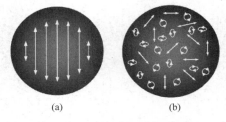

图 4.47　标量光场(a)和矢量光场(b)

4.9.1　典型的矢量光场

有代表性的矢量光场之一是柱对称分布的径向偏振光和角向偏振光，也称为柱对称矢量光场。柱对称矢量光场是麦克斯韦方程组的解，它们的光强和偏振方向满足圆柱对称性而得名。如图 4.48 所示，与线偏振光不同，径向偏振光和角向偏振光在光束横截面的光场中，虽然空间局部某个位置都为线偏振光，但偏振方向可能是不同的，有的位置水平偏振，有的位置竖直偏振，其偏振态的空间为非均匀分布。图中箭头方向表示空间这点对应的偏振方向，箭头长短对应瞬时光电场大小。

径向偏振光与角向偏振光都具有拉盖尔-高斯(LG_{01})光的环形光强分布，且在中心有光强为零的暗点，因为这点的偏振方向没有意义。与光束波前具有螺旋型位相结构的位相涡旋光束进行类比，人们把这种柱对称矢量光束也称为偏振涡旋光束。

这里要强调一下，前面介绍了圆偏振光和椭圆偏振光的偏振方向随时间不断旋转变化，但由于光束横截面光场每一点位置的偏振态都是一样的，所以圆偏振光和椭圆偏振光也属于标量光场，不属于矢量光场。当光束横截面光场不同位置的圆偏振或椭圆偏振状态不一样时，例

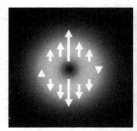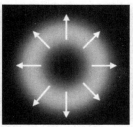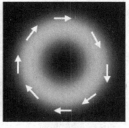

图 4.48 从左到右依次为线偏振拉盖尔-高斯光、径向偏振光和角向偏振光

如,有的位置是右旋圆偏振,有的位置是左旋圆偏振,那么这样的光属于矢量光场,是更复杂的矢量光场。

4.9.2 矢量光场的特性

柱对称矢量光场不同于标量光场的一个非常有趣的特性就是其焦场特性,例如,角向偏振的环形光束即使在紧聚焦情况下也可以保持其焦点附近轴上光强为零和环形圆对称的光强分布,而径向偏振光经过高数值孔径聚焦后在其焦点位置可以产生较强的纵向电场分量,即电场振动方向与传播方向一致,但这个纵向电场分量是不能远场传播的,如图 4.49 所示。

径向偏振光的这个特性已经被应用在超分辨显微术、光学捕获、表面等离子体激发,以及激光加工等领域。

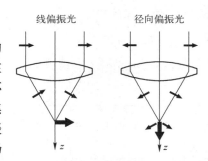

图 4.49 线偏振光与径向偏振光紧聚焦场偏振特性

4.10 本 章 小 结

1. 本章学习要求

(1)掌握偏振光和自然光的特点,熟悉获得各种偏振光及检验偏振光的方法。

(2)了解双折射的电磁理论,理解单轴晶体的光学性质及图形表示,了解惠更斯作图法。

(3)熟悉典型偏振器件的工作原理;了解偏振光和偏振器件的矩阵表示;熟悉几种常用偏振态和偏振器件的矩阵表示及运算。

(4)掌握偏振光的干涉现象及分析。

(5)了解旋光现象、磁光效应、电光效应及应用。

2. 光的偏振态

光的偏振显示了光的横波性。

常见的光的偏振态有:自然光、线偏振光、部分偏振光、圆偏振光和椭圆偏振光。用偏振度描述光的偏振化程度,偏振度定义为 $P = \dfrac{I_p}{I_t}$ 或 $P = \dfrac{I_p}{I_p + I_n}$。其中 I_p 和 I_n 分别为混合光中偏振光和自然光成分的光强。如果光束由线偏振光和自然光组成,则偏振度亦可由 $P = \dfrac{I_{max} - I_{min}}{I_{max} + I_{min}}$ 计算。

自然光的偏振度为零,线偏振光、圆偏振光和椭圆偏振光的偏振度为1,部分偏振光的偏振度介于 0 和 1 之间。

3. 获得偏振光的途径

线偏振光:从自然光获得线偏振光可以利用反射和折射(布儒斯特定律)、二向色性、晶体的双折射、散射等方法。

圆偏振光:把线偏振光正入射到一个 $\lambda/4$ 波片,并令线偏振光的振动方向与波片光轴成 45°(或 −45°),则可得到圆偏振光。

椭圆偏振光:让线偏振光正入射到一个波片(非全波片),线偏振光的振动方向与波片快轴所成的夹角不等于 0°、45° 和 90° 时,则可获得椭圆偏振光。

4. 偏振光的检验

马吕斯定律: $I = I_0 \cos^2 \theta$

各种偏振光的检验可以按表 4.5 的步骤进行。

表 4.5　各种偏振态的检验

把检偏器对着被检光旋转一周,若得到						
两明两零	光强不变			两明两暗		
线偏振光	在光路中插入 $\lambda/4$ 波片,再旋转检偏器,若得:			在光路中插入 $\lambda/4$ 波片,并使光轴与检得的暗方位相重合,再旋转检偏器,若得:		
	两明两零,则为	光强不变,则为	两明两暗,则为	两明两零,则为	两明两暗但暗方位与未插入 $\lambda/4$ 波片时相同,则为	两明两暗但暗程度及位置与前面不同,则为
	圆偏振光	自然光	自然光+圆偏振光	椭圆偏振光	自然光+线偏振光	自然光+椭圆偏振光

5. 偏振光的干涉

线偏振光入射到波片上,在波片内分解为 o 光和 e 光,其振动方向相互垂直,从波片出射时 o 光、e 光有一定的位相差,故出射后一般合成为椭圆偏振光。但如果让它们在波片出射后再进入另一偏振片,则两束光都在偏振片透光轴方向上有分量,两个分量满足干涉条件,可以产生干涉。波片前后偏振片透光轴相互垂直或平行时对应的干涉光强分布分别为

$$I = A^2 \sin^2(2\theta) \sin^2 \frac{\pi(n_o - n_e)d}{\lambda}; \quad I = A^2 \left\{ 1 - \sin^2(2\theta) \sin^2 \frac{\pi(n_o - n_e)d}{\lambda} \right\}$$

偏振光的干涉系统有许多实际应用,如光测弹性装置和基于电光效应的光调制、光开关等。

6. 偏振器件

偏振器件有:线偏振器,波片(位相延迟片,如 $\lambda/4$ 波片、$\lambda/2$ 波片等),圆偏振器(线偏振器+$\lambda/4$ 波片,线偏振器透光方向与波片光轴成 45°),椭圆偏振器(线偏振器+$\lambda/4$ 波片,线偏振器透光方向与波片光轴夹角不等于零或 45° 的任意其他方向),尼科耳棱镜,格兰棱镜,渥拉

斯顿棱镜,巴伸涅补偿器等。

偏振器件也可以用琼斯矩阵表示,相应地光的各种偏振态用琼斯矢量表示,这种教学表示方法为讨论偏振光通过各种偏振器件后偏振态如何变化提供了方便。

7. 应用

旋光现象、电光效应、光测弹性效应。

思考题

4.1 自然光和圆偏振光都可以看成是等幅垂直线偏振光的合成,它们之间主要区别是什么?

4.2 光由光密介质向光疏介质入射时,其布儒斯特角能否大于全反射的临界角?

4.3 利用片堆产生偏振光的原理是什么?

4.4 当一束光入射在两种透明介质的分界面上时,会发生只有透射而无反射的情况吗?

4.5 在白纸上画一个黑点,上面放一块方解石,即可看到两个淡灰色的像。以纸面垂直方向为轴转动晶体时,一个像不动,另一个像围绕着它转动。试解释这个现象,并说明 e 光造成的像是哪一个。

4.6 自然光垂直入射波片上,为什么出射光仍然是自然光?

4.7 应用尼科耳棱镜能够从自然光中获得线偏振光。其主要光学原理是什么?

4.8 有几种方法可以使线偏振光的振动方向旋转90°? 试举其中两种加以说明。

4.9 今有一个光学元件,该光学元件可能是玻璃片、偏振片、$\lambda/4$ 波片、$\lambda/2$ 波片。问该用哪些器件把它鉴别出来?

4.10 给出下面 4 个光学元件:2 个线偏振器,1 个 $\lambda/4$ 波片,1 个 $\lambda/2$ 波片,1 个圆偏振器。

问在只用 1 盏灯(自然光光源)和 1 个观察屏的情形下如何鉴别上述元件。如果只有 1 个线偏振器,又该如何鉴别?

4.11 如何区分圆偏振光和自然光?

4.12 一束右旋圆偏振光正入射一玻璃表面,反射光是右旋还是左旋的?

4.13 有三束同波长的单色光,一束由自然光和线偏振光组成,一束由自然光和圆偏振光组成,另一束是椭圆偏振光,如何利用偏振片和 $\lambda/4$ 波片鉴别它们?

4.14 试述检验左、右旋椭圆(或圆)偏振光的方法。

4.15 一束光是否有可能包括两个正交的非相干态但不是自然光?

习题

4.1 证明马吕斯定律 $I = I_0 \cos^2 \theta$。

4.2 一束部分偏振光由光强比为 1:4 的线偏振光和自然光组成,求这束光的偏振度。

4.3 线偏振光垂直入射到一块光轴平行于界面的方解石晶体上,若光矢量的方向与晶体主截面成 60° 夹角,则 o 光和 e 光从晶体透射出来后的光强比是多少?

4.4 线偏振光垂直入射到一块光轴平行于表面的方解石波片上,光的振动面和波片的主截面成 30° 和 60° 角。求:(1)透射出来的寻常光和非常光的相对光强各为多少? (2)用钠光入射时若产生 90° 的位相差,波片的厚度应为多少? ($\lambda = 589.0$ nm ,$n_e = 1.486$, $n_o = 1.658$)

4.5 由自然光和圆偏振光组成的部分偏振光,通过一块 $\lambda/4$ 波片和一块旋转的检偏镜,已知得到的最大光强是最小光强的 7 倍,求自然光强占部分偏振光强的百分比。

4.6 在两个共轴平行放置的透振方向正交的理想偏振片 P_1 和 P_3 之间,有一个共轴平行放置的理想偏振片 P_2 以匀角速度 ω 绕光的传播方向旋转。设 $t = 0$ 时 P_2 偏振化方向与 P_1 平行,若入射到该系统的平行自然光强为 I_0,则该系统的透射光强为多少?

4.7 有一块平行石英片是沿平行光轴方向切出的。要把它切成一块黄光的 $\lambda/4$ 波片,问这块石英片应

切成多厚?（石英的 $n_e = 1.552$, $n_o = 1.543$, 波长为 589.3 nm）

4.8 试说明下列各组光波表达式所代表的偏振态。

(1) $E_x = E_0\sin(kz-\omega t)$, $E_y = E_0\cos(kz-\omega t)$;

(2) $E_x = E_0\cos(kz-\omega t)$, $E_y = E_0\cos\left(kz-\omega t+\dfrac{\pi}{4}\right)$;

(3) $E_x = E_0\sin(kz-\omega t)$, $E_y = -E_0\sin(kz-\omega t)$;

4.9 下面两个波及其合成波是否为单色波? 偏振态如何? 计算两个波及其合成波光强的相对大小。

$$\text{波 1}:\begin{cases}E_x = A\sin\left(kz-\omega t-\dfrac{\pi}{2}\right)\\[2mm]E_y = A\cos\left(kz-\omega t+\dfrac{\pi}{2}\right)\end{cases}\qquad\text{波 2}:\begin{cases}E_x = A\cos[kz-\omega t-\phi_x(t)]\\[2mm]E_y = A\cos[kz-\omega t-\phi_y(t)]\end{cases}$$

其中 $\phi_x(t)$ 和 $\phi_y(t)$ 均为时间 t 的无规变化函数,且 $\phi_y(t)-\phi_x(t)\ne$ 常数。

4.10 一束线偏振的钠黄光($\lambda = 589.3$ nm)垂直通过一块厚度为 8.0859×10^{-2} mm 的石英晶片。石英晶片折射率为 $n_o = 1.54424$, $n_e = 1.55335$, 光轴沿 y 轴方向(图 4.50)。试对于以下三种情况,判断出射光的偏振态:

(1) 入射线偏振光的振动方向与 x 轴成 45° 角;

(2) 入射线偏振光的振动方向与 x 轴成 -45° 角;

(3) 入射线偏振光的振动方向与 x 轴成 30° 角。

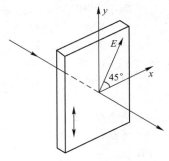

图 4.50 习题 4.10 用图

4.11 为了判断一束圆偏振光的旋转方向,可将 $\lambda/4$ 波片置于检偏器之前,再将后者转到消光位置。这时发现 $\lambda/4$ 波片快轴的方位是这样的:它必须沿着逆时针方向转 45° 才能与检偏器的透光轴重合。问该圆偏振光是右旋的还是左旋的?

4.12 一束右旋圆偏振光垂直入射到一块 $\lambda/4$ 石英波片,波片光轴平行于 x 轴,试求透射光的偏振态。如果换成 $\lambda/8$ 波片,透射光的偏振态又如何?

4.13 一束自然光通过偏振片后再通过 $\lambda/4$ 波片入射到反射镜上,要使反射光不能透过偏振片,$\lambda/4$ 波片的快、慢轴与偏振片的透光轴应该成多少度角? 试用琼斯表示法给以解释。

4.14 试用矩阵方法证明:右(左)旋圆偏振光经过半波片后变成左(右)旋圆偏振光。

4.15 将一块 $\lambda/8$ 波片插入两个前后放置的尼科耳棱镜中间,波片的光轴与前后尼科耳棱镜主截面的夹角分别为 -30° 和 40°,问光强为 I_0 的自然光通过这一系统后的光强是多少? (略去系统的吸收和反射损失。)

4.16 一块厚度为 0.05 mm 的方解石波片放在两个正交的线偏振器中间,波片的光轴方向与两线偏振器透光轴的夹角为 45°,问在可见光范围内,哪些波长的光不能透过这一系统?

4.17 图 4.51 所示为杨氏干涉实验装置,S 是单色自然光源,S_1 与 S_2 是两个小孔。

(1) 如在 S_1 与 S_2 前分别放置偏振片 P_1 与 P_2,并且它们的透光轴相互垂直,则观察屏 E 上有无干涉条纹?

(2) 再在 S 后和 E 前分别放置透光轴相互平行的偏振片 P 与 P',并令它们的透光轴与 P_1 和 P_2 成 45° 角,这时 E 上有无干涉条纹?

(3) 把 P 旋转 90°,在 E 上观察到的情况与(2)有无不同?

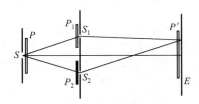

图 4.51 习题 4.17 用图

附录 A 傅里叶级数、傅里叶积分和傅里叶变换

1. 傅里叶级数

由余弦函数构成的无穷级数

$$a_0+a_1\cos(kx+\alpha_1)+a_2\cos(2kx+\alpha_2)+\cdots+a_n\cos(nkx+\alpha_n)+\cdots \tag{A.1}$$

称为三角级数。利用三角公式

$$\cos(\alpha+\beta)=\cos\alpha\cos\beta-\sin\alpha\sin\beta$$

可将式（A.1）改写为

$$\frac{A_0}{2}+A_1\cos kx+B_1\sin kx+A_2\cos 2kx+B_2\sin 2kx+\cdots+A_n\cos nkx+B_n\sin nkx+\cdots \tag{A.2}$$

$$=\frac{A_0}{2}+\sum_{n=1}^{\infty}(A_n\cos nkx+B_n\sin nkx)$$

式中，$\dfrac{A_0}{2}=a_0, A_n=a_n\cos\alpha_n, B_n=-a_n\sin\alpha_n$。

定理：设 $f(x)$ 是一个周期为 $\lambda(=2\pi/k)$ 的函数，且满足狄里赫利条件[$f(x)$ 在一周期内只有有限个极值点和第一类不连续点]，则 $f(x)$ 可以展开为式（A.2）表示的级数，即

$$f(x)=\frac{A_0}{2}+\sum_{n=1}^{\infty}(A_n\cos nkx+B_n\sin nkx) \tag{A.3}$$

式中

$$\left. \begin{array}{l} A_0=\dfrac{2}{\lambda}\displaystyle\int_0^{\lambda}f(x)\,\mathrm{d}x \\[2mm] A_n=\dfrac{2}{\lambda}\displaystyle\int_0^{\lambda}f(x)\cos nkx\,\mathrm{d}x \\[2mm] B_n=\dfrac{2}{\lambda}\displaystyle\int_0^{\lambda}f(x)\sin nkx\,\mathrm{d}x \end{array} \right\} \tag{A.4}$$

是傅里叶系数。这一定理称为**傅里叶级数定理**，而式（A.3）称为**傅里叶级数**。

该定理的证明可以先假设式（A.3）成立，然后求出系数 A_0, A_n 和 B_n，看是否与式（A.4）表示的系数一致。因为三角函数系 $\{1, \cos kx, \sin kx, \cos 2kx, \sin 2kx, \cdots, \cos nkx, \sin nkx, \cdots\}$ 具有正交性，即任二项之积在 $[0,\lambda]$ 上积分值为零：

$$\int_0^{\lambda}1\cdot\cos nkx\,\mathrm{d}x=\int_0^{\lambda}1\cdot\sin nkx\,\mathrm{d}x=\int_0^{\lambda}\sin kx\sin mkx\,\mathrm{d}x=\int_0^{\lambda}\cos nkx\cos mkx\,\mathrm{d}x=$$

$$\int_0^{\lambda}\sin nkx\cos mkx\,\mathrm{d}x=0$$

而每一项的自乘积在 $[0,\lambda]$ 上积分值不为零：

$$\int_0^{\lambda}1^2\,\mathrm{d}x=\lambda, \qquad \int_0^{\lambda}\cos^2 nkx\,\mathrm{d}x=\int_0^{\lambda}\sin^2 nkx\,\mathrm{d}x=\frac{\lambda}{2}$$

将式（A.3）等号两边同时在 $[0,\lambda]$ 上积分，有

$$\int_0^{\lambda}f(x)\,\mathrm{d}x=\int_0^{\lambda}\left[\frac{A_0}{2}+\sum_{n=1}^{\infty}(A_n\cos nkx+B_n\sin nkx)\right]\mathrm{d}x=\frac{A_0}{2}\lambda$$

由此得
$$A_0 = \frac{2}{\lambda} \int_0^\lambda f(x)\,\mathrm{d}x$$

将式(A.3)等号两边同乘以 $\cos nkx$,再在$[0,\lambda]$上积分,有
$$\int_0^\lambda f(x)\cos nkx\,\mathrm{d}x = A_n \int_0^\lambda \cos^2 nkx\,\mathrm{d}x = A_n \frac{\lambda}{2}$$

得到
$$A_n = \frac{2}{\lambda} \int_0^\lambda f(x)\cos nkx\,\mathrm{d}x$$

将式(A.3)等号两边同乘以 $\sin nkx$,并在$[0,\lambda]$上积分,有
$$\int_0^\lambda f(x)\sin nkx\,\mathrm{d}x = B_n \int_0^\lambda \sin^2 nkx\,\mathrm{d}x = B_n \frac{\lambda}{2}$$

得到
$$B_n = \frac{2}{\lambda} \int_0^\lambda f(x)\sin nkx\,\mathrm{d}x$$

可见,所得结果与式(A.4)相同。另外,式(A.4)的积分限是从 0 到 λ,范围为一个周期。这个积分限改为从 $-\frac{\lambda}{2}$ 到 $\frac{\lambda}{2}$,也同样是可以的,这是由于周期都为 λ。

2. 傅里叶级数的复指数形式

傅里叶级数的复指数形式为
$$f(x) = \sum_{n=-\infty}^{\infty} C_n \exp(inkx) \tag{A.5}$$

其中
$$C_n = \frac{1}{\lambda} \int_{-\frac{\lambda}{2}}^{\frac{\lambda}{2}} f(x)\exp(-inkx)\,\mathrm{d}x \qquad n = 0, \pm 1, \pm 2, \cdots \tag{A.6}$$

证:根据式(A.3)有
$$
\begin{aligned}
f(x) &= \frac{A_0}{2} + \sum_{n=1}^{\infty} (A_n \cos nkx + B_n \sin nkx) \\
&= \frac{A_0}{2} + \sum_{n=1}^{\infty} \left[A_n \frac{\exp(inkx) + \exp(-inkx)}{2} - iB_n \frac{\exp(inkx) - \exp(-inkx)}{2} \right] \\
&= \frac{A_0}{2} + \sum_{n=1}^{\infty} \left[\frac{A_n - iB_n}{2}\exp(inkx) + \frac{A_n + iB_n}{2}\exp(-inkx) \right] \\
&= C_0 + \sum_{n=1}^{\infty} \left[C_n \exp(inkx) + C_{-n}\exp(-inkx) \right] \\
&= \sum_{n=-\infty}^{\infty} C_n \exp(inkx)
\end{aligned}
$$

其中
$$C_0 = \frac{A_0}{2} = \frac{1}{\lambda} \int_{-\frac{\lambda}{2}}^{\frac{\lambda}{2}} f(x)\,\mathrm{d}x$$

$$C_n = \frac{A_n - iB_n}{2} = \frac{1}{\lambda} \int_{-\frac{\lambda}{2}}^{\frac{\lambda}{2}} f(x)\left(\frac{\cos nkx - i\sin nkx}{2} \right)\mathrm{d}x =$$

$$\frac{1}{\lambda} \int_{-\frac{\lambda}{2}}^{\frac{\lambda}{2}} f(x)\exp(-inkx)\,\mathrm{d}x \qquad n = 1, 2, 3, \cdots$$

$$C_{-n} = \frac{A_n + iB_n}{2} = \frac{1}{\lambda} \int_{-\frac{\lambda}{2}}^{\frac{\lambda}{2}} f(x)\exp(inkx)\,\mathrm{d}x \qquad n = 1, 2, 3, \cdots$$

或将以上三式统一为
$$C_n = \frac{1}{\lambda} \int_{-\frac{\lambda}{2}}^{\frac{\lambda}{2}} f(x) \exp(-inkx) \mathrm{d}x \qquad n = 0, \pm 1, \pm 2, \cdots$$

3. 傅里叶积分

根据式(A.5)和式(A.6),周期为 $\lambda (=2\pi/k)$ 的函数 $f(x)$ 的复指数形式的傅里叶级数为

$$\sum_{n=-\infty}^{\infty} \left[\frac{1}{\lambda} \int_{-\frac{\lambda}{2}}^{\frac{\lambda}{2}} f(\tau) \exp(-ink\tau) \mathrm{d}\tau \right] \exp(inkx)$$

$$= \sum_{n=-\infty}^{\infty} \frac{k}{2\pi} \left[\int_{-\pi/k}^{\pi/k} f(\tau) \exp(-ink\tau) \mathrm{d}\tau \right] \exp(inkx) \qquad (A.7)$$

令
$$k_n = nk, \quad \Delta k = k_n - k_{n-1} = k, \quad F(k_n) = \int_{-\pi/k}^{\pi/k} f(\tau) \exp(-ik_n\tau) \mathrm{d}\tau$$

则式(A.7)可写为
$$\sum_{n=-\infty}^{\infty} \frac{1}{2\pi} F(k_n) \exp(ik_n x) \Delta k \qquad (A.8)$$

当 $\lambda \to \infty$ 时,$\Delta k \to 0, \dfrac{\pi}{k} \to \infty$,上式成为

$$\frac{1}{2\pi} \sum_{n=-\infty}^{\infty} F(k_n) \exp(ik_n x) \Delta k \to \frac{1}{2\pi} \int_{-\infty}^{\infty} F(k) \exp(ikx) \mathrm{d}k \qquad (A.9)$$

其中
$$F(k) = \int_{-\infty}^{\infty} f(\tau) \exp(-ik\tau) \mathrm{d}\tau$$

即当 $\lambda \to \infty$ 时,傅里叶级数式(A.3)变为式(A.9)的积分。

由以上分析,可得下面定理成立。

定理:若非周期函数 $f(x)$(可视为周期无穷大的周期函数)在 $[-\infty, +\infty]$ 上满足狄里赫利条件,且 $\int_{-\infty}^{\infty} |f(x)| \mathrm{d}x$ 存在,则有

$$f(x) = \frac{1}{2\pi} \int_{-\infty}^{\infty} F(k) \exp(ikx) \mathrm{d}k \qquad (A.10)$$

其中
$$F(k) = \int_{-\infty}^{\infty} f(x) \exp(-ikx) \mathrm{d}x \qquad (A.11)$$

这一定理称为**傅里叶积分定理**,而积分式 $\dfrac{1}{2\pi} \int_{-\infty}^{\infty} F(k) \exp(ikx) \mathrm{d}k$ 叫作 $f(x)$ 的傅里叶积分。

由此定理知,每一个满足狄里赫利条件的非周期函数 $f(x)$ 可表示为连续频率的基元函数 $\exp(ikx)$ 的线性组合,而 $F(k)$ 则为 $f(x)$ 的频谱。

我们又可从另一角度来考察式(A.10)和式(A.11):每给出一个空间域中的函数 $f(x)$,可由式(A.11)找到一个频率域中的函数 $F(k)$ 与之对应;同样,每给出一个频率域中的函数 $F(k)$,又可由式(A.10)找到一个空间域中的函数 $f(x)$ 与之对应。两个域间的函数的这种对应关系称为该两域间的函数变换。由傅里叶积分定理给出的函数变换

$$F(k) = \int_{-\infty}^{\infty} f(x) \exp(-ikx) \mathrm{d}x$$

称为 $f(x)$ 的**傅里叶变换**,而

$$f(x) = \frac{1}{2\pi} \int_{-\infty}^{\infty} F(k) \exp(ikx) \mathrm{d}k$$

称为 $F(k)$ 的傅里叶逆变换。

把空间角频率 k 写为 $2\pi u$，u 为空间频率，傅里叶变换关系又可以写为

$$f(x) = \int_{-\infty}^{\infty} F(u)\exp(\mathrm{i}2\pi ux)\,\mathrm{d}u \tag{A.12}$$

和

$$F(u) = \int_{-\infty}^{\infty} f(x)\exp(-\mathrm{i}2\pi ux)\,\mathrm{d}x \tag{A.13}$$

4. 二维傅里叶变换及其基本定理

二维傅里叶变换关系是一维傅里叶变换关系[式(A.12)和式(A.13)]的推广，公式为

$$f(x,y) = \iint_{-\infty}^{\infty} F(u,v)\exp[\mathrm{i}2\pi(ux+vy)]\,\mathrm{d}u\mathrm{d}v \tag{A.14}$$

和

$$F(u,v) = \iint_{-\infty}^{\infty} f(x,y)\exp[-\mathrm{i}2\pi(ux+vy)]\,\mathrm{d}x\mathrm{d}y \tag{A.15}$$

式中，u 和 v 是二维空间函数 $f(x,y)$ 沿 x 轴方向和 y 轴方向的空间频率，$F(u,v)$ 是频谱函数。与一维的情形相类似，称 $F(u,v)$ 为 $f(x,y)$ 的傅里叶变换，$f(x,y)$ 是 $F(u,v)$ 的傅里叶逆变换。

通常，为书写简便起见，也把 $f(x,y)$ 的傅里叶变换记为

$$F(u,v) = \mathscr{F}\{f(x,y)\} \tag{A.16}$$

把 $F(u,v)$ 的傅里叶逆变换记为 $\qquad f(x,y) = \mathscr{F}^{-1}\{F(u,v)\}$ (A.17)

附录 B　贝塞尔函数

二阶齐次线性微分方程 $\qquad x^2\dfrac{\mathrm{d}^2y}{\mathrm{d}x^2}+x\dfrac{\mathrm{d}y}{\mathrm{d}x}+(x^2-n^2)y=0$ (B.1)

称为贝塞尔微分方程，它的通解为

$$y = C_1\mathrm{J}_n(x)+C_2\mathrm{N}_n(x) \tag{B.2}$$

式中，$\mathrm{J}_n(x)$ 称为 n 阶第一类贝塞尔函数，$\mathrm{N}_n(x)$ 称为 n 阶第二类贝塞尔函数(也叫诺伊曼函数)。

本书只用到第一类贝塞尔函数 $\mathrm{J}_n(x)$，下面介绍 $\mathrm{J}_n(x)$ 的级数表示式及基本性质。

1. 贝塞尔函数的级数表示式

微分方程常以级数法求解。设贝塞尔方程有一收敛级数解

$$y = \sum_{k=0}^{\infty} a_k x^{c+k} \tag{B.3}$$

其中，$a_0\neq 0$，a_k 及 c 均为待定常数。下面来确定它们。由上式得到

$$\frac{\mathrm{d}y}{\mathrm{d}x} = \sum_{k=0}^{\infty}(c+k)a_k x^{c+k-1}$$

$$\frac{\mathrm{d}^2y}{\mathrm{d}x^2} = \sum_{k=0}^{\infty}(c+k)(c+k-1)a_k x^{c+k_2}$$

代入式(B.1),有

$$(c^2 - n^2)a_0 x^c + [(c+1)^2 - n^2]a_1 x^{c+1} + \sum_{k=2}^{\infty} \{[(c+k)^2 - n^2]a_k + a_{k-2}\} x^{c+k} = 0$$

此为恒等式,故 x 各次幂的系数均须等于零:

$$(c^2 - n^2)a_0 = 0 \qquad\qquad (B.4)$$

$$[(c+1)^2 - n^2]a_1 = 0 \qquad\qquad (B.5)$$

$$[(c+k)^2 - n^2]a_k + a_{k-2} = 0 \qquad\qquad (B.6)$$

按假设 $a_0 \neq 0$,所以由式(B.4), $c = \pm n$,再由式(B.5)得 $a_1 = 0$。取 $c = n$,则式(B.6)得

$$a_k = \frac{-a_{k-2}}{k(2n+k)}$$

因 $a_1 = 0$,故由上式得 $a_1 = a_3 = a_5 = \cdots = 0$,而 $a_2, a_4, a_6, \cdots$ 都可用 a_0 来表示:

$$a_2 = \frac{-a_0}{2(2n+2)}$$

$$a_4 = \frac{a_0}{2 \cdot 4(2n+2)(2n+4)}$$

$$a_6 = \frac{-a_0}{2 \cdot 4 \cdot 6(2n+2)(2n+4)(2n+6)}$$

$$\vdots$$

$$a_{2m} = \frac{(-1)^m a_0}{2 \cdot 4 \cdot 6 \cdots 2m(2n+2)(2n+4)\cdots(2n+2m)}$$

$$= \frac{(-1)^m a_0}{2^{2m}m!(n+1)(n+2)\cdots(n+m)} \qquad m = 1, 2, 3, \cdots$$

将这些系数代入式(B.3),则得

$$y = a_0 \sum_{m=0}^{\infty} (-1)^m \frac{x^{n+2m}}{2^{2m}m!(n+1)(n+2)\cdots(n+m)} \qquad\qquad (B.7)$$

由达朗贝尔判别法知该级数恒收敛,故为贝塞尔方程解之一。

当 n 为非负整数时,令 $$a_0 = \frac{1}{2^n \Gamma(n+1)}$$

其中,$\Gamma(n+1)$ 是 Γ 函数[①]。这样得到的特解,就是 n 阶第一类贝塞尔函数(通常简称 n 阶贝塞尔函数)

$$J_n(x) = \sum_{m=0}^{\infty} (-1)^m \frac{x^{n+2m}}{2^{2m}m![2^n \Gamma(n+1)](n+1)(n+2)\cdots(n+m)}$$

$$= \sum_{m=0}^{\infty} (-1)^m \frac{x^{n+2m}}{2^{n+2m}m!\Gamma(n+m+1)} \qquad\qquad (B.8)$$

---

① Γ 函数定义为 $$\Gamma(s) = \int_0^{\infty} x^{s-1}\exp(-x)\mathrm{d}x$$

$\Gamma(s)$ 在 $s>0$ 时收敛,否则发散。Γ 函数有如下基本性质:$\Gamma(s+1) = s\Gamma(s)$;$\Gamma(1) = \int_0^{\infty} \exp(-x)\mathrm{d}x = 1$;$s$ 等于正整数 n 时,由以上两点性质得 $\Gamma(n+1) = n!$。

由 Γ 函数的性质,在 n 为非负整数时,$\Gamma(n+m+1)=(n+m)!$,因此 $J_n(x)$ 又可以写为

$$J_n(x)=\sum_{m=0}^{\infty}(-1)^m\frac{x^{n+2m}}{2^{n+2m}m!(n+m)!} \tag{B.9}$$

通常 $J_0(x)$ 和 $J_1(x)$ 用得较多,在上式中取 $n=0$ 和 $n=1$,得到

$$J_0(x)=1-\frac{x^2}{2^2}+\frac{x^4}{2^2\cdot4^2\cdot6^2}-\frac{x^6}{2^2\cdot4^2\cdot6^2\cdot8^2}+\cdots \tag{B.10}$$

$$J_1(x)=\frac{x}{2}\left[1-\frac{x^2}{2\cdot4}+\frac{x^4}{2\cdot4^2\cdot6}-\frac{x^6}{2\cdot4^2\cdot6^2\cdot8}+\cdots\right] \tag{B.11}$$

$J_0(x)$ 和 $J_1(x)$ 分别称为零阶和一阶贝塞尔函数,其图形如图 B.1 所示(图中只画出 x 是正值的情况)。$J_0(x)$ 和 $J_1(x)$ 的数值在数学手册中可以查到。

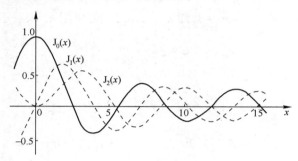

图 B.1

2. 贝塞尔函数的基本性质(n 为整数)

(1) $$J_{-n}(x)=(-1)^nJ_n(x) \tag{B.12}$$

(2) $$J_n(x)=\frac{x}{2n}\left[J_{n-1}(x)+J_{n+1}(x)\right] \tag{B.13}$$

(3) $$\frac{d}{dx}J_n(x)=\frac{1}{2}\left[J_{n-1}(x)-J_{n+1}(x)\right] \tag{B.14}$$

(4) $$\lim_{x\to0}\frac{J_n(x)}{x^n}=\frac{1}{2^nn!} \tag{B.15}$$

(5) 两个递推关系: $$\frac{d}{dx}\left[x^{n+1}J_{n+1}(x)\right]=x^{n+1}J_n(x) \tag{B.16}$$

$$\frac{d}{dx}\left[\frac{J_n(x)}{x^n}\right]=-\frac{J_{n+1}(x)}{x^n} \tag{B.17}$$

3. 贝塞尔函数的积分公式(n 为整数)

(1) $$J_n(x)=\frac{1}{2\pi}\int_0^{2\pi}\cos(x\sin\varphi-n\varphi)d\varphi \tag{B.18}$$

(2) $$J_n(x)=\frac{i^{-n}}{2\pi}\int_0^{2\pi}\cos n\varphi\exp(ix\cos\varphi)d\varphi \tag{B.19}$$

(3) $$J_n(x)=\frac{i^{-n}}{2\pi}\int_0^{2\pi}\exp(in\varphi)\exp(ix\cos\varphi)d\varphi \tag{B.20}$$

附录 C　与物理光学相关的诺贝尔物理学奖

获奖者	获奖年	主 要 贡 献	获奖者	获奖年	主 要 贡 献
迈克耳孙（A. B. Michelson）	1907	迈克耳孙干涉仪及相关的光谱学和度量学研究	西格班（K. M. Siegbahn） 肖洛（A. L. Schawlow） 布洛姆伯根 （N. Bloembergen）	1981	非线性光学和激光光谱学
李普曼（G. Lippmann）	1908	基于干涉现象的彩色照相术	鲁斯卡（E. Ruska） 宾尼（G. Binning） 罗雷尔（H. Rohrer）	1986	电子显微镜 扫描隧道电子显微镜
维恩（W. Wien）	1911	热辐射规律	朱棣文（Stephen Chu） 菲利普斯（W. D. Pillips） 塔努吉（C. C. Tannoudji）	1997	激光冷却和捕获原子的方法
普朗克（M. K. E. L. Planck）	1918	能量子的概念	克特勒（W. Ketterle） 康奈尔（E. A. Cornell） 维曼（C. E. Wieman）	2001	发现新的物质状态：玻色－爱因斯坦凝聚
爱因斯坦（ A. Einstein）	1921	光电效应规律	格劳伯（R. J. Glauber） 霍尔（J. L. Hall） 亨施（T. W. HÄnsch）	2005	光学相干的量子理论 基于激光的精密光谱学发展做出的贡献
玻尔（N. H. D. Bohr）	1922	原子结构和原子辐射的研究	高锟（Charles Kao） 博伊尔（W. S. Boyle） 史密斯（G. E. Smith）	2009	在光通信领域中光的传输的开创性成就； 成像半导体电路——电荷耦合器件图像传感器 CCD
康普顿（A. H. Compton）	1927	康普顿效应			
德布罗意（D Broglie）	1929	发现电子的波动性			
拉曼（C. V. Raman）	1930	拉曼效应			
泽尼克（F. F. Zernike）	1953	相衬显微镜			
汤斯（C. H. Townes） 巴索夫（N. G. Basov） 普罗霍罗夫 （A. M. Prokhorov）	1964	微波激射器和激光器	赤崎勇（Isamu Akasaki） 天野浩（Hiroshi Amano） 中村修二（Shuji Nakamura）	2014	发明高亮度蓝色发光二极管
伽柏（D. Gabor）	1971	全息照相			

习 题 答 案

第 1 章

1.1　$0.5×10^{14}\,\mathrm{Hz}$；　$6×10^{-6}\,\mathrm{m}$；　$2×10^{-14}\,\mathrm{s}$；　$100\,\mathrm{V/m}$；　$\pi/2$

1.2　（1）$10^{14}\,\mathrm{Hz}$；　$3.0×10^{-6}\,\mathrm{m}$；　$2\,\mathrm{m}$；　$\pi/2$；　（2）$z;y$；

　　　（3）$B_y=B_z=0$，　$B_x=\dfrac{2}{c}\cos\left[2\pi×10^{14}\left(\dfrac{z}{c}-t\right)-\dfrac{\pi}{2}\right]$

1.3　$5×10^{14}\,\mathrm{Hz}$；$390\,\mathrm{nm}$；1.54

1.4　发散球面波 $\widetilde{E}(r,t)=\dfrac{A_1}{r}\exp[\,ik\cdot r\,]$　会聚球面波 $\widetilde{E}(r,t)=\dfrac{A_1}{r}\exp[\,-ik\cdot r\,]$

1.5　$\boldsymbol{E}=E_y\,\boldsymbol{e}_y+E_z\,\boldsymbol{e}_z$

　　　$E_y(x,t)=E_{0y}\exp[\,ik(x-vt\,]=10\exp[\,i2.7×10^6\pi(x-3×10^8 t)\,]$

　　　$E_z(x,t)=10\exp[\,i2.7×10^6\pi(x-3×10^8 t)\,]$

　　　$\boldsymbol{B}=-B_y\,\boldsymbol{e}_y+B_z\,\boldsymbol{e}_z$

　　　$B_y(x,t)=B_{0y}\exp[\,ik(x-vt)\,]=3.33×10^{-6}\exp[\,i2.7×10^6\pi(x-3×10^8 t)\,]$

　　　$B_z(x,t)=B_{0z}\exp[\,ik(x-vt)\,]=3.33×10^{-6}\exp[\,i2.7×10^6\pi(x-3×10^8 t)\,]$

1.6　$\boldsymbol{k}_0=\dfrac{1}{\sqrt{29}}(2\boldsymbol{e}_x+3\,\boldsymbol{e}_y+4\,\boldsymbol{e}_z)$

1.11　$0,14.8\%$；　$1,85.2\%$；

1.13　$1.522,-7.258×10^{-5}\,\mathrm{nm}^{-1}$

1.14　$4×10^{-4}\,\mathrm{cm}^{-1}$

1.15　$0.04\,\mathrm{m}^{-1}$

1.16　0.33

1.17　$E=-2a\exp\left[\mathrm{i}\left(kx+\dfrac{\pi}{2}\right)\right]\sin\omega t$，取实部得 $E=-2a\sin(kx)\sin(\omega t)$

1.18　$E=10\cos(53°7'48''-2\pi×10^{15}t)$

1.19　$\dfrac{1}{2}\mathrm{V}$；　$\dfrac{3}{2}\mathrm{V}$；　$\dfrac{c}{n}\left(1-\dfrac{2b}{n\lambda^2}\right)$；　$2\mathrm{V}$

1.20　$E(z)=\dfrac{\lambda}{4}-\dfrac{2\lambda}{\pi^2}\left[\dfrac{\cos kz}{1^2}+\dfrac{\cos 3kz}{3^2}+\dfrac{\cos 5kz}{5^2}+\cdots\right]$

1.21　$E=\dfrac{2}{a}+\sum\limits_{m=1}^{\infty}\dfrac{4}{a}\mathrm{sinc}(2m/a)\cos mkz$

1.22　$E(z)=\dfrac{4}{\pi}\left(\sin kz+\dfrac{1}{3}\sin 3kz+\dfrac{1}{5}\sin 5kz+\cdots\right)$

1.23　$5.2×10^{-4}\,\mathrm{nm}$；　$4.3×10^8\,\mathrm{Hz}$

1.24　$5.55×10^3\,\mathrm{m}$

第 2 章

2.1　$0.005\,\mathrm{mm}$；　20π

2.2　$600\,\mathrm{nm}$

2.3　$0.491\,\mathrm{mm}$

2.4　$6×10^{-3}\,\mathrm{mm}$

2.5　8 μm;　下移;

2.6　1.000823

2.7　1.72 mm;　0.8

2.8　632.8 nm;　氦氖激光器

2.9　1 mm;　3

2.10　2.83×10^{-3} rad

2.11　2.29 mm;　0.19 mm,12;　$I = 4I_0 \cos^2\left[\dfrac{\pi d \overline{PP_0}}{\lambda D} + \dfrac{\pi}{2}\right]$

2.12　0.46 mm

2.13　4.22×10^{-3} mm^2

2.14　1.5×10^4 Hz;　20 km

2.15　可看到 12 个暗环(不算中心),12 个亮环

2.16　0.4 μm

2.17　5.92×10^{-5} rad

2.18　20 m

2.19　1,0.11;　1,0.81

2.20　0.15 nm;　0.0013 nm;　200 nm

2.21　11.58 mm;　0.0155 nm

2.22　对 λ_0 是增透膜;　$\lambda = 687.5$ nm,458.3 nm

2.23　1.71

第 3 章

3.1　大于 900 米;

3.2　1.42×10^3 mm, 473.5 mm;

3.3　16, 3.2 mm;

3.4　4 倍

3.5　428.6 nm

3.6　0.127 mm

3.7　$I = \dfrac{I_0}{(ab - a_0 b_0)^2}\left[ab\left(\dfrac{\sin\alpha_1}{\alpha_1}\right)\left(\dfrac{\sin\beta_1}{\beta_1}\right) - a_0 b_0 \left(\dfrac{\sin\alpha_2}{\alpha_2}\right)\left(\dfrac{\sin\beta_2}{\beta_2}\right)\right]^2$　其中 $\alpha_1 = \pi a \dfrac{\sin\theta_x}{\lambda}$,　$\alpha_2 = \pi a_0 \dfrac{\sin\theta_x}{\lambda}$

3.8　3278.7 m

3.9　3.3×10^{-4} rad; $l_0 = \dfrac{d}{\theta_0} = \dfrac{2\ \text{mm}}{3.355 \times 10^{-4}} < 10$ m,所以,看不清

3.10　16.775 m

3.11　1.2

3.12　2.24 m,970

3.13　500 mm^{-1},0.34

3.14　3.87 mm

3.15　0.21 mm, 0.05 mm;　0.811,0.405,0.09

3.16　0.875

3.17　1000 mm^{-1}

3.18　878 mm

3.19　2.4×10^{-3} mm, 8×10^{-4} mm;　144 mm

3.20　1.7×10^{-3} mm

3.21　2′33″

3.22 0.003 mm,9,±3 缺级

3.23 光栅的缝数 15000,2.4×10⁻³mm; 0.8×10⁻³mm; 36 mm; 5 条谱线

3.24 10⁶,38.6 nm

第 4 章

4.2 0.2

4.3 3:1

4.4 1:3,3:1;≈8.56×10⁻⁷m

4.5 25%

4.6 $\dfrac{I_0}{16}(1-\cos 4\omega t)$

4.7 1.64×10⁻³cm

4.8 左旋圆偏振光; 左旋椭圆偏振光,长轴在 $y=x$ 方向上; 线偏振光,振动方向为 $y=-x$

4.9 是单色波; 右旋圆偏振光; $I_1:I_2:I_3=1:1:2$

4.10 左旋圆偏振光,右旋圆偏振光,左旋椭圆偏振光;

4.11 左旋圆偏振光;

4.12 线偏振光,右旋椭圆偏振光

4.13 45°

4.15 0.12I_0

4.16 782 nm,717 nm,662 nm,614 nm,573 nm,538 nm,506 nm,478 nm,453 nm,430 nm,410 nm,391 nm

参 考 文 献

[1] 母国光, 战元龄. 光学. 北京:人民教育出版社,1979.

[2] 赵凯华,钟锡华. 光学(上、下册). 北京:北京大学出版社, 2008.

[3] 梁铨廷. 物理光学. 4 版. 北京:电子工业出版社,2008.

[4] 易明. 光学. 北京:高等教育出版社,1999.

[5] 钟锡华. 现代光学基础. 北京:北京大学出版社, 2003.

[6] 玻恩,沃耳夫. 光学原理. 7 版. 杨葭荪,译. 北京:电子工业出版社, 2009.

[7] 赫克特,赞斯. 光学. 秦克诚,等译. 北京:人民教育出版社,1980.

[8] 福里斯. 现代光学导论. 陈时胜,等译. 上海:上海科技出版社,1980.

[9] 加塔克. 光学. 梁铨廷,等译. 北京:机械工业出版社,1984.

[10] 杨振寰. 光信息处理. 母国光,等译. 天津:南开大学出版社,1986.

[11] Jenkins F A, White H E. Fundamentals of Optics. 4th ed. New York:McGraw-Hill, 1976.

[12] Klein M V. Optics. New York:John Wiley & Sons, 1970.

[13] Nussbaum A. Phillips R A. Contemporary Optics for Scientists and Engineers. Englewood Cliffs:Prentice-Hall,1976.

[14] Meyer-Arendt J R. Introduction to Classical and Modern Optics. 3rd ed. Englewood Cliffs:Prentice-Hall,1989.

[15] Siegman A E. An Introduction to Lasers and Masers. New York:McGraw-Hill,1971.